U0283467

住房和城乡建设部"十四五"规划教材

教育部高等学校风景园林专业教学指导分委员会规划推荐教材

# 生态修复理论与实践

## Theory and Practice of Ecological Restoration

李 锋 等 编著

中国建筑工业出版社

**图书在版编目（CIP）数据**

生态修复理论与实践 = Theory and Practice of Ecological Restoration / 李锋等编著 . —北京：中国建筑工业出版社，2023.8

住房和城乡建设部"十四五"规划教材　教育部高等学校风景园林专业教学指导分委员会规划推荐教材

ISBN 978-7-112-28475-7

Ⅰ．①生…　Ⅱ．①李…　Ⅲ．①生态恢复－高等学校－教材　Ⅳ．① X171.4

中国国家版本馆 CIP 数据核字（2023）第 043975 号

为了更好地支持相应课程的教学，我们向采用本书作为教材的教师提供课件，有需要者可与出版社联系。

建工书院：https://edu.cabplink.com

邮箱：jckj@cabp.com.cn 电话：(010) 58337285

扫码查看本书数字资源

责任编辑：柏铭泽　杨　琪　陈　桦
责任校对：张　颖

住房和城乡建设部"十四五"规划教材
教育部高等学校风景园林专业教学指导分委员会规划推荐教材

### 生 态 修 复 理 论 与 实 践
Theory and Practice of Ecological Restoration
李　锋　等　编著

\*

中国建筑工业出版社出版、发行（北京海淀三里河路9号）
各地新华书店、建筑书店经销
北京雅盈中佳图文设计公司制版
北京市密东印刷有限公司印刷

\*

开本：787 毫米 ×1092 毫米　1/16　印张：18¾　字数：391 千字
2023 年 8 月第一版　2023 年 8 月第一次印刷
定价：**79.00** 元（赠教师课件）
ISBN 978-7-112-28475-7
（40941）

# 出版说明

党和国家高度重视教材建设。2016 年，中办国办印发了《关于加强和改进新形势下大中小学教材建设的意见》，提出要健全国家教材制度。2019 年 12 月，教育部牵头制定了《普通高等学校教材管理办法》和《职业院校教材管理办法》，旨在全面加强党的领导，切实提高教材建设的科学化水平，打造精品教材。住房和城乡建设部历来重视土建类学科专业教材建设，从"九五"开始组织部级规划教材立项工作，经过近 30 年的不断建设，规划教材提升了住房和城乡建设行业教材质量和认可度，出版了一系列精品教材，有效促进了行业部门引导专业教育，推动了行业高质量发展。

为进一步加强高等教育、职业教育住房和城乡建设领域学科专业教材建设工作，提高住房和城乡建设行业人才培养质量，2020 年 12 月，住房和城乡建设部办公厅印发《关于申报高等教育职业教育住房和城乡建设领域学科专业"十四五"规划教材的通知》（建办人函〔2020〕656 号），开展了住房和城乡建设部"十四五"规划教材选题的申报工作。经过专家评审和部人事司审核，512 项选题列入住房和城乡建设领域学科专业"十四五"规划教材（简称规划教材）。2021 年 9 月，住房和城乡建设部印发了《高等教育职业教育住房和城乡建设领域学科专业"十四五"规划教材选题的通知》（建人函〔2021〕36 号）。为做好"十四五"规划教材的编写、审核、出版等工作，《通知》要求：(1) 规划教材的编著者应依据《住房和城乡建设领域学科专业"十四五"规划教材申请书》（简称《申请书》）中的立项目标、申报依据、工作安排及进度，按时编写出高质量的教材；(2) 规划教材编著者所在单位应履行《申请书》中的学校保证计划实施的主要条件，支持编著者按计划完成书稿编写工作；(3) 高等学校土建类专业课程教材与教学资源专家委员会、全国住房和城乡建设职业教育教学指导委员会、住房和城乡建设部中等职业教育专业指导委员会应做好规划教材的指导、协调和审稿等工作，保证编写质量；(4) 规划教材出版单位应积极配合，做好编辑、出版、发行等工作；(5) 规划教材封面和书脊应标注"住房和城乡建设部'十四五'规划教材"字样和统一标识；(6) 规划教材应在"十四五"期间完成出版，逾期不能完成的，不再作为《住房和城乡建设领域学科专业"十四五"规划教材》。

　　住房和城乡建设领域学科专业"十四五"规划教材的特点：一是重点以修订教育部、住房和城乡建设部"十二五""十三五"规划教材为主；二是严格按照专业标准规范要求编写，体现新发展理念；三是系列教材具有明显特点，满足不同层次和类型的学校专业教学要求；四是配备了数字资源，适应现代化教学的要求。规划教材的出版凝聚了作者、主审及编辑的心血，得到了有关院校、出版单位的大力支持，教材建设管理过程有严格保障。希望广大院校及各专业师生在选用、使用过程中，对规划教材的编写、出版质量进行反馈，以促进规划教材建设质量不断提高。

住房和城乡建设部"十四五"规划教材办公室

2021 年 11 月

# 前　言

当今世界正经历着前所未有的城市化进程，城市化为全球社会经济发展带来正面效益的同时，也给区域生命支持系统和居民生活环境带来一些负面影响。2019 年，联合国大会批准"联合国生态系统恢复十年"（The UN Decade on Ecosystem Restoration）行动计划，旨在促进恢复退化或破坏的生态系统，而生态系统的恢复是实现可持续发展目标的基础，特别是在气候变化、消除贫困、粮食安全、水环境和生物多样性保护等方面。山、水、林、田、湖、草、沙、冰、城是一个生命共同体，是相互依存、相互影响的大系统。生态修复是一个系统工程，需要全方位、全地域、全过程开展。改革开放 40 多年来，我国经历了快速城市化的发展过程，城市化在促进经济和社会发展的同时也造成了森林、草地、农田、河流、湿地、湖泊等生态系统的破坏，导致区域生态资产数量和生态系统服务质量的降低，因此亟须开展受损生态系统的修复研究和实践。

生态修复研究是国内外具有战略重要性的科学与应用领域，生态竞争力已经成为国家综合竞争力的核心组成部分，是当地社会经济可持续发展程度与文明指数高低的关键衡量指标。目前，我国已经进入了生态修复和绿色高质量发展阶段，该领域也契合了国家层面的重大战略需求，良好的生态环境已经成为人民渴望的稀缺资源。生态修复是实现人与自然和谐共生的根本途径，是新时代生态文明和美丽中国建设的重要内容，是实现绿水青山向金山银山转化的重要保障。

目前针对生态修复比较系统全面的教材还很缺乏，特别是适合风景园林、城乡规划和生态学等专业的交叉融通的工科类学生教材还是空白。本教材在借鉴相关教材和著作的基础上，更加注重教学、科研和实践的结合；注重理论方法和项目实践之间的关系；注重补充第一手资料和最新案例；注重生态修复理论方法和生态规划、景观设计、工程管理方面的有机结合；注重与美丽中国和"山水林田湖草沙"生态修复实践的紧密结合。

本教材是住房和城乡建设部"十四五"规划教材，得到了学科建设的大力支持。本书主要内容包括概论、绿色空间、蓝色空间、棕色空间、城镇空间生态修复以及机制与政策保障等方面。具体如下：①概论，包括生态修复的科学内涵、相关概念、发展历程、形势背景、研究热点、主要理论和框架体系等；②绿色空间生态修复方法、技术与案例，包括概述、森林生态修复、草地生态修复、农田生态修复以及困难立地生态修复等；③蓝色空间生态修复方法、技术与案例，包括概述、河流与流域生态修复、湖泊与湿地生态修复、海岸带生态修复等；④棕色空间生态修复方法、技术与案例，包括概述、方法技术、污染废弃地生态修复、矿山生态修复、工业遗址生态修复等；⑤城镇空间生态修复方法、技术与案例，包括概述、理论与技术体系、城镇生态修复典型案例等；⑥生态修复政策与机制保障，包括生态修复事业的发展历程和制度体系、体制机制与政策保障等。

本教材主要撰写人员有李锋、马远、刘海轩、张益宾、成超男、李晓婷和贾举杰。李锋负责全书的撰写与统筹工作。各章编写人员列名如下：第1章为李锋和马远；第2章为李锋和刘海轩；第3章为李锋和成超男；第4章为李锋和张益宾；第5章为李锋和李晓婷；第6章为李锋和贾举杰。本教材部分案例来源于自然资源部等有关公开发布内容，在文中均作了相关标注，对案例研究课题组成员表示衷心的感谢！同时也感谢本教材完成过程中用到的所有参考文献的作者们。

感谢清华大学建筑学院、自然资源部国土空间生态修复司、自然资源部国土整治中心等单位的相关部门在教材编写和典型案例收集期间给予了热情支持。

感谢清华大学建筑学院景观学系主任杨锐教授对本教材的大力支持，以及在主审过程中提出的宝贵意见和建议！感谢清华大学建筑学院景观学系副主任朱育帆教授及其团队在景观设计等典型案例方面给予的热情帮助！

尽管我们立足学科前沿，在生态修复理论、方法、技术与实践等方面作了一些系统研究和探索，但由于时间、精力和专业知识水平等方面的限制，不足之处在所难免，衷心期望各界读者和同行们提出宝贵的批评意见，以便将来修订和完善。同时，也希望本教材的出版能对区域生态修复与自然保护发挥有益的作用。

李锋

2022 年 11 月，北京清华园

# 目 录

# 第1章

# 概　论

生态修复的科学内涵与相关概念
生态修复的发展历程、形势政策和研究热点
生态修复的主要理论
生态修复的方法论
生态修复的多级框架体系

# 1.1 生态修复的科学内涵与相关概念

## 1.1.1 生态修复的科学内涵

当前，国内外学者对"生态修复"的理解和界定并不统一，国际上通常称之为"Ecological Restoration"，国内学者一般称之为"生态恢复"或"生态修复"，除此之外还有"生态重建""生态恢复重建"等说法。

戴蒙德（Diamond，1987）认为，生态恢复就是再造一个自然群落，或再造一个自我维持、并保持后代具持续性的群落。乔丹（Jordan，1995）认为，使生态系统恢复到先前或历史上（自然的或非自然的）状态即为生态恢复。卡恩斯（Cairns，1995）认为，生态恢复是使受损生态系统的结构和功能恢复到受干扰前状态的过程。伊根（Egan，1996）认为，生态恢复是重建某区域历史上有的植物和动物群落，而且保持生态系统和人类的传统文化功能的持续性的过程。日本学者多认为，生态修复是指通过外界力量的干预使受损生态系统得到恢复、重建和改进（不一定是与原来的相同）。这与欧美学者"生态恢复"的概念的内涵类似。美国自然资源委员会（The US Natural Resource Council，1995）把生态恢复定义为"使一个生态系统恢复到较接近于受干扰前状态的过程"。国际恢复生态学会（Society for Ecological Restoration，SER）先后提出了"生态恢复（Ecological Restoration）的4个定义：生态恢复是修复被人类损害的原生生态系统的多样性及动态的过程（1994）；生态恢复是维持生态系统健康及更新的过程（1995）；生态恢复是帮助研究生态整合性的恢复和管理过程的科学，生态系统整合性包括生物多样性、生态过程和结构、区域及历史情况、可持续的社会时间等广泛的范围（1995）"。2002年，国际恢复生态学会再次提出"生态恢复是协助退化、受损或被破坏生态系统的恢复、重建和改善的过程"。该提法基本达成了国际学界对生态恢复的一致共识，也在一定程度上促进了生态修复理论和实践的发展。[1]

国内专家学者对"生态修复""生态恢复""生态重建"等概念也有不同的观点。焦居仁（2003）认为，生态恢复指停止人为干扰，解除生态系统所承受的超负荷压力，依靠生态系统自身规律演替，通过其休养生息的漫长过程，使生态系统向自然状态演化。焦居仁认为恢复原有生态的功能和演变规律，完全可以依靠大自然本身的推进过程；在其界定的定义中，生态恢复仅依靠生态系统本身的自组织和自调控能力。[2]张新时院士指出"生态重建是协助一个遭到退化、损伤或破坏的生态系统恢复的过程，实质是希望人为地创造或促进生态系统发展，在实施过程中，虽然通常以工程和经济方面的考虑为主，但主要的逻辑和理念仍必须是生态学的"。在西方学术文献中，生态恢复（Ecological Recovery）是特指"自然恢复到原来事物，即生态系统被干扰之前的生态结构的过程"。[3] 沈国舫院士指出"恢复"的发生是没有人的直接参与的自然发生过程，而"生态重建"却是在人为活动的辅助下实施的，这就是"恢复"与"重建"二者的根本区别。生态修复比生态保护更具积极含义，又比生态重建更具广泛的适用性，也可用于人工生态系统，在中国语境中越来越被广泛应用。傅伯杰院士认为生态修复是指对已退化、损害或彻底破坏的生态系统进行恢复的过程，其修复对象不仅包括生态系统结构和功能，也包括提升生态系统服务。[4]

综上所述，生态修复是指以恢复生态学原理为指导，通过人工干预措施修复受损、退化的生态系统，或通过人为设计引导和促进生态系统自然修复，使生态系统的结构和功能得到改善的过程。

### 1.1.2 生态修复的相关概念

生态修复的相关概念包括且不限于以下几个方面：

（1）重建（Rehabilitation），即去除干扰并使生态系统恢复原利用方式；

（2）改良（Reclamation），即改良立地的条件以便使原有的生物生存，常指原有本底破坏后的恢复；

（3）改进（Enhancement），即对原有的受损系统进行改进，以提高某方面的结构与功能；

（4）修补（Remedy），即修复部分受损的结构；

（5）更新（Renewal），指生态系统发育及更新；

（6）再植（Revegetation），即恢复生态系统的部分结构和功能，或恢复当地先前土地利用方式。

## 1.2 生态修复的发展历程、形势政策和研究热点

### 1.2.1 生态修复的背景和起源

#### 1. 生存危机

随着社会的进步和科学技术的发展，特别是从18世纪工业革命以来，人类开发利用自然资源的能力不断提高，燃料消耗急剧增加，地下矿藏被大量开采和冶炼，工业高度发达，促进了工农业的大发展，为人类带来了巨大的财富。同时，由于自然资源遭受不合理的开采及工农业大发展而生产和使用大量农药，化肥和其他化学品，造成大量生产性废弃物（废水、废气、废渣）及生活性废弃物不断进入环境，严重污染大气、水、土壤等自然环境，使正常的生态环境遭受破坏，人们的生活环境质量下降，直接威胁着人类的健康。如1986年4月26日苏联的切尔诺贝利（现位于乌克兰）核电站爆炸事件，不仅对当代的人体健康带来极大威胁，对后代和生态环境也造成了严重影响，十多

年来这次事故已造成约6000人死亡。从20世纪初至今，全世界发生公害事件60多起，公害病患者达40万～50万人，死亡10多万人。

在环境污染对人类的健康危害越来越严重，涉及的范围越来越广的情况下，全球性的环境问题也显得日益突出，其中主要有：①全球气候变暖。主要是由于人类活动排放大量的温室效应气体如二氧化碳等所致，气候变暖除造成冰川积雪融化，海平面升高（每年约2.6mm）等生态环境破坏外，在医学方面气温增高使得啮齿动物、病媒昆虫的活动范围扩大，繁殖力增强，导致相关疾病如疟疾、乙型脑炎、流行性出血热等疾病的发生率增高。②臭氧层破坏。导致破坏的主要原因是人类大量使用氯氟烃造成的，其对健康的危害在于大气中的臭氧对太阳紫外线的阻挡作用减弱，而过量的紫外线照射导致人类皮肤癌、白内障的发生率增加。③酸雨。主要是由于大气中的成酸物质如硫氧化物等遇水而形成的，酸雨除对水生和陆生生态系统造成严重危害外，也可对人体健康产生直接危害。④生物多样性锐减。生物多样性是指地球上所有的生物如动物、植物和微生物等及其存在的生态综合体。它由生物的遗传（基因）多样性、物种多样性和生态系统多样性组成。由于人类活动范围日益扩大，开采和利用自然资源的能力空前提高，对生物施加的影响也逐渐加剧，特别是不合理的滥采滥伐，掠夺性开采，过度捕捞狩猎等使物种灭绝的速度不断加快，加速了大量遗传基因丢失及不同类型的生态系统面积锐减。

**2. 意识觉醒**

20世纪50年代正值第二次世界大战之后东西方对峙的"冷战"时期，美国的企业界为了经济开发而大量砍伐森林，破坏自然，"三废"污染严重。特别是为了增加粮食生产和木材出口，美国农业部（United States Department of Agriculture，USDA）放任化学工业界开发DDT①等剧毒杀虫剂并不顾后果地执行大规模空中喷洒计划，导致鸟类、鱼类和益虫大量死亡，而害虫却因产生抗体而日益猖獗。化学毒性通过食物链进入人体，诱发癌症和胎儿畸形等疾病。当自然、生物甚至人类受到伤害时，责任感和科学家的良知使卡逊（Rachel Carson）不能沉默。经过4年顽强刻苦的调查研究，她写出了《寂静的春天》，该书于1962年出版。在这本书中，卡逊以生动而严肃的笔触，描写因过度使用化学药品和肥料而导致环境污染、生态破坏，最终给人类带来不堪重负的灾难，阐述了农药对环境的污染，用生态学的原理分析了这些化学杀虫剂对人类赖以生存的生态系统带来的危害，指出人类用自己制造的毒药来提高农业产量，无异于饮鸩止渴，人类应该走"另外的路"。该书将近代污染对生态的影响透彻地展示在读者面前，给予人类强有力的警示。作者在书中对农业

---

① DDT，又叫滴滴涕，化学名为双对氯苯基三氯乙烷，是有机氯类杀虫剂。

科学家的科学实践活动和政府的政策提出挑战，并号召人们迅速改变对自然世界的看法和观点，呼吁人们认真思考人类社会的发展问题。另外，她记录了工业文明所带来的诸多负面影响，直接影响并推动了日后现代环保主义的发展。

### 3. 全球行动

20世纪60年代以来，全球变化、生物多样性丧失、资源枯竭以及生态破坏和环境污染等已严重威胁人类社会的生存和发展。因此，如何保护现有的自然生态系统，修复退化的生态系统，重建可持续的人工生态系统，成为当今人类面临的重要任务。世界各国，主要是发达国家的环境保护工作，大致经历了四个发展阶段。

1）限制阶段

环境污染早在19世纪就已发生，如英国泰晤士河的污染，日本足尾铜矿的污染事件等。20世纪50年代前后，全世界相继发生了比利时马斯河谷烟雾、美国洛杉矶光化学烟雾、美国多诺拉镇烟雾、英国伦敦烟雾、日本水俣病和痛痛病、日本四日市大气污染和米糠油污染事件，即所谓的八大公害事件。由于当时尚未搞清这些公害事件产生的原因和机理，所以一般只是采取限制措施。如英国伦敦发生烟雾事件后，制定了法律，限制燃料使用量和污染物排放时间。

2）"三废"治理阶段

20世纪50年代末60年代初，发达国家环境污染问题日益突出，于是各发达国家相继成立环境保护专门机构。但因当时的环境问题还只是被看作工业污染问题，所以环境保护工作主要就是治理污染源、减少排污量。因此，在法律措施上，颁布了一系列环境保护的法规和标准，加强法制。在经济措施上，采取给工厂企业补助资金，帮助工厂企业建设净化设施；并通过征收排污费或实行"谁污染、谁治理"的原则，解决环境污染的治理费用问题。在这个阶段，投入了大量资金，尽管环境污染有所控制，环境质量有所改善，但所采取的末端治理措施，从根本上来说是被动的，因而收效并不显著。

3）综合防治阶段

1972年联合国召开了人类环境会议，并通过了《联合国人类环境会议宣言》。这次会议成为人类环境保护工作的历史转折点，它加深了人们对环境问题的认识，扩大了环境问题的范围。宣言指出，环境问题不仅仅是环境污染问题，还应该包括生态破坏问题。另外，它冲破了以环境论环境的狭隘观点，把环境与人口、资源和发展联系在一起，从整体上来解决环境问题，开始从单项治理发展到综合防治。1973年1月，联合国大会决定成立联合国环境规划署，负责处理联合国在环境方面的日常事务工作。

4）规划管理阶段

20 世纪 80 年代初，由于发达国家经济萧条和能源危机，各国都急需协调发展、就业和环境三者之间的关系，并寻求解决的方法和途径。该阶段环境保护工作的重点是：制订经济增长、合理开发利用自然资源与环境保护相协调的长期政策。要在不断发展经济的同时，不断改善和提高环境质量，但环境问题仍然是对城市社会经济发展的一个重要制约因素。1992 年 6 月，联合国在里约热内卢召开了环境与发展会议，这是世界环境保护工作的"新起点"：探求环境与人类社会发展的协调方法，实现人类与环境的可持续发展。至此，环境保护工作已从单纯的污染问题扩展到人类生存发展、社会进步这个更广阔的范围，"环境与发展"成为世界环境保护工作的主题。

2019 年 3 月 1 日，联合国大会批准"联合国生态系统恢复十年"（The UN Decade on Ecosystem Restoration）行动计划，于 2021 至 2030 年实施。旨在扩大退化和破坏生态系统的恢复，以此作为应对气候危机和加强粮食安全、保护水资源和生物多样性的有效措施。生态系统修复被定义为扭转生态系统退化的过程，如景观、湖泊和海洋，以修复其生态功能，也就是提高生态系统的生产力和生态系统满足社会需要的能力。生态系统修复对于实现可持续发展目标至关重要，主要会影响关于气候变化、消除贫穷、粮食安全、水和生物多样性保护等可持续发展目标。

"联合国生态系统恢复十年"行动计划指出：土地和海洋生态系统的退化破坏了 32 亿人的福祉，物种和生态系统服务丧失的代价约占每年全球生产总值的 10%。世界上有超过 20 亿 hm$^2$ 的退化土地和退化景观具有恢复潜力。到 2030 年，恢复 3.5 亿 hm$^2$ 退化土地可以产生 9 万亿美元的生态系统服务，并从大气中再吸收 13 至 26 种温室气体，从大气中去除多达 26 兆 t 温室气体。地球上约 20% 的土地呈生产力下降趋势，生育率下降与世界各地的侵蚀、损耗和污染有关。到 2050 年，土地退化和气候变化将使全球作物产量减少 10%，在某些区域可能减产 50%。[5]

## 1.2.2 国内外生态修复的进展与经验

### 1. 国外生态修复的发展历程和经验启示

1）美国的生态修复

美国国土面积 962.9 万 km$^2$，森林面积 298 万 km$^2$，其中国家所有的森林、草地和公园等联邦和州、地方政府所有的土地占国土面积的 42%，其他 58% 的国土均属于私人产权的林地、湿地和草原等。美国非常重视生态建设和保护工作，政府在法律和政策层面都对生态环境、野生动植物、自然保护地管理等诸多问题作出了具体规定，并持之以恒开展了一系列行动。美国的生态修复主要有以下 5 个方面经验：

（1）关于生态退化问题。为了遏制大规模土地开发带来的土壤侵蚀、耕地占用等生态退化问题，美国先后实施了土地休耕保护计划（Conservation Reserve Program，CRP）、环境质量激励计划（Enviromental Quality Incentives Program，EQIP）和保护支持计划（Conservation Security Program，CSP）等一系列政策措施，水土流失明显减少，生态质量大幅改善，并带来了显著的社会生态效益。

（2）关于湿地保护问题。美国政府曾鼓励湿地开发利用，但随着湿地大量流失导致其政策转向，特别是美国密西西比河三角洲生态系统恶化引起了很大的负面影响。为应对湿地危机，政府采取了一系列举措。联邦法律《滨海湿地规划、保护和恢复法》（Coastal Wetlands Planning，Protection and Recovery Act，CWPPRA）着力解决了路易斯安那州湿地流失问题，《滨海2050计划》（Coastal 2050）部署了富有战略性和多功能利用的湿地恢复措施，对于因工程建设而造成无法避免的湿地损失，美国政府确立了湿地银行、湿地替代费补偿、被许可人自行补偿等3种补偿机制，有效地组织管理和动员公众广泛参与湿地修复，最终实现了美国湿地无净损失的目标。

（3）关于生态补贴问题。美国的生态补贴政策根据2002年《农业安全与农村投资法案》（Farm Security and Rural Investment Act）授权，美国农业部通过实施土地休耕、湿地保护、野生动物栖息地保护、环境质量激励等方面的生态保护补贴计划，以现金补贴和技术援助的方式把这些资金分到农民手中或用于农民自愿参加的各种生态保护补贴项目，使农民直接受益。

（4）关于国家公园建设问题。美国以建立国家公园的形式加强对自然保护地的管护，既有联邦建立的国家公园，也有州立的国家公园。美国内政部下属的国家公园管理局现今负责管理全美59个国家公园，将3.4万 $km^2$ 的国有土地纳入保护范围，并以"不损害下一代人欣赏"的方式对资源进行保护利用。美国政府出台了《国家公园管理局组织法》《荒野法》《禁猎法》《国家公园法》《国家自然与风景河流法案》等法律法规，旨在保护自然资源和历史遗迹，同时能给公众提供欣赏并享受美好环境的空间。

（5）关于碳汇交易问题。美国参与碳汇交易的主要是大型公司或与煤、气、油有关的石化和电力能源厂商，当其完不成减排目标时就必须在碳汇交易市场从完成减排任务的个体或碳汇项目来购买碳信用额度，以此抵消超额的碳排放指标。美国负责碳汇交易的机构有芝加哥气候交易所、加州气候行动登记所，前者为自愿性的，后者为强制性的，交易遵循区域温室气体排放协议、国家自愿申报温室气体排放计划。加州是全美碳汇交易市场的主力，按照实际拍卖的每吨二氧化碳13.8美元计算，2017年就创造了40亿美元的碳汇交易收入，而这些收入又被州政府用于温室气体减排基金、改善农机具、补助加州中央河谷地区的农林水利生产等。根据专家分析，随着加州法律和碳汇激励政策确定性的增长，未来加州的限额和交易计划下的碳汇价格还会上涨，这将为生态保护与修复带来更多的环境保障和资金助力。[6]

2）欧洲国家的生态修复

欧洲国家在保护和改善环境时，倡导人与自然和谐相处的理念，十分重视生态修复工作，充分依靠大自然的自我修复能力增加和保护植被。在开展生态修复工作中，坚持生态修复的目标和标准因地而定、采用社会化方法、重视公众参与、实行资源统一管理等做法，值得我们借鉴。

（1）区域生态网络建设。欧洲生态网（EECONET）是由荷兰政府领导的欧洲行动，打算采用一种积极主动的方法来提高生态在欧洲的地位。恢复的原则是"在可行之处，如果能通过相关的研究证明原始状态应该被重建，那么欧洲局部地区的生态和景观多样性就应该被恢复或改良"。荷兰自然政策规划的经验已经用于欧洲生态网络的初步保护行动之中，行动包括创建自然生境特征来连接"核心"自然区，如森林、湖泊和荒野等。在欧洲，世界自然保护联盟（International Union for Conservation of Nature，IUCN）鉴定了一些最重要的生态走廊并确定出针对生态恢复的特别建议。其他一些政府也为生态网络制定了发展步骤，将此作为对生物多样性公约所承担的义务。

（2）充分依靠大自然的自我修复能力。欧洲国家的自然植被保护得很好，局部地方也曾经进行过人工改造，但它们主要依靠大自然的自我修复能力。对自然形成的植被结构、群落不加人工干扰，以封育、保护、自然恢复为主。在自然恢复的过程中，由自然选择树种、草种，没有实施大规模的人为改造。由于气候条件适宜，造林都不进行人工整地，没有大规模、大面积开挖地表植被的建设活动，不扰动原地貌，林草植被在原状地形地貌中自然恢复、生长、繁衍。如在促进植被恢复方面，瑞士联邦森林、雪与景观研究所（Swiss Federal Institute for Forest，Snow and Landscape Research，WSL）等机构开展了不同树种所产生根菌的类型、作用等研究，高度重视并利用这一自然的恢复力促进植被的生长和对土壤的改良。在河流水质保护方面，瑞士联邦环境与技术研究所（Swiss Federal Institute of Aquatic Science and Technology，EAWAG）等机构研究了自然弯曲河道对鱼类繁衍、净化水质等方面的积极作用，提出了保护原有河床，依靠自然力量恢复生态的理念，并在许多河道中推行。

（3）生态修复要多采用社会化方法解决。生态修复是一个社会问题，因此欧洲国家在解决此类问题时，他们更强调利用社会的力量和作用。在我国人们更注重工程、植物等技术性措施，欧洲国家则更注重政策、法制等社会性对策，如山区产业结构调整和农户增加收入的途径，他们首先想到的是利用环境优势开发生态旅游，而不只是农业。如为了使更多的人从依附土地的农业、种植业上转移出来，他们通过制订相关政策，引导人们向其他产业发展。目前，欧盟正在制订新的统一的政策，以促进生态更好地修复。如对将土地从农业转入生态用地的农户，欧盟拿出许多资金给予农户经济补贴，在一些地方农户从政府拿到的补贴占到其总收入的70%～80%，越来越多的农户主动从农业种植中退了出来，拿出更多的土地实施生态修复。

（4）重视公共意见的影响。在对待生态环境这类公益性、社会性事业上，欧洲国家特别倡导公众参与，充分发挥社会各界、各方面的积极作用，保障相关者的权益，利益相关者这一词汇频繁出现在各种文件和社会活动中。其突出表现：一是非政府组织的作用，如各类行业协会、基金会、学会在生态修复中起到向社会扩大宣传、筹集资金、吸引民众参与等作用；二是利益相关者的作用，无论修水利、公路、电力等工程，还是制订政策、规定，都要广泛征求所有利益相关者的意见。利益相关者的各种权力，如对建设项目环境状况的监督权都有充分的保障，发挥了全社会、全体公民的作用，有助于增强全社会的生态环境保护意识，提高公民的思想道德素质。

（5）大尺度多边合作。现在普遍接受的观点是如果生态修复能够在一个足够大的尺度范围进行，其中包括多类型的物种层次和生态学过程，才能实现真正意义上的成功。实际上，更多的国际保护组织已经认识到这点并且付诸行动。在欧洲，有些大尺度生态修复项目的例子，就是由多个国家和组织共同实施的，如丹麦、德国和荷兰等国合作进行的瓦登海（The Wadden Sea）（欧洲最大的潮汐湿地）的修复保护项目，就是一个很好的国际合作的例子。而欧盟的发展为建立统一的标准并在一个可以反映生态系统边界和功能的空间尺度上开展项目提供了可能性。欧洲的许多生态修复项目是在欧盟的推动下完成的。目前在欧洲应用着很多全球协议和机制。如1992年的《生物多样性公约》和1971年的《湿地公约》。目前，欧洲大陆内部有一些相关的欧盟指令和区域机制，它们要求政府对远期生态修复采取行动。如欧盟生境指令（EU Habitats Directive）公布了优先生境，给每种类型的生境都下了定义，并试图在欧盟各城市和申请加入的国家内部对它们进行保护。其首要任务是创建欧洲生态网络，并且要将对自然保护的要求融合到其他欧盟政策中去。[7]

3）亚洲国家的生态修复

（1）日本的生态修复

第二次世界大战后，日本创造了世界经济奇迹。与此同时也出现了震惊国内外的污染公害。20世纪60年代的"水俣病"和"痛痛病"事件是对其污染公害严重性的真实写照。回顾历史，不难发现，日本是在经历了一段惨痛的公害教训之后才发展成为世界环境污染治理先进的国家之一。正是由于当时日本国内环境污染极度恶化，国民生命及健康安全受到极大损害，日本各地掀起了由市民发起的反公害、反开发倡议活动，社会矛盾的激化，使得日本政府和企业才不得不正视环境污染问题，开始致力于环境污染公害的治理。自20世纪70年代末，在日本政府、企业和市民的共同努力下，公害和环境污染问题的解决取得了一定成效。

日本的环境保护经历了一个"先污染、后治理"的过程，日本在治理经济高速发展期环境污染过程中的几点成功经验包括：①建立了一套完善的、全面的环境法律法规体系，为环境问题的解决提供了法律依据，为从根本上解决环境公害问题的提供了法律保障。②建立了一套健全的环境行政管理机制，在内阁环境省的统一监管下，做好环境省与其他环境相关部门的协调工作；在监督地方执行国家环境法规政策的情况的同时，积极鼓励地方政府改进并制订新型环境政策，充分发挥政府的先锋作用。③通过重视市场，并在金融和税制上对企业实行环境资金援助，利用经济手段来引导企业自主地加强环境管理。④大力实施环境综合管理方针，注重环境政策与产业政策、能源政策以及国土利用计划的结合，使环境要素参与到国家发展政策中去，使国家的经济发展政策成为环保的、可持续的发展政策。[8]

（2）韩国的生态修复

韩国在城市河流的生态修复方面具有较高影响力。近几十年来，受城市化和工业化进程加速的影响，韩国的河流形态、水质、环境等方面均变化较大。20世纪60年代以前，大多数河流几乎均呈自然状态；20世纪70年代，河流的管理主要着眼于防洪方面，对河流渠道化的治理使河流失去了生态功能，生物栖息地、自净能力和滨水景观日渐退化消失；从20世纪70年代晚期开始，韩国开始大量建设城市河流公园，大多数公园和基础设施坐落在河流滩地上，至20世纪80年代，河流滩地已大多被停车场、休闲娱乐场所、道路和农田所占领；20世纪90年代开始，自然生态系统的退化得到广泛关注，韩国从这一时期开始引进日本和德国等地城市河流生态修复经验，并开展了一系列的研究和示范项目；进入21世纪，著名的清溪川（Chenggye-cheon）综合整治开始，并取得了良好的效果。

总体上，韩国的河流生态修复也处于起步阶段，基本理论和经验大多从欧美和日本引入，但研究发展速度很快，很多理论已经被应用于河流生态修复，大规模的研究和示范项目已经在中央和地方政府开展。为了建设富有魅力的滨水空间和恢复充满生机的河流，韩国河流生态化整治工程基本可归纳为以下3点：①在满足防洪和水资源利用的同时尊重自然的生态多样性；②依照现存的自然条件，建设和恢复良好的水生态环境；③采取有效的工程措施和管理措施，创造河流人工生态系统，同时尽最大努力保护自然生态系统。[9]

（3）新加坡的生态修复

20世纪60年代，新加坡建国初期，经济高速发展，人口急剧增加，带来水污染、洪涝、干旱等若干环境问题。新加坡将天然河流系统大规模转变为混凝土河道和排水渠系统以缓解洪涝灾害，加冷河也不例外，通过工程技术对其进行硬质处理，改为混凝土河道。洪涝灾害在当时得以缓解，但笔直的运河随着时代发展出现许多问题，与周边景观相容性差、生态系统服务功能弱，因此需要进行生态修复。碧山宏茂桥公园建于20世纪60年代末，园内生物种类单调。新加坡于 2006 年发起"活跃、美丽和干净的水计划（Active Beautiful Clean Waters Programme，简称 ABC）"，动态、全面地进行水资源管理，同时整合周边土地创造滨水空间，使现有的功能单一的排水沟渠、河道、蓄水池充满生机，更加美观。加冷河和碧山宏茂桥公园修复为该计划的旗舰项目之一，改造目标为"打造新加坡绿色城市基础设施新篇章"，生态修复策略主要为水循环系统构建和河流景观美化，通过生态工程技术手段加以实现，既要满足本身的防洪功能，又要促进景观品质提升。[10]

4）澳大利亚的生态修复

澳大利亚特殊的地理、气候和自然条件造就了其独特的自然生态环境，也使其处于不得不应对更多环境问题的困境。地广人稀，资源丰富，开发历史短，较强的环境自净能力，这为保护环境提供了有利条件。但是占国土面积 70% 沙漠地区、淡水资源匮乏、外来物种入侵等也是澳大利亚环境保护面临的重大挑战。在推进工业化、发展畜牧业以及矿产资源开采过程中，澳大利亚曾经发生过严重的生态危机，有过惨痛的历史教训，如草场退化、河道干涸、物种锐减、河流污染、土地盐碱化等。从 20 世纪 60 年代起，澳大利亚政府不断采取措施进行治理，并收到了显著成效。目前，澳大利亚是世界上环境质量最好的国家之一，环保工作起步早、法律法规健全、以公众参与为基础的人与自然和谐发展是澳大利亚环境保护非常鲜明的特色。

（1）健全完善的生态环境保护法律法规体系。澳大利亚环境保护立法始于 20 世纪 60 年代，是世界上最早出台环境保护法律的国家之一。经过多年的积累，环境保护的立法比较完善，理念先进，自成体系。既有单项立法，又有综合立法；既有联邦法，又有地方法。澳大利亚的联邦、州、市三级政府都有相应的法律法规。联邦的环境保护立法有 50 多个，如《环境保护和生物多样性保护法》《碳税法案》《国家公园和野生生物保护法》《大堡礁海洋公园法》等。联邦政府还有 20 多个专门行政法规，如《清洁空气法规》《辐射控制法规》等。各州有关环境保护的法律法规则多达 100 余个。通过立法，澳大利亚基本上把涉及环境保护的各个行业和领域纳入了法制轨道。

（2）节水和水资源综合利用。澳大利亚虽然四面环海却处于地球最干燥的大陆，每年的平均降雨量只有 469mm，与世界 746mm 的年平均降雨量相比有较大的差距。澳大利亚为合理利用有限的水资源，使之可持续发展，在多方面采取了有效的措施，优化了水资源配置，提高了水资源利用率，保障了环境用水。澳大利亚南部在水资源综合利用方面积累丰富的经验。

（3）保护生物多样性。澳大利亚"与世隔绝"的地理环境，造就了独特、丰富的生物多样性，但由于栖息地的丧失、退化和破碎，外来物种的侵入，对自然资源过度的开采和消耗，水生态环境的改变，林火的动态变化，气候变化等因素致使澳大利亚超过 1700 多个物种和生态群落处于灭绝边缘。为此，澳大利亚非常重视生物多样性保护工作。

（4）科学合理处置固体废物。澳大利亚的垃圾处理已经形成非常完备的体系，垃圾处理水平可谓世界领先，无论政策导向、技术支撑、公众参与还是舆论监督等方面皆有独到之处，基本上形成了政府—企业—家庭三位一体的有机复合体系。一袋生活垃圾从产生之日起，经历分类投放、回收利用、"定制化"处理、循环利用等工序，辅以严格的政策法规约束、市场化机制和民众自觉参与的道德意识，形成澳大利亚垃圾处理的独有特色。

（5）实施污染场地修复的风险管控。污染场地修复是一个复杂的系统工程，不同于其他工程，不仅要实现修复目标，还要确保施工过程中不产生二次污染。[11]

**2. 我国生态修复的发展历程和经验启示**

1）我国古代的生态文化和生态智慧

中华传统文化闪耀着人与自然同生共荣的生态智慧火花，时至今日先贤、圣哲们的生态价值观仍然熠熠生辉。即便从现代生态伦理视角审视，我国传统文化中敬畏生命、尊重自然等思想也极具先进性和人文理性，同我国当前可持续发展理念一脉相承，为我国生态文明建设提供了重要理性指导和现实借鉴。

（1）传统文化中的朴素自然观："天人合一"

"天"即自然，"天人合一"即是人与自然"你中有我、我中有你"不可分割的关系，这一理念代表了我国先贤圣哲对人与自然关系最朴素、也是最本质的价值认知。"天人合一"思想源于传统农耕文明，也构造了中华传统文化源远流长的坚实根基，正如我国著名历史学家钱穆先生所言："中华文化特质，可以'一天人，合内外'六字尽之。""天人合一"强调，人与自然并非二元对立，而是一元统一；进一步地，世间万事万物也并非彼此割裂，而是紧密联系，同源而生，各就其位，各司其职，也各自拥有独立自主的地位和不容剥夺的存在价值。这也可以看出，"天人合一"不仅是我国传统文化中自然观的本真表述，也是古人赖以认识世界、改造世界的思维方法。

（2）传统文化中的生态伦理观：敬畏生命

从现代生态伦理视角审视，我国传统文化中提出的敬畏生命、尊重自然等思想也极具先进性和人文理性，其主张人的活动要充分尊重自然规律，不能肆意破坏自然，不能无故剥夺其他生命的生存权利和空间，正如老子所言，"道大、天大、地大、人亦大"，人只是自然界中的一分子，居于天地自然之间，作为一种更加高级的生命形态，人理应承担起爱护生命、维护自然生态的天赋使命。

（3）传统文化中的生态发展观：取用有节

中华传统文化倡导"万物同源"，人类与万物具有同等内在价值，应一视同仁，和谐相处。先贤也告诉我们，人可以在尊重自然规律的基础上，合理地利用自然界中的事物谋求人类自身的发展，但务求做到取用有节，在向自然索取时要保护自然，避免涸泽而渔的短视行为。如孔子所讲"钓而不纲，弋不射宿"，孟子讲"斧斤以时入山林"，曾子讲"树木以时伐焉，禽兽以时杀焉"，等。古人的这些生态智慧和当前我国大力倡导的可持续发展理念高度契合。[12]

2）中华人民共和国成立之后的生态修复

近几十年来，我国经济社会快速发展，对资源和生态环境也造成了大量的破坏。据统计，1949年以来，我国天然湿地减少面积超过50%，20世纪60年代，我国的森林覆盖率曾一度低至8.7%。环境保护从1983年开始作为我国的一项基本国策，然而我国的生态修复工作从更早时期已开展。从早期的"三北"防护林、退耕还林、封山育林到近年来开展的山水林田湖草生态保护修复工程、全国重要生态系统生态保护修复重大工程、长江大保护等工程，我国的生态修复在理念、认知和思路方法上都有了明显的变化和发展，其发展历程简要概括为启蒙认知、快速发展、生态文明建设三个阶段。

（1）启蒙认知阶段（1949—1978年）

这一阶段是我国生态修复的启蒙阶段。中华人民共和国成立以后很长一段时期，我国经济十分落后，在强烈的经济建设需求和以粮为纲的方针路线指引下，对生态环境造成了巨大的破坏。但该阶段人们鲜有对于生态环境保护的认知。随着生态环境的进一步恶化，我国才逐渐认识到生态环境的重要性。1973年召开了中国第一次生态环境保护会议，会议确立了"全面规划，合理布局，综合利用，化害为利，依靠群众，大家动手，保护环境，造福人民"的中国环境保护工作的基本方针，标志着我国生态环境保护修复事业的正式起步。

（2）快速发展阶段（1978—2012年）

改革开放之后，我国经济建设飞速发展，对于生态环境的破坏也进一步加强。1998年的特大洪水灾害、北方地区持续多年的沙尘暴等极端自然灾害及工业发展带来的严重环境污染也为我国的生态修复敲响了警钟。在这样的背景下，我国在这一时期开展了大量的生态环境建设和生态修复工作，主要包括三北防护林工程（1978）、平原绿化工程（1988）、沿海防护林工程（1988）、长江中上游防护林工程（1989）、天然林保护工程（1998）、退耕还林工程（2002）、退牧还草工程（2002）等。这一时期，伴随着经济社会的快速发展，我国的生态修复事业也处于快速发展时期。

这一时期生态修复的总体特点是以大型的重点工程带动，取得了很多进展。但生态修复主要是以点状治理、末端治理为主，目标往往是单一的森林、草地、湿地等生态系统或是特定的生态问题。管理上也是各管理部门分治，九龙治水，缺乏系统性和协同性。

（3）生态文明建设阶段（2012年至今）

2012年，党的十八大将生态文明纳入"五位一体"总体布局，标志着我国正式进入了生态文明建设阶段。习近平总书记关于生态文明建设提出的"山水林田湖草是生命共同体"①"绿水青山就是金山银山"② 等重要论断，引领了新时代我国生态文明建设和生态修复的方向，对于我国的生态修复工作来说是一个质的飞跃。

2018 年，国务院新一轮机构改革加快推进生态文明建设，由自然资源部统一行使所有国土空间用途管制和生态保护修复职责，并提出了实施国土空间生态修复这一创新举措，这标志着我国的生态修复工作逐步进入了国土空间生态修复新时期。党的十九大报告进一步明确了建设生态文明、建设美丽中国的总体要求——加大生态系统保护力度、统筹山水林田湖草系统治理、实施重要生态系统保护和修复重大工程。由此，将山水林田湖草视为生命共同体，系统实施国土空间生态修复成为新时期国家生态文明建设的重大战略需求。

2022 年，党的二十大为生态保护修复工作提供了根本遵循。报告要求坚持山水林田湖草沙一体化保护和系统治理，提升生态系统多样性、稳定性、持续性，以国家重点生态功能区、生态保护红线、自然保护地等为重点，加快实施重要生态系统保护和修复重大工程。

这一时期，我国的生态建设和生态修复工作被提升到了前所未有的高度。从生态修复到国土空间生态修复，更加强调生态修复的系统性和整体性，生态修复逐步从末端治理开始转向综合治理、系统治理。同时，生态系统的复合价值实现也得到了重视，国土空间生态修复的目标从单一目标线性治理，走向社会、经济、自然的多目标综合协同。

### 1.2.3　我国当前生态修复的形势背景

**1. 我国生态修复的政策背景**

1）十八大以来生态修复工作取得的进展

党的十八大以来，以习近平同志为核心的党中央谋划开展了一系列根本性、长远性、开创性工作，推动我国生态环境保护从认识到实践发生了历史性、转折性和全局性变化，生态文明建设取得显著成效，进入认识最深、力度最大、举措最实、推进最快，也是成效最好的时期。主要工作成效可以概括为五个"前所未有"。

一是思想认识程度之深前所未有。全党全国贯彻绿色发展理念的自觉性和主动性显著增强，忽视生态环境保护的状况明显改变。

二是污染治理力度之大前所未有。发布实施了三个"十条"，也就是大气、水、土壤污染防治三大行动计划，坚决向污染宣战。污水和垃圾处理等环境基础设施建设加速推进。重大生态保护和修复工程进展顺利。

---

① 　人民日报. 人民观点：山水林田湖草是生命共同体——共同建设我们的美丽中国 [OL]. 人民网，2020-08-13.

② 　人民日报. 绿水青山就是金山银山（人民观点）——新时代推进美丽中国建设的根本遵循③ [OL]. 人民网，2022-09-29.

三是制度出台频度之密前所未有。中央全面深化改革委员会审议通过 40 多项生态文明和生态环境保护具体改革方案，对推动绿色发展、改善环境质量发挥了强有力的推动作用。

四是监管执法尺度之严前所未有。《环境保护法》《森林法》《湿地保护法》《大气污染防治法》《水污染防治法》《环境影响评价法》《环境保护税法》《核安全法》等多部法律完成制（修）订，土壤污染防治法进入全国人大常委会立法审议程序。

五是环境质量改善速度之快前所未有。如，2016 年，三大城市群——"京津冀、长三角、珠三角"三个区域细颗粒物，也就是 $PM_{2.5}$ 平均浓度与"大气十条"①制定出台的 2013 年相比都下降了 30% 以上。在水的方面，地表水国控断面Ⅰ－Ⅲ类水体比例增加到 67.8%。森林覆盖率由 21 世纪初的 16.6% 提高到 22% 左右。[13]

2）生态修复与绿色发展

坚持绿色发展，必须坚持绿色富国、绿色惠民，推动形成绿色发展方式和生活方式，为人民提供更多优质生态产品。促进人与自然和谐共生、加快建设主体功能区、推动低碳循环发展、全面节约和高效利用资源、加大环境治理力度、筑牢生态安全屏障，十九届五中全会重点从这六个方面作出了一系列周密的部署，为绿色发展指明了努力方向。以十九届五中全会描绘的蓝图为引领，切实把生态文明的理念、原则、目标融入经济社会发展各方面，贯彻到各级各类规划和各项工作中，我们才能谱写绿色发展的新篇章。

生态保护修复与绿色发展并不矛盾。随着对发展规律认识的不断深化，越来越多的人意识到，绿水青山就是金山银山，保护和修复生态环境就是保护生产力，就是发展生产力。绿色循环低碳发展，是当今时代科技革命和产业变革的方向，是最有前途的发展领域，我国在这方面的潜力相当大，可以形成很多新的经济增长点，为经济转型升级添加强劲的"绿色动力"。抓住绿色转型机遇，推进能源革命，加快能源技术创新，推进传统制造业绿色改造，不断提高我国经济发展绿色水平，我们完全可以实现经济发展与生态改善的双赢。[14]

3）生态修复与乡村振兴

为助力乡村振兴，2019 年 12 月，自然资源部印发《关于开展全域土地综合整治试点工作的通知》（自然资发〔2019〕194 号）。2021 年 1 月，自然资源部办公厅《关于印发全域土地综合整治试点名单的通知》（自然资办函〔2020〕2421 号）在全国部署 446 个全域土地综合整治试点，主要解决村镇地区同一空间范围内的乡村耕地碎片化、空间布局无序化、土地资源利用低效化、生态质量退化等突出问题。以科学合理规划为前提，以乡镇为基本实施单元，进行全域规划、整体设计、综合治理。

① "大气十条"指国务院印发的《大气污染防治行动计划》，自 2013 年 9 月 10 日起实施。

自然资源部相关负责人表示，面对这些资源生态等突出问题，土地综合整治试点工作将改变以往以单一要素、单一手段开展的土地整治模式。通过综合性手段整体推进农用地整理、建设用地整理、乡村生态保护修复和历史文化保护，从而优化生产、生活、生态空间格局，促进耕地保护和土地集约节约利用，改善农村生态环境，助推乡村全面振兴。[15]

4）生态修复与生态产品价值实现

2021 年 4 月，《关于建立健全生态产品价值实现机制的意见》正式印发，成为我国首个将"两山"理念落实到制度安排和实践操作层面的纲领性文件。生态产品源于自然生态系统，其数量、质量与生态系统提供的供给、调节、文化服务等能力息息相关。目前，快速的城镇化、工业化带来了生物多样性损失、气候变化、空气和水污染等一系列问题，严重威胁生态系统安全，亟须开展整体性、系统性生态保护修复，并关注修复后产生的生态产品及其价值实现问题。

生态保护修复与生态产品价值实现具有接续和相互促进的关系。保护修复往往是生态产品价值实现的前提与基础。实施生态保护修复与推动生态产品价值实现皆为生态文明建设的重要内容。生态保护修复主要是为避免、减轻或抵消人类活动对生态环境造成的负面效应；生态产品价值实现的目的是显现生态产品的正面效应特征，两者的发力点和规制方向不同。生态产品价值实现是进行产品和资源要素市场化配置的有效机制，能够带动解决生态保护修复资金不足、效率不高等问题。在"两山"理念背景下，更容易理解二者关系，生态保护修复的目标是守住"绿水青山"，生态产品价值实现就是创造"金山银山"。生态保护修复提供优质生态产品促进价值实现的过程，就是"绿水青山"资源资产化后变成"金山银山"的过程；生态产品价值实现机制发展促进社会资金向生态保护修复聚集的过程，就是"金山银山"资产资本化后增值"绿水青山"的过程。[16]

5）生态修复与碳中和

2020 年 9 月 22 日，国家主席习近平在第七十五届联合国大会一般性辩论上宣布，我国二氧化碳排放力争 2030 年前达到峰值，努力争取 2060 年前实现碳中和，[①] 并于 2020 年 12 月的气候雄心峰会上宣布，到 2030 年，中国单位国内生产总值二氧化碳排放将比 2005 年下降 65% 以上，非化石能源占一次能源消费比重将达到 25%，森林蓄积量将比 2005 年增加 60 亿 m³，风电、太阳能发电总装机容量将达到 12 亿 kW 以上。[②]

生态修复在助力我国实现碳中和与碳达峰目标中具有十分重要的战略地位。一方面，依靠电力等主要领域的节能减排技术推广与创新，做好低碳技

① 新华网.习近平在第七十五届联合国大会一般性辩论上发表重要讲话 [OL]. 人民网，2020－09－23.
② 人民日报.习近平在气候雄心峰会上发表重要讲话 [OL]. 人民网，2020－12－13.

术研发示范与推广应用；另一方面，挖潜土壤、植被、海洋等碳库的碳汇作用与固碳能力，做好山水林田湖草沙一体化保护与修复、低碳土地整治等工作，提升生态系统固碳能力。减排增汇二者对于促进碳中和目标实现具有同等重要作用。[17]

**2. 当前我国生态修复面临的形势**

1）优势

（1）生态保护修复工作基础深厚。我国幅员辽阔，生态系统类型丰富，为生态系统保护和修复提供最适宜的蓝本，是生态保护修复的重要参考。全国各地生态保护修复积累了极为丰富的实践经验，为开展生态保护修复提供了科学的经验、技术参考。

（2）强大的组织机构保障。我国组建自然资源部，统筹山水林田湖草系统治理，统一行使生态保护修复职责。设置国土空间生态修复司，承担国土空间生态修复政策研究工作，拟订国土空间生态修复规划。承担国土空间综合整治、土地整理复垦、矿山地质环境恢复治理、海洋生态、海域海岸带和海岛修复等工作；承担生态保护补偿相关工作；指导地方国土空间生态修复工作。

（3）各级财政有力的资金支持。《关于推进山水林田湖生态保护修复工作的通知》（财建〔2016〕725号），中央财政对典型重要山水林田湖生态保护修复工程给予奖补。财政部关于印发《重点生态保护修复治理资金管理办法》的通知（财建〔2019〕29号），进一步明确了生态资金管理办法和治理资金支持范围。2021年11月10日，国务院办公厅发布《关于鼓励和支持社会资本参与生态保护修复的意见》（国办发〔2021〕40号），提出鼓励和支持社会资本参与生态保护修复项目投资、设计、修复、管护等全过程，围绕生态保护修复开展生态产品开发、产业发展、科技创新、技术服务等活动，对区域生态保护修复进行全生命周期运营管护。

（4）全民参与生态保护修复。我国人民对于生态环境保护意识的逐步加强，对于生态环境保护修复的理解认识和支持空前加强，是我国开展生态保护修复的坚实群众基础。

（5）生态保护修复制度逐步完善。我国相关法律法规逐步完善；生态空间监管逐步加强，初步建立用途管制制度、执法监督责任追究制度。

2）劣势

（1）局部生态系统问题比较严重且复杂。生态脆弱区问题比较严重且复杂多样，森林、绿地、草原、农田、湿地、海岸带生态环境质量有待提升。

（2）生态保护压力依然较大。历史欠账多、问题积累多、现实矛盾多，生态保护修复任务艰巨。城镇化潜力大，开发利用需求与生态保护冲突大。"重经济发展、轻生态保护"现象仍广泛存在。

（3）生态保护和修复系统性不足。对山水林田湖草是生命共同体的理念认识不足，权责对等的管理体制和协调联动机制尚未建立，一些建设项目还存在拼盘、拼凑问题。

（4）水资源和水环境保障面临挑战。过度开发地表水、地下水资源，导致生态用水严重匮乏、水文过程、生物多样性保护等面临严峻挑战。全国废污水排放总量居高不下，不少河流污染物入河量超过其纳污能力，部分地区地下水污染严重。

（5）多元化投入机制尚未建立。生态保护和修复市场化投入机制、生态保护补偿机制仍不够完善，生态产品价值实现缺乏有效途径，社会资本进入意愿不强，资金投入整体不足。生态工程建设的重点区域多为老、少、边、穷地区，由于自有财力不足，不同程度地存在"等、靠、要"思想。

（6）科技支撑能力不强。生态保护和修复标准体系建设、新技术推广、科研成果转化等方面比较欠缺，理论研究与工程实践存在一定程度的脱节现象，关键技术和措施的系统性和长效性不足。科技服务平台和服务体系不健全，生态保护和修复产业仍处于培育阶段。支撑生态保护和修复的调查、监测、评价、预警等能力不足。

3）机遇

（1）习近平生态文明思想与"美丽中国"战略引领

习近平生态文明思想引领全国生态修复工作，生态系统保护修复受到党和国家的高度重视。

（2）"两山理论"与"山水林田湖草沙系统治理"实践

党的十九届四中全会提出，践行绿水青山就是金山银山的理念，坚持和完善生态文明制度体系，促进人与自然和谐共生。

（3）重点工程带动

《全国重要生态系统保护和修复重大工程总体规划（2021—2035年）》规划引领，是党的十九大以来国家层面出台的第一个生态保护和修复领域综合性规划。该规划布局了9个重大工程、47项重点任务，提出了到2035年推进森林、草原、荒漠、河流、湖泊、湿地、海洋等自然生态系统保护和修复工作的主要目标，以及统筹山水林田湖草一体化保护和修复的总体布局、重点任务、重大工程和政策举措。该规划是当前和今后一段时期推进全国重要生态系统保护和修复重大工程的指导性规划，是编制和实施有关重大工程建设规划的主要依据。

目前正在重点开展的山水林田湖草试点工程、全国重要生态系统保护和修复重大工程将对全国生态保护修复起到示范和引领作用。

4）挑战

（1）筑牢国家生态安全屏障

生态保护修复要以"三区四带"生态屏障为基础，突出对国家生态安全和重大战略的生态支撑。如长江大保护、黄河流域生态保护和高质量发展等。

（2）生态保护修复与民生福祉

推动产业结构转型升级。亟待探索实施自然资源有偿使用制度，盘活各类自然生态资源。积极推动生态旅游、林下经济、生态种养、生物质能源、沙产业、生态康养等特色产业发展。

（3）生态保护修复与相关政策统筹

整合国土整治、新型城镇化、乡村振兴、精准扶贫、生态文明建设等政策，形成政策合力。

①生态保护修复复合生态效益的提升

加大社会—经济—自然复合效益的核算工作，提升生态保护修复工作的多元价值，满足人民群众对高质量生态产品的要求。

②系统性保护修复与多元投入机制

实现从单要素到多要素耦合的山水林田湖草城系统性生态保护修复，建立多元化的投融资机制。

## 1.2.4  生态修复的研究热点

### 1. 面向全球可持续发展的生态修复

1）全球气候变化

正在加剧的全球气候变化，已对各类生态系统的结构与功能、生态系统服务产生巨大影响，使许多自然生态系统已经转变为与原始状态相去甚远的"新奇生态系统（Novel Ecosystem）"，同时也可能抵消现有生态修复技术进步带来的优势。全球气候变化这一大背景已经进入生态修复研究的主流视野。如全球气候变化下生态系统的响应与反馈机制、生态修复目标制订及技术开发已成为生态修复研究热点问题。全球气候变化背景下的生态修复，开始转向追求生态系统可持续性、过去与未来之间的平衡点、对人类社会的福祉等更为现实的目标，如通过生态修复提高生态系统的弹性和适应力，提升生态系统服务，而非重返昔日原始状态。[18]

2）海洋保护修复

海洋生态系统修复（Marine Ecological Restoration）是指利用大自然的自我修复能力，在适当的人工措施的辅助作用下，对海洋生态系统的结构、功能、生物多样性和持续性等进行全面有效恢复的过程，使受损的海洋生态系统恢复到原有或与原来相近的结构和功能状态。

通过生态修复，最大程度地修复受损和退化的海洋生态系统，恢复海岸自然地貌，改善海洋生态系统质量，提升海洋生态系统服务功能。[19]

3）碳达峰、碳中和、碳交易

2021年1月，生态环境部发布《关于统筹和加强应对气候变化与生态环境保护相关工作的指导意见》（环综合〔2021〕4号）（以下简称《意见》），《意见》指出，要抓紧制订 2030 年前二氧化碳排放达峰行动方案，综合运用相关政策工具和手段措施，持续推动实施。各地要结合实际提出积极明确的达峰目标，制订达峰实施方案和配套措施。《意见》指出，以习近平新时代中国特色社会主义思想为指导，全面贯彻党的十九大和十九届二中、三中、四中、五中全会精神，深入贯彻习近平生态文明思想，坚定不移贯彻新发展理念，以推动高质量发展为主题，以二氧化碳排放达峰目标与碳中和愿景为牵引，以协同增效为着力点，坚持系统观念，全面加强应对气候变化与生态环境保护相关工作统筹融合，增强应对气候变化整体合力，推进生态环境治理体系和治理能力现代化，推动生态文明建设实现新进步，为建设美丽中国、共建美丽世界作出积极贡献。[20]

**2. 面向区域生态安全的生态修复**

实施全国重要生态系统保护和修复重大工程，是党的十九大作出的重大决策部署。经中央全面深化改革委员会第十三次会议审议通过，国家发展改革委、自然资源部印发了《全国重要生态系统保护和修复重大工程总体规划（2021—2035 年)》（以下简称《规划》)。《规划》提出了实施重要生态系统保护和修复重大工程，优化国家生态安全屏障体系的明确要求。《规划》贯彻落实主体功能区战略，以国家生态安全战略格局为基础，以国家重点生态功能区、生态保护红线、国家级自然保护地等为重点，突出对国家重大战略的生态支撑，统筹考虑生态系统的完整性、地理单元的连续性和经济社会发展的可持续性，提出了以青藏高原生态屏障区、黄河重点生态区（含黄土高原生态屏障)、长江重点生态区（含川滇生态屏障)、东北森林带、北方防沙带、南方丘陵山地带、海岸带等"三区四带"为核心的全国重要生态系统保护和修复重大工程总体布局。根据各区域的自然生态状况、主要生态问题，统筹山水林田湖草各生态要素，研究提出了主攻方向，部署了青藏高原生态屏障区生态保护和修复重大工程等九大工程，以及各项重大工程的建设思路、具体任务及重点指标。[21]

**3. 面向生物多样性保护的生态修复**

"生物多样性"是生物（动物、植物、微生物）与环境形成的生态复合体以及与此相关的各种生态过程的总和，包括基因、物种、生态系统和景观等层次多样性。生物多样性关系人类福祉，是人类赖以生存和发展的重要基础。人类必须尊重自然、顺应自然、保护自然，加大生物多样性保护力度，促进人与自然和谐共生。

1972 年，联合国召开人类环境会议，与会各国共同签署了《人类环境宣言》，生物资源保护被列入二十六项原则之中。1993 年，《生物多样性公约》正式生效，公约确立了保护生物多样性、可持续利用其组成部分以及公平合理分享由利用遗传资源而产生的惠益三大目标，全球生物多样性保护开启了新纪元。

中国幅员辽阔，陆海兼备，地貌和气候复杂多样，孕育了丰富而又独特的生态系统、物种和遗传多样性，是世界上生物多样性最丰富的国家之一。中国的传统文化积淀了丰富的生物多样性智慧，"天人合一""道法自然""万物平等"等思想和理念体现了朴素的生物多样性保护意识。作为最早签署和批准《生物多样性公约》的缔约方之一，中国一贯高度重视生物多样性保护，不断推进生物多样性保护与时俱进、创新发展，取得显著成效，走出了一条中国特色生物多样性保护之路。

1）自然保护地与国家公园

建立以国家公园为主体的自然保护地体系，是贯彻习近平生态文明思想的重大举措，是党的十九大提出的重大改革任务。自然保护地是生态建设的核心载体、中华民族的宝贵财富、美丽中国的重要象征，在维护国家生态安全中居于首要地位。自然保护是生物多样性保护最有效的措施之一，也是生态修复的重要内容和重要形式，保护和修复二者相辅相成，缺一不可。

以自然恢复为主，辅以必要的人工措施，分区分类开展受损自然生态系统修复。建设生态廊道、开展重要栖息地恢复和废弃地修复。加强野外保护站点、巡护路网、监测监控、应急救灾、森林草原防火、有害生物防治和疫源疫病防控等保护管理设施建设，利用高科技手段和现代化设备促进自然保育、巡护和监测的信息化、智能化。配置管理队伍的技术装备，逐步实现规范化和标准化。

2）再野化

为应对生态危机，荒野保护行动在全球范围内兴起，国家公园与自然保护地体系建设方兴未艾，未来自然保护地体系将向着保护地球 30% 甚至 50% 区域的目标扩展。随着荒野保护行动日益扩大，人们逐渐认识到荒野应当是更大生态系统的一部分，并且除了保护仅存的高价值荒野地之外，还需要进一步恢复受损生态系统的原真性和完整性，增强荒野地和保护地体系的连通性。在此背景下，再野化概念应运而生。

自 20 世纪 90 年代以来，再野化实践已经在全球各大洲开展，其中最具代表性的实践主要集中于北美洲和欧洲。在中国建设生态文明的背景下，再野化对于生态保护修复具有重要意义，亟须加强相关研究与实践。再野化与我国生态保护修复理念高度契合，我国已经开展的生态保护修复实践为再野化提供了基础，例如退耕还林、退牧还草、物种重引入等。此外，国土空间规划、建立以国家公园为主体的自然保护地体系、山水林田湖草生态保护修复工程等重要实践，也为再野化提供了新的历史契机。[22]

3）城市生物多样性保护和修复

城市化是城市生物多样性最强烈的影响因子。保护和提升城市生物多样性需要在对城市化充分认识的基础上，科学地运用生态学等学科的原理和方法，从多个维度入手，研究结构—过程—功能关系，并将研究结果运用到实际的城市生态保护、修复和管理中。中国是世界上生物多样性最丰富的国家之一，但同时也是生物多样性受威胁最严重的国家之一。当前我国的城市化仍有巨大上升空间，城市生物多样性仍面临着巨大的威胁和挑战。加强城市生物多样性保护，建设鸟语花香、人与自然和谐共处的生态城市是美丽中国和生态文明建设的重要途径，也是增进人类福祉的重要举措。[23]

### 4. 面向人类福祉的生态修复

1）生态修复与民生福祉

把人民群众对良好生态环境的向往作为奋斗目标。习近平总书记指出"既要绿水青山，也要金山银山""绿水青山就是金山银山"。① 良好的生态环境是最公平的公共产品和最重要的民生福祉，人民群众对干净的水、新鲜的空气、安全的食品、优美的环境的要求越来越强烈，生态环境保护慢不得、等不起。必须把人民群众对良好生态环境的向往作为我们的奋斗目标，牢固树立生态为民、生态惠民、生态利民的理念，加快推进生态文明建设，切实保护好我们赖以生存的生态环境，建设美好家园。

解决损害群众健康的突出环境问题。党中央强调，人民群众对环境问题高度关注，环境保护和治理要以解决损害群众健康的突出环境问题为重点。当前，一些地方存在雾霾频发、垃圾围城、饮水不安全、土壤重金属含量超标等环境问题威胁人民群众生命健康，社会极其关注，群众反映强烈。要坚持预防为主、综合治理，集中力量解决大气污染、水污染、土壤污染等损害人民身体健康、影响群众生产生活的突出环境问题，严厉惩处环境违法行为，切实维护公众的生态环境权益。

2）基于生态系统服务的人类福祉

生态系统服务（Ecosystem Services）是指人类从生态系统获得的所有惠益，包括供给服务（如提供食物和水）、调节服务（如控制洪水和疾病）、文化服务（如精神、娱乐和文化收益）以及支持服务（如维持地球生命生存环境的养分循环）。人类生存与发展所需要的资源归根结底都来源于自然生态系统。它不仅为人类提供食物、医药和其他生产生活原料，还创造与维持了地球的生命支持系统，形成人类生存所必需的环境条件.同时还为人类生活提供了休闲、娱乐与美学享受。

以人为本，以居民福祉作为导向，注重与生态学、社会学、城市学、经济学、管理学、医学等多学科的交叉，研究生态空间对居民的身心健康、景观游憩、自然教育、防灾减灾、森林康养、幸福感、犯罪率、环境正义等方面的影响机制，以及老人、儿童等特殊群体对生态空间的需求等。

3）城镇生态修复和管理

城镇生态系统具有明显不同于自然生态系统的特征，针对典型的城镇化、

---

① 人民日报.绿水青山就是金山银山（人民观点）——新时代推进美丽中国建设的根本遵循③ [OL]. 人民网，2022-09-29.

城镇问题开展生态系统修复研究有助于更好开展城镇生态系统的保护和建设。主要热点有城镇绿地的数量、结构、布局与城市的生物多样性、微气候、雨洪管理等方面的作用机制和量化关系，尤其是加强对热岛效应、生境破碎、生物多样性丧失、空气污染等突出城镇问题的机理和应对措施研究；城镇化及城镇环境对湿地的影响机制；城镇湿地对城镇生态安全、城镇生态环境等的影响；城镇湿地与热岛效应、空气污染等城市问题的联系；城镇湿地与居民生活、生态文化科普教育等的联系等。

# 1.3 生态修复的主要理论

## 1.3.1 社会—经济—自然复合生态系统理论

社会—经济—自然复合生态系统理论由马世骏和王如松于1984年提出。人类社会是一类以人的行为为主导、自然环境为依托、资源流动为命脉、社会文化为经络的社会—经济—自然复合生态系统，自然子系统是由水、土、气、生、矿及其间的相互关系来构成的人类赖以生存、繁衍的生存环境；经济子系统是指人类主动地为自身生存和发展组织有目的的生产、流通、消费、还原和调控活动；社会生态子系统是人的观念、体制及文化构成。这三个子系统是相生相克，相辅相成的。三个子系统之间在时间、空间、数量、结构、秩序方面的生态耦合关系和相互作用机制决定了复合生态系统的发展与演替方向。

复合生态系统理论的核心是生态整合，通过结构整合和功能整合，协调三个子系统及其内部组分的关系，使三个子系统的耦合关系和谐有序，实现人类社会、经济与环境间复合生态关系的可持续发展（马世骏和王如松，1984）。

复合生态系统的动力学机制来源于自然和社会两种作用力。自然力的源泉是各种形式的太阳能，它们流经系统的结果导致各种物理、化学、生物过程和自然变迁。社会力的源泉有三：一是经济杠杆——资金；二是社会杠杆——权力；三是文化杠杆——精神。资金刺激竞争，权力诱导共生，而精神孕育自生。三者相辅相成构成社会系统的原动力。自然力和社会力的耦合导致不同层次复合生态系统特殊的运动规律。

复合生态系统理论在城乡建设上的应用就是要通过生态规划、生态工程与生态管理，将单一的生物环节、物理环节、经济环节和社会环节组装成一个具有强生命力的生态经济系统，运用系统生态学原理去调节系统的主导性与多样性，开放性与自主性，灵活性与稳定性，发展的力度与稳度，促进竞争、共生、再生和自生能力的综合；生产、消费与还原功能的协调；社会、经济与环境目标的耦合；使资源得以高效利用，人与自然和谐共生。城乡建设是一个复杂的生态耦合体，其社会、经济、自然子系统间是相互耦合而非从属关系，虽功能不同，却缺一不可。一个走向可持续发展的社会应是市场竞争能力强，社会共生关系好，环境自生活力高的和谐的、进化的社会。自 20 世纪 80 年代以来我们运用复合生态系统理论和适应性共轭生态管理方法，探讨了省市县等不同尺度行政区域的生态建设模式，开展了不同生态系统工程集成技术的实证研究，在创建有中国特色的可持续发展生态学，将传统生物生态研究拓展为人与自然复合生态关系研究中取得了一定的进展，为复合生态规划和城乡生态建设提供了系统方法和科技支撑。

复合生态系统理论从提出到现在已有 30 多年的时间，经过不断地实践和探索，其理论日臻完善，为可持续发展提供了方法论基础，得到了国内外学者的广泛认同并应用在各个不同的领域，为世界的可持续发展作出了重大贡献。[24]

### 1.3.2　人居环境科学理论

清华大学吴良镛先生经过长期的规划设计和研究实践，以希腊学者道·萨迪亚斯（D.S.Doxiadis）的人类聚居学研究基础，针对中国人居环境建设的整体状况，创立了人居环境科学理论。"人居环境科学（The Sciences of Human Settlements）是一门以人类聚居（包括乡村、集镇、城市等在内的所有人类聚居）为研究对象，着重探讨人与环境之间相互关系的科学。人居环境科学强调把人类聚居作为一个整体，便于整体性地了解、掌握人类聚居发生、发展的客观规律，从而可以更好地建设符合人类理想的聚居环境"。[25] "人居环境科学是 20 世纪下半叶在传统的城乡建设各学科基础上逐渐发展起来的一个综合性的学科群，它着重研究人与环境之间的相互关系，并强调把人类聚居作为一个整体，从社会、经济、文化和工程技术等各方面进行综合系统的研究"。[26] 人居环境的研究核心是人，以研究探讨"和谐人居"建设为目标。自然环境是人类活动的载体与容器，人类活动受到自然环境的种种约束，同时人类各种活动又会对自然环境造成积极或消极的影响；人与自然以及人类社会的和谐共生对于人居环境建设影响重大。

目前，中国人居环境科学以建筑学、城乡规划、风景园林三个专业为基础，既相互独立，又相互融合，共同构成人居环境科学的学科群主体，同时，也连贯其他相关的自然科学、技术科学与人文科学的部分学科。在人居环境科学的基本框架中，"五大系统"是从整体出发进行科学分类的五个子系统，分类的目的是更好地按照系统的特点，分类剖析各个子系统的各类问题，以便在分类的基础上，抓住症结所在；"五大层次"是从不同的视域来研究人居环境，尺度有大小，系统特征仍然一致，采用的方法会有所不同；"五大原则"是研究人居环境的通用准则，面对不同层次的人居环境，都必须围绕这五个准则进行分析研究；最终，人居环境科学以"五大统筹"为归依，实现人与环境的和谐统一。

"五大系统"：吴良镛（2001）借鉴道·萨迪亚斯的"人类聚居学"，"将人居环境从内容上划分为五大系统，即自然系统、人类系统、社会系统、居住系统、支撑系统"。自然系统包含自然条件、生态环境中的各种要素，它往往是聚落产生的成因和基础；人类系统主要应针对聚落内居民的各个层次的需求进行分析；社会系统主要是指人口变化、产业发展、社会事业及社会关系等方面的研究；居住系统主要指以土地为中心的居住系统结构、空间环境和艺术特征；支撑系统主要指交通、市政等各类基础设施和公共服务设施系统。

"五大层次"："根据人类聚居的类型和规模，以中国存在的实际问题和人居环境研究的实际情况为基础，将人居环境科学研究范围划分为五大层次，即全球、国家（或区域）、城市、社区（邻里）、建筑等五大空间层次"。"五大原则"为发展人居环境科学的基本原则，"概括为：①生态观：正视生态的困境，增强高生态意识；②经济观：人居环境建设与经济发展良性互动；③科技观：发展科学技术，推动经济发展和社会繁荣；④社会观：关怀广大人民群众，重视社会发展整体利益；⑤文化观：强调科学的追求与艺术的创造相结合"。这五项原则之间相互关联，相互影响。[27]

### 1.3.3 恢复生态学理论

恢复生态学是研究生态系统恢复的科学，是从传统生态学基础上发展而来、应用于实践的一门新兴的综合学科。恢复生态学理论也是国土空间生态修复的重要理论基础之一，尤为强调传统生态学中的演替理论和干扰理论。其中，演替理论认为，通过人为手段对恢复过程加以调控，可以改变演替速率或演替方向，使受损生态系统的演替轨迹回到正常方向上；干扰理论则认为在外来干扰的作用下，生态系统的正常功能和基本结构将发生改变，不同尺度、性质和来源的干扰是生态系统结构和功能改变的根本原因，生态恢复属于一项积极的干扰行为。

恢复生态学理论包括自我设计理论和人为设计理论，自我设计理论强调生态系统的"自恢复"，人为设计理论强调通过工程和其他措施进行恢复。

自我设计理论：只要有足够的时间，随着时间的进程，退化生态系统将根据环境条件合理地组织自己，并会最终改变其组分。人为设计理论：通过工程方法和植物重建可直接修复退化生态系统，但修复的类型可能是多样的。自我设计理论主要在生态系统层次上考虑生态修复，人为设计理论主要从个体和种群的尺度上考虑生态修复。生态修复的核心任务就是使退化生态系统能进入自身的演替进程进行自我设计。自我设计理论主要基于两大基础理论的支撑，一是自组织原理，二是生态系统演替理论。[5]

### 1.3.4 景观生态学理论

景观生态学作为强调空间格局与生态学过程相互作用关系的一门学科，其等级理论、尺度效应、生态系统稳定性原理以及有关格局—过程—服务理论均可为国土空间生态修复提供重要的理论支撑。等级理论强调不同的生态学组织层次（如物种、种群、群落、生态系统、景观、区域等）分别具有不同的生态学结构和功能特征；尺度效应理论则强调生态平衡在一定程度上是自然界表现出的某种与尺度（包括空间和时间尺度）相关的协调性，不同水平上的生态学问题与不同的空间范围及时间动态密切相关；而生态系统稳定性原理则强调生态系统具有的结构与功能之间长期演替和发展的动态平衡特征；格局—过程—服务理论则强调生态系统空间格局与生态系统内物质、能量、信息的流动和迁移过程之间的相互作用关系，将直接影响生态系统服务功能的发挥与人类福祉的裨益。国土空间是一个包含所有自然资源的内在有机整体，同时又是不同等级、具有不同尺度特征生态系统的载体，离不开生态系统格局—过程—功能的相互影响、相互作用。国土空间生态修复的首要目标是将具有一定景观生态关联的受损生态系统在人为干预下实现系统的自我演替与更新。因此，国土空间生态修复需要统筹考虑恢复生态系统等级结构问题、时空尺度问题，以及格局与过程关系问题，国土空间生态修复可以根据不同的生态系统、景观、区域、国家等级水平考虑在不同的空间尺度（分别相对应于村落、市县、省级、全国等）层次上进行，重点在实践中通过优化调控格局（空间结构）—过程（生态功能）—服务（人类惠益）关系，构建国土空间生态安全格局，提高生态系统稳定性，提升生态系统服务功能。[28]

# 1.4 生态修复的方法论

## 1.4.1 生态修复的方法

### 1. 基于"山水林田湖草沙生命共同体"的生态修复

"山水林田湖草沙是一个生命共同体"的论断，是新时代生态文明建设的重要理论，它强调"人的命脉在田，田的命脉在水，水的命脉在山，山的命脉在土，土的命脉在树。用途管制和生态修复必须遵循自然规律……""对山水林田湖进行统一保护、统一修复是十分必要的"。这一重要论述，唤醒了人类尊重自然、关爱生命的意识和情感，从生态系统完整性、关联性和多样性的角度重新梳理人与自然的关系，生态保护和经济发展的关系，为推进绿色发展和美丽中国建设提供了行动指南。

2016年以来，财政部、自然资源部、生态环境部在"十三五"规划期间实施了三批25个山水林田湖草生态保护修复工程试点，"十四五"规划期间将实施两批 19 个山水林田湖草沙一体化保护修复工程项目，对维护国家生态安全、提升生态系统质量和稳定性发挥了积极作用。由于这些试点工程项目的地域广阔、生态系统多样、生态环境问题复杂和敏感、项目实施时间紧迫等因素，目前工程试点的效果和效益还有待时间进一步的验证。但总体上说，区别于传统的生态修复实践，基于"生命共同体理念的生态修复"，有以下特点：

1）景观的多尺度思维

生命共同体生态修复理念的核心是强调了生态系统的完整性、关联性和系统性，生态修复需要从不同地域尺度考虑生态系统的生态过程和生态功能。景观是一个多尺度的地理空间概念，可以根据研究的需求把生态修复范围分成宏观、中观和微观等多个尺度。在不同的景观尺度上，梳理和定义景观的生态格局、生态过程、生态环境问题、生态功能，进而在不同的景观尺度解决生态修复过程中的不同层次的问题。

2）生态修复关键目标设定

生态系统的服务功能和价值是多样的，从宏观到微观的景观尺度转变过程中，生态修复的目标也是逐步深化和深入。生态修复不可能面面俱到，满足所有的目标要求，对于不同景观尺度不同生态系统类型，应设定其核心和关键需要修复的生态功能和目标。核心生态修复目标的设定也需要和当地的社会、风俗和经济发展水平相适应。

3）生态修复技术统筹整合

基于生态系统多样性、完整性、复杂性和关联性的特征，生态修复应突破学科边界限制，进行跨学科专业合作。相关学科和技术至少包括规划、经济、地学、生态、环境、水文、景观、3S 技术等，多学科合作能提供生态修复的综合解决方案，实现修复技术的合理性、可持续性和经济性。

4）社会、经济条件考量

中国地域广阔，东西、南北经济发展差异较大，在进行生态修复的项目总体设计过程中，需要考虑其对于地方经济发展的影响。特别是对于经济较落后的区域，在编制和实施生态修复方案时，需考虑为地方经济和居民带来更好的物质生活机会、收入来源，创造更多的生态产业就业机会，以促进当地居民主动寻求更持续发展的道路，来提升生态修复的可持续性和成功率。

5）工程实施和规划设计并重

"重工程轻咨询"是目前较为普遍的一个现象，特别是在专项资金申报时间要求比较紧迫的条件下，一些项目的设立并未经过科学规划论证，这也为后期实施效果埋下一定隐患和不确定性。生态修复事业是国民经济发展到一定阶段之后，需要长期可持续进行的一项工作和任务。这项事业的特性决定了这不是一蹴而就的任务，它需要更多的人力、财力和时间持续不断地进行下去。因此，生态修复也需要从单一要素工程修复，逐步走向制订总体发展战略、总体规划、详细规划、详细设计、工程实施、实施后评估的道路。需更加注重工程实施之前的规划设计阶段，加强生态修复规划设计科学性和项目设置的合理性论证，以保障工程项目实施的可行性、经济性和社会、生态价值的提升。

**2. 基于适宜性和承载力的生态修复**

双评价一般是指资源环境承载能力和国土空间开发适宜性评价。2019 年 5月 10 日印发的《中共中央　国务院关于建立国土空间规划体系并监督实施的若干意见》（中发〔2019〕18 号）明确提出，以"坚持节约优先、保护优先、自然恢复"为主的方针，在资源环境承载能力和国土空间开发适宜性评价的基础上，科学有序统筹布局生态、农业、城镇等功能空间，划定生态保护红线、永久基本农田、城镇开发边界等空间管控边界以及各类海域保护线，强化底线约束，为可持续发展预留空间。

资源环境承载能力评价指的是对自然资源禀赋和生态环境本底的综合评价，是确定国土空间在生态保护、农业生产、城镇建设等功能指向下的承载能力等级，也指在一定国土空间内自然资源、环境容量和生态服务功能对人类活动的综合支撑水平。

国土空间开发适宜性评价指的是国土空间对城镇建设、农业生产等不同开发利用方式的适宜程度，是在资源环境承载能力评价的基础上评价国土空间进行城镇建设、农业生产的适宜程度。

"双评价"应本着尊重规律、生态优先、因地制宜、简便易行的原则，在充分搜集数据的基础上，串联递进地开展"资源环境要素单项评价—资源环境承载能力集成评价—国土空间开发适宜性评价"，如果涉及海域，还将开展陆海统筹。对不同功能指向和评价尺度，采用差异化的指标体系，并进行综合分析，为贯彻落实主体功能区战略、科学划定"三区三线"提供支撑。[29]

**3. 基于基础设施网络的生态修复**

生态基础设施是指为人类生产和生活提供生态服务的自然与人工设施，保证自然和人文生态功能正常运行的公共服务系统，它是社会赖以生存发展的基本物质条件，具有重要的生态系统服务，是城镇及其居民持续获得生态系统服务的保障。它是具有净化、绿化、活化、美化综合功能的湿地（肾），绿地（肺），地表和建筑物表层（皮），废弃物排放、处置、调节和缓冲带（口），以及城镇的山形水系、生态交通网络（脉）等在生态系统尺度的整合，生态系统服务完善生态基础设施，强化土地、水文、大气、生物、矿物五大生态要素的支撑能力，维持湿地和绿地生态系统结构功能的完整性及生态服务功能，是城镇可持续发展的重要基础。

分析生态基础设施的空间结构的差异对于评估生态服务功能和加强生态修复具有重要意义。生态修复的实践需要一些新的方法来定量研究景观空间格局，以比较不同景观、分辨具有特殊意义的景观结构差异，以及确定格局和功能过程的相互关系等。景观格局数量研究方法分 3 类：①用于景观组分特征分析的景观空间格局指数；如斑块面积、斑块数、单位周长的斑块数、边界密度等。②用于景观整体分析的空间格局模型分析；如空间自相关分析和一些统计学方法。③用于模拟景观格局动态变化的景观模拟模型，如 CITYgreen 模型、地理加权回归模型、次序 Logit 回归模型、逻辑斯蒂回归模型等。而最小累积阻力模型（Minimal Cumulative Resistance）被认为是景观水平上进行景观连接度评价最好的工具之一。它通过单元最小累积阻力的大小可判断该单元与源单元的"连通性"和"相似性"，通常"源斑块"对于生态过程是最适宜的，近年该模型已经应用到区域生态安全格局和城镇生态修复规划中。[30]

**4. 基于 NbS 的生态修复**

NbS，即 Naure-based Solutions 的简写，含义为基于自然的解决方案。世界自然保护联盟发布了 NbS 全球标准的八大准则，试图将理论概念转化为可实践的具体工具，为相关机构以及地方社区发展提供指导。NbS 在中国落实需要结合中国本土的问题，体现中国特色，如中国快速发展的资源利用以及城乡生态环境等问题，中国人类活动密集区与自然保护修复等矛盾，NbS 随自然环境与人类活动梯度变化以及与人工促进自然修复等结合，应该满足问题导向、需求导向、目标导向等，需要认真研究。

NbS 如何能够更好地融入生态修复实践呢？可以从以下几个主要方面考虑：①权衡生态修复的自然、社会和经济多维复合目标；②遵循自组织、生物多样性和演替原理等自然生态系统理论；③应用生态系统服务、生态工程和景观等相关的人工设计理论与方法；④选择合适的参照系统，确定适当的生态修复目标；⑤研究适合于当地问题和特色的生态修复规划和设计标准规范；⑥基于 NbS 理念和方法，需要进行分尺度、分区分类、分时分级生态修复规划和设计；⑦加强与 NbS 相关的科技、资金、市场、公众参与、应用示范等管理与制度支撑体系建设。

## 1.4.2 生态修复的技术模式

目前，生态修复的主要方法和途径有保护保育、自然恢复、辅助再生、生态重建 4 种类型。在实际生态修复的过程中，应根据现状调查、生态问题识别与诊断结果、生态保护修复目标及标准等，对各类型生态保护修复单元分别采取适宜的保护修复技术模式。根据当地的自然状况、生态适宜性、立地条件、施工季节和施工工艺的难易程度等，充分吸收相关领域专家与本地居民的知识与经验，充分考虑当地居民的利益、权益与满意度，设计多个备选方案，对措施实施的生态适宜性、优先级、时机进行分析。从生态环境影响与风险、经济技术可行性、社会可接受性等方面综合评价，可开展修复方法模拟预测，筛选相对最优的生态保护修复措施和技术。

保护保育（Ecological Conservation）。对于代表性自然生态系统和珍稀濒危野生动植物物种及其栖息地，采取建立保护区、去除胁迫因素、建设生态廊道、就地和迁地保护及繁育珍稀濒危生物物种等途径，保护生态系统完整性，提高生态系统质量，保护生物多样性，维护原住民文化与传统生活习惯。

自然恢复（Natural Regeneration）。对于轻度受损、恢复力强的生态系统，主要采取切断污染源、禁止不当放牧和过度捕捞、封山育林等消除胁迫因子的方式，加强保护措施，促进生态系统自然恢复。

辅助再生（Assisted Regeneration）。对于中度受损的生态系统，结合自然恢复，在消除胁迫因子的基础上，采取改善物理环境，参照本地生态系统引入适宜物种，移除导致生态系统退化的物种等中小强度的人工辅助措施，引导和促进生态系统逐步恢复。

生态重建（Reconstruction）。对于严重受损的生态系统，要在消除胁迫因子的基础上，围绕地貌重塑、生境重构、恢复植被和动物区系、生物多样性重组等方面开展生态重建。生境重构关键要消除植被（动物）生长的限制性因子；植被重建要首先构建适宜的先锋植物群落，在此基础上不断优化群落结构，促进植物群落正向演替进程；生物多样性重组关键是引进关键动物及微生物实现生态系统完整食物网构建。

## 1.4.3 生态修复的管理

### 1. 生态修复的多目标决策管理

区域生态修复的实质是协调好复合生态系统的自然过程、经济过程和社会过程之间的关系，其核心是调节好以水、土、气、生、矿为主体的自然生态过程，以生产、流通、消费、还原、调控为主流的经济生态过程和以人的科技、体制、文化为主线的社会生态过程，在时、空、量、构、序范畴内的生态耦合关系。

传统的生态修复规划，往往针对单一要素或单一目标实施生态保护修复工程，山体、森林、湿地、农田保护修复规划各自为营，较少顾及其他空间利益，甚至会对其他空间造成不利影响。如城镇生态系统是以人为主体的并具有人工化环境的生态系统，除了自然要素外，还包含园林绿地、人工湿地、废弃地、污水处理厂和垃圾填埋场等环境基础设施，是一个高度耦合的复合生态系统。对于城镇生态系统修复，对山水林田湖草等各类自然生态要素进行综合的保护修复，同时还需统筹森林、草原、河流、湖泊、湿地、荒漠、海洋等自然生态系统各要素及与农田、城镇人工生态系统之间的协同性。区域生态修复过程需要注重空间整体性、要素多样性、景观异质性、措施科学性和效益兼顾性。

### 2. 生态修复的动态监测和适应性管理

根据生态修复目标和标准，在区域（或流域）、生态系统、场地不同尺度与层级分别设立三级监测评估内容和指标。区域（或流域）尺度主要关注保护修复的规模、生态系统类型和规模变化动态、区域完整性与生物多样性、生态廊道、植被恢复、水土流失、河湖水系连通性等；生态系统尺度主要关注水土环境质量、动植物组成与群落结构、生物多样性特别是关键动植物物种数量与分布变化，以及水源涵养、水土保持、生物多样性维护、防风固沙等关键生态系统服务等；场地尺度根据有关工程标准和要求关注工程建设情况。

充分利用自然资源调查监测和生态环境监测结果，以及相关部门、科研机构及院校的长期监测数据和研究成果，在项目区建立生态监测点位，采用遥感、自动监测、实地调查、公众访谈等方式，开展生态保护修复工程全过程动态监测和生态风险评估。实施结束后，还应进行长期跟踪监测评估。有条件的地区可建立生态监测动态更新数据库，开展工程实施前后自然生态系统服务功能及价值评价。

根据监测评估结果，对照生态保护修复目标，监测评估生态保护修复工程措施、技术手段的效果，及时发现生态保护修复过程中新产生的生态问题及潜在生态风险。经评估，在结果和风险可控的原则下，借鉴已有经验做法，对可能导致偏离生态保护修复目标或者对生态系统造成新破坏的保护修复措施和技术、子项目的空间布局和时序安排等按规定程序报批后进行相应调整修正。对技术成熟、风险可控、结果有效的工程和措施，要及时实施，避免延误时机、增加修复成本；对评估后难以预测后效的工程和措施，要加强研究和实验，暂不实施。

## 1.5 生态修复的多级框架体系

生态修复是一个不同尺度不同类型多要素耦合的系统工程（图1-1），从国土空间尺度到不同类型的生态系统，再到不同的生态要素，生态修复的内涵也有明显的层次差异。在分析和总结生态修复国内外研究进展的基础上，本书提出了生态修复的总体框架体系，分为三个层次，分别是国土空间层次（三类空间）、景观及生态系统层次（四色空间）、生态要素层次（山水林田湖草沙城）。不同层次的生态修复具有不同的目标和任务。三个层次之间相互衔接，紧密融合，形成了一个从宏观到中微观，从自然生态系统到人工生态系统，从自然保护到生态修复的完整的生态修复总体框架体系。

### 1.5.1 国土空间层面："三类空间"生态修复

国土空间生态修复是指遵循生态系统演替规律和内在机理，基于自然地理格局，适应气候变化趋势，依据国土空间规划，对生态系统受损、空间格局失衡、生态功能退化、自然资源开发利用不合理的生态、农业、城镇空间，统筹

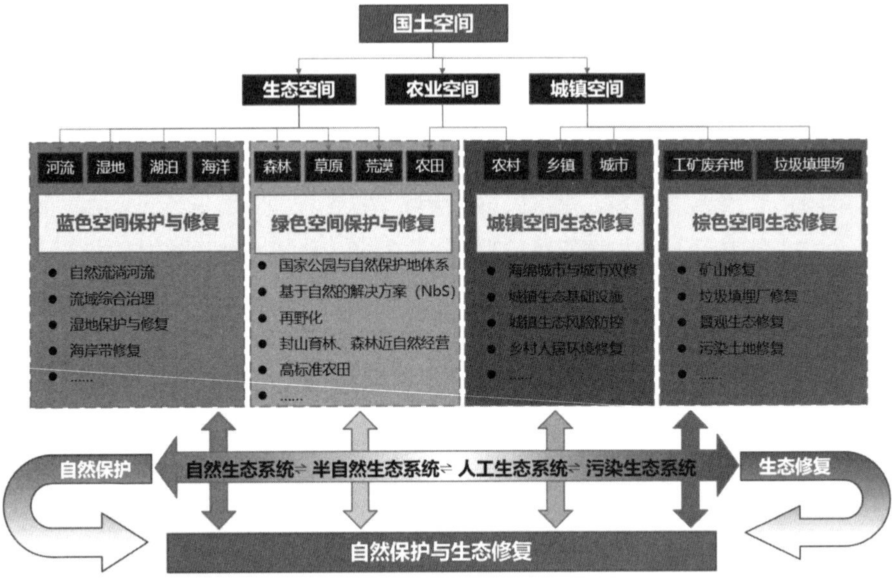

图 1-1 生态修复的总体框架体系
（图片来源：作者自绘）

和科学开展山水林田湖草沙城一体化保护修复的活动，是维护国家与区域生态安全、强化农田生态功能、提高城市生态品质的重要举措，是提升生态系统质量和稳定性、增强生态系统固碳能力、助力国土空间格局优化、提供优良生态产品的重要途径，是建设生态文明、建设人与自然和谐共生的现代化的重要支撑。国土空间生态修复是生态文明和美丽中国建设的基础，是国家的重大战略。

"三区三线"：是根据城镇空间、农业空间、生态空间三种类型的空间，分别对应划定的城镇开发边界、永久基本农田保护红线、生态保护红线三条控制线。

"三区"（三类空间）：城镇空间是以城镇居民生产、生活为主体功能的国土空间，包括城镇建设空间、工矿建设空间以及部分乡级政府驻地的开发建设空间。农业空间是以农业生产和农村居民生活为主体功能，承担农产品生产和农村生活功能的国土空间，主要包括永久基本农田、一般农田等农业生产用地以及村庄等农村生活用地。生态空间是具有自然属性的，以提供生态服务或生态产品为主体功能的国土空间，包括森林、草原、湿地、河流、湖泊、滩涂、荒地、荒漠等（图 1-2）。

"三线"（三条控制线）：生态保护红线是在生态空间范围内具有特殊重要的生态功能、必须强

图 1-2 "三类空间"生态修复
（图片来源：作者自绘）

制性严格保护的区域，是保障和维护国家生态安全的底线和生命线。永久基本农田保护红线是按照一定时期人口和社会经济发展对农产品的需求，依法确定的不得占用、不得开发、需要永久性保护的耕地空间边界。城镇开发边界是在一定时期内，可以进行城镇开发和集中建设的地域空间边界，包括城镇现状建成区、优化发展区，以及因城镇建设发展需要必须实行规划控制的区域。

**1. 生态空间修复**

围绕国家和区域生态安全格局，消除或避免人为胁迫，提高生态系统自我修复能力，提升生态系统质量和稳定性，促进生态系统良性循环。重点任务为：在生态功能空间，充分考虑气候变化、水资源条件，围绕水源涵养、水土保持、生物多样性维护、防风固沙、海岸防护、洪水调蓄等生态系统服务功能，针对水土流失、石漠化、土地沙化、海岸侵蚀及沙源流失、滨海湿地丧失和自然岸线受损、矿山生态破坏、生物多样性降低甚至丧失等生态退化、破坏问题，按生态系统恢复力程度，科学确定保育保护、自然修复、辅助修复、生态重建等生态修复目标和措施，维护生态安全，提升生态功能。

**2. 农业空间修复**

突出农田和牧草地等的生态功能，以重点区域为空间指引修复提升农田生态功能。对村庄内部生态修复治理以方向性和政策性指导为主。重点任务为：围绕农田和牧草地的生态功能提升，保护乡村自然山水，以乡村全域土地综合整治为生态修复的主要手段，实施重点生态功能区退耕还林还草还湖还湿，推进历史遗留矿山综合治理和绿色矿山建设，修复退化土地生态功能和生物多样性，促进乡村国土空间格局优化，助力生态宜居的乡村建设。

**3. 城镇空间修复**

依据问题识别和综合评价结果识别各城镇生态修复任务主攻方向，对一般城镇的生态修复以方向性和政策性指导为主，重点关注城市群、都市圈、省域重点地市，以及"两矿区"（国家规划矿区、对国民经济具有重要价值矿区）、省级矿业发展集聚区、重大基础设施等，针对性开展生态修复，提升城市生态品质。重点任务为：统筹城内城外，保护和修复各类自然生态系统，连通原有河湖水系，重建健康自然的河岸、湖岸、海岸，修复原有的自然洼地、坑塘沟渠等，通过竖向设计建设雨水花园、下凹式绿地和绿道系统，促进水利、市政工程生态化，完善蓝绿交织、亲近自然的生态网络，科学开展国土综合整治，减少城市内涝、热岛效应，提高城市韧性，提升城市人居生态品质。加快历史遗留矿山生态修复，推进绿色矿山建设。结合生态廊道建设，修复提升城镇特色风貌和人文景观。

## 1.5.2 景观及生态系统层面："四色空间"生态修复

根据不同生态系统的共性和差异等特点进行研究和归纳，在景观及生态系统层面将生态修复对象划分为"蓝绿红棕四色空间"。

**1. 蓝色空间**

蓝色空间是指以水域为主体的生态空间，包括河流、湿地、湖泊、海洋等主要形式。蓝色空间的内涵主要是指水生生物群落与水环境构成的水生生态系统。蓝色空间在人类的生活环境中起着十分重要的作用。一方面，它在维持全球物质循环和水循环中具有重要的作用；另一方面，它还承担着水源地、动力源、交通运输、污染净化场所等功能。蓝色空间生态修复主要包括水资源的保护与利用、水环境治理、水生态系统修复和重建等方面。具体工作包括流域综合治理、湿地保护和修复、海岸带修复、河流湖泊生态环境综合整治等方面。

**2. 绿色空间**

绿色空间主要是以植被为主体的陆地生态空间，按生境特点和植物群落生长类型可主要划分为森林生态系统、草原生态系统、荒漠生态系统以及农田生态系统及部分具有生态价值的未利用荒地。绿色空间是人类赖以生存和发展的最重要的生态基础设施之一，具有多种生态系统服务价值。该系统的第一性生产者主要是各种草本或木本植物，消费者为各种类型的草食或肉食动物。在陆地自然生态系统中，森林生态系统的结构最复杂，生物种类最多，生产力最高，而荒漠生态系统的生产力最低。绿色空间生态修复的主要内容包括自然植被恢复、生物多样性保护和修复、人居生态环境改善、生态农业等方面。

**3. 红色空间**

红色空间主要包括城市、乡镇、农村，是一类以人类聚落及其所处环境为主体的生态空间。红色空间的概念借鉴了土地利用现状分类等相关标准，一般用红色代表城镇建设用地及农村居民点。红色空间是一类社会—经济—自然复合生态系统，以人类活动为主导，这是红色空间最为突出的特征。社会—经济—自然复合生态系统是指以人为主体的社会系统、经济系统和自然生态系统在特定区域内通过协同作用而形成的复合生态系统，是人与自然相互依存、共生的复合体系。红色空间生态修复的重点任务是修复人类生产和生活带来的生态环境破坏、提升人居环境质量，同时以社会—经济—自然复合生态系统理论为指导，通过结构优化和功能整合，协调社会、经济、自然三个子系统及其内部组分的关系，使三个子系统的耦合关系和谐有序，实现人类社会、经济与自然复合生态系统的可持续发展。红色空间生态修复的主要内容有城市生态基础设施网络的修复和优化、乡村人居环境综合整治、城市生态环境修复等方面。

**4. 棕色空间**

棕色空间的概念主要来源于"棕地"一词。美国的"棕地"最早、最权威的概念界定，是由1980年美国国会通过的《环境应对、赔偿和责任综合法》（Comprehensive Environmental Response，Compensation，and Liability Act，

CERCLA）提出的。认为棕地（Brownfield Site）是被遗弃，闲置或不再使用的前工业和商业用地及设施，这些地区的扩展或再开发会受到环境污染的影响，也因此变得复杂。[31] 从用地性质上看，棕地以工业用地居多，可以是废弃的，也可以是还在利用中的旧工业区，规模不等，但与其他用地的区别主要是都存在一定程度的污染或环境问题。棕色空间的主要类型主要包括了不通过生态修复难以再利用的污染、破坏、废弃地类型，主要有矿山废弃地、污染废弃地、工业遗址废弃地以及其他类型如自然灾害、地质灾害损毁等废弃地类型。棕色空间生态修复的主要任务包括污染物处理、地质灾害消除、生态系统重建、场地再生等方面。

### 1.5.3 生态要素层面："山水林田湖草沙城"耦合系统修复

在生态要素层面，针对河流、湿地、湖泊、海洋、森林、草原、荒漠、农田、城市、乡镇、工矿等生态要素开展生态修复是"山水林田湖草沙城"系统治理的重要基础工作。每一类生态要素都具有其自身明显的特征、问题和生态修复的方法途径。同时，不同的生态要素之间又有千丝万缕的生态联系。山水林田湖草沙城是一个生命共同体。开展山水林田湖草沙城的生态修复，不仅要解决单一要素的生态问题，重点是具有系统观和整体观，按照生态系统的整体性、系统性及其内在规律，统筹考虑自然生态各要素、山上山下、地上地下、陆地海洋以及流域上下游，开展整体保护、系统修复与综合治理，分析各类自然资源要素和生态系统的相互作用及其耦合关系和复合效应，因地制宜确定山水林田湖草沙城空间配置模式，提升生态系统质量和长期稳定性。

### 思考题

1. 生态修复的概念和科学内容是什么？

2. 试论述国内外生态修复的实践与发展，以及对当前生态修复工作的启示和借鉴意义。

3. 论述当前我国生态修复工作面临的形势和热点方向。

4. 生态修复的基本理论和原理有哪些？

5. 生态修复的方法论主要包含哪些方面？

6. 生态修复的总体框架体系包含哪几个层次的内容？

### 拓展阅读书目

[1] 彭少麟，周婷，廖慧璇，等 . 恢复生态学 [M]. 北京：科学出版社，2021.

[2] 任海，彭少麟 . 恢复生态学导论（第 2 版）[M]. 北京：科学出版社，2001.

[3] 钱易，李金惠 . 生态文明建设理论研究 [M]. 北京：科学出版社，2020.

## 本章参考文献

[1] 曹宇，王嘉怡，李国煜.国土空间生态修复：概念思辨与理论认知 [J].中国土地科学，2019，33（7）：1-10.

[2] 焦居仁.生态修复的要点与思考 [J].中国水土保持，2003（2）：5-6.

[3] 张新时.关于生态重建和生态恢复的思辨及其科学涵义与发展途径 [J].植物生态学报，2010，34（1）：112-118.

[4] 沈国舫.从生态修复的概念说起 [N].浙江日报，2016-04-21（15）.

[5] 彭少麟.恢复生态学 [M].北京：气象出版社，2007.

[6] 胡锋.美国生态保护与修复政策考察及其启示 [J].林业与生态，2019（3）：18-20.

[7] 孟伟庆，李洪远，鞠美庭，等.欧洲受损生态系统恢复与重建研究进展 [J].水土保持通报，2008，28（5）：201-208.

[8] 朱飞飞.日本经济高速发展期的环境污染及其治理 [D].北京：对外经济贸易大学，2008.

[9] HUHYOUNGGI.可持续性城市河流治理研究——韩国的经验与启示 [D].厦门：厦门大学，2016.

[10] Chen Min，Zhang Zhen，等.新加坡加冷河河流生态修复研究 [C]// 中国城镇水务发展国际研讨会.珠海：中国城市科学研究会，中国城镇供水排水协会，等，2015.

[11] 李晖.澳大利亚生态环境保护的经验与启迪 [J].广东园林，2006，28（4）：43-45.

[12] 武晓立.我国传统文化中的生态智慧 [J].人民论坛，2018（25）：140-141.

[13] 孙金龙.我国生态文明建设发生历史性转折性全局性变化 [J].中国环境监察，2020（11）：11-13.

[14] 宗边.坚持绿色发展　着力改善生态环境 [J].建筑节能，2015，43（12）：1.

[15] 焦思颖.实施全域整治　赋能乡村振兴——《自然资源部关于开展全域土地综合整治试点工作的通知》解读 [J].资源导刊，2020（2）：12-13.

[16] 张丽佳，周妍，苏香燕.生态修复助推生态产品价值实现的机制与路径 [J].中国土地，2021（7）：4-8.

[17] 刘姜艳.生态保护修复有助于碳中和 [J].区域治理，2021（11）：2.

[18] 齐家国，杨志.全球变化与生态文明（专题讨论）——全球气候变化与人类福祉以及适应性 [J].学术月刊，2014，46（7）：5.

[19] 王丽荣，于红兵，李翠田，等.海洋生态系统修复研究进展 [J].应用海洋学学报，2018，37（3）：435-446.

[20] 章轲."十四五"生态环境保护：污染防治与应对气候变化的"双轨制" [J].中华环境，2021（1）：31-36.

[21] 中华人民共和国自然资源部.2021年全国自然资源工作会议召开 [J].自然资源通讯，2021（2）：4+7.

[22] 杨锐，曹越."再野化"：山水林田湖草生态保护修复的新思路 [J].生态学报，2019，39（23）：8763-8770.

[23] 马远，李锋，杨锐.城市化对生物多样性的影响与调控对策 [J].中国园林，2021，37（5）：6-13.

[24] 马世骏，王如松.社会—经济—自然复合生态系统 [J].生态学报，1984（1）：1-9.

[25] 吴良镛.关于人居环境科学 [J].城市发展研究，1996（1）：1-5+62.

[26] 毛其智.中国人居环境科学的理论与实践 [J].国际城市规划，2019，34（4）：54-63.

[27] 陈明坤. 人居环境科学视域下的川西林盘聚落保护与发展研究 [D]. 北京：清华大学，2013.

[28] 王书明，张志华. 景观格局—生态过程—生态系统服务的系统耦合——傅伯杰景观生态学思想述评 [J]. 鄱阳湖学刊，2017（2）：78-83+127.

[29] 《中共中央国务院关于建立国土空间规划体系并监督实施的若干意见》正式印发 [J]. 现代城市研究，2019（7）：1.

[30] 李锋，王如松，赵丹. 基于生态系统服务的城市生态基础设施：现状、问题与展望 [J]. 生态学报，2013，34（1）：190-200.

[31] 宋飏，林慧颖，王士君. 国外棕地再利用的经验与启示 [J]. 世界地理研究，2015，24（3）：65-74.

# 第 2 章

# 绿色空间生态修复方法、技术与案例

# 2.1 绿色空间生态修复概述

绿色空间（Green Space）是园林或园艺专业常用的概念，通常指城市中以绿色植被为主的人类活动空间，[1] 城市绿色空间包括各类城市公园、自然保留地、滨水绿地、城市绿道、步行绿径等。[2] 城市绿色空间是城市公共空间的重要组成部分，对于调节城市生态环境，[3] 缓解居民心理压力，[4] 提高居民自身免疫力，[5] 促进社会和谐[6] 等方面有着明显的作用。绿色空间具有生态性、服务性、文化性三大特征。[7] 城市绿色空间相比于绿地，是一个多维的概念，是从市域或区域的视角出发，不仅包括建成区内部的绿色空间，而且包括整个区域中"山水林田湖草"等对改善城市自然环境和居民宜居，有直接或间接影响的所有用地范围。

国内相关研究中，以绿色空间的规划和设计为主，几乎均在城市区域开展，主要包括：①开展了以保护传承重大历史文化遗产为主要目的，北京中轴线绿色空间体系研究；[8] ②绿色空间（城市绿地）生态服务价值相关研究；[9、10] ③在绿色空间中锻炼对心理健康的益处；[11] ④绿色空间的量化评估及公正性评价等；[12~14] ⑤城市绿色空间营建优化策略研究；[2、7、15、16] ⑥城市公共绿色空间更新；[17] ⑦后疫情时代下的城市绿色空间建设策略。[1]

国外研究中，"Green Space"既作"绿地"使用也具有"绿色空间"的意思，关于绿色空间的研究仍以城市区域为主，重点关注的研究方向为城市绿色空间与人类健康。[18] 包括：①人体微生物群落与绿地之间的关系；[19] ②血压与绿色空间的关系；[20] ③绿色空间对心理健康的影响；[4、21] ④社区绿地对心脏病风险的影响等。[22]

综上所述，绿色空间在广义上可以拓展为以绿色植被为主体，发挥生态系统服务，对改善区域自然环境和居民宜居有直接或间接影响的所有用地范围。本章节的绿色空间生态修复主要指城市建成区以外的森林、草地、农田、困难立地等的生态修复。

# 2.2 森林生态修复

## 2.2.1 森林生态系统退化

### 1. 森林退化现状

森林是以乔木为主体的陆地植被与地表景观类型。森林中的植物、动物和微生物所构成的复杂生物成分之间及其与环境之间存在着密切的关系。在一定地段上，以乔木和其他木本植物为主体，并包括该地段上所有植物、动物、微生物等生物成分所形成的有规律组合就是森林群落。当群落由量变的积累到产生质变即变成一个新的群落类型时则称为群落的更替，也就是群落演替，群落演替又称为生态演替。它包括群落中植物成分、林层等群落结构的改变，但普遍是群落中的主要树种即建群种发生了变化，它是判断森林群落演替的重要标志。森林群落是最为复杂的生物群落，随着引起变化的条件不同，群落演替的类型也不相同。通过对不同的演替类型进行分析，能更好地认识森林群落演替或者森林退化的原因。

目前，全球森林正在以每年 1600 万 ~ 2000 万 hm² 的速度消失，地球上 80% 的原始林已经消失殆尽，全球森林现状堪忧。[23] 2020 年全球森林退化速度令人震惊，这也是生物多样性持续丧失的重要原因。[24] 毁林和森林退化不仅导致了森林生态系统服务的下降，而且已经成为全球第二大的温室气体排放源。毁林和森林退化是实现联合国消除饥饿、减轻贫困和适应气候变化可持续发展目标的障碍。[25] 森林退化导致的气候变化和碳排放问题日趋严重，预计到 2030 年，由于森林退化亚马逊雨林将产生 555 亿 ~ 969 亿 t 的二氧化碳排放，最高值甚至超过全球温室气体两年排放的总和。[26]

森林是陆地生态系统的主体，拥有地球上最丰富的陆生生物多样性，蕴含有 6 万个不同物种、80% 的两栖物种、75% 的禽类和 68% 的哺乳动物物种。根据粮农组织编制的《2020 年全球森林资源评估》，过去十年间，虽然毁林速度放缓，但每年仍有 1000 万 hm² 森林被开垦为农业用地或转换为其他用途，自 1990 年以来，全球已有约 4.2 亿 hm² 森林土地被转换为其他用途。

欧盟委员会和美国森林管理局联合研究中心进行的一项专门研究发现，全世界有 3480 万片森林，面积从 1hm² 到 6.8 亿 hm² 不等。我们迫切作出更大努力，把碎片式分布的森林重新连接起来。

**2. 森林退化成因**

森林退化的基本内涵是森林生产力和生态系统服务出现逆向转变。森林退化是指因生理老化，或受自然、人为因素的干扰，森林生态系统的稳定性被打破，森林的结构趋于简化、生态系统服务开始明显下降，正向演替方向发生逆变的过程，并且难以自我修复。处于退化阶段的森林群落称为退化森林。

造成森林退化的原因很多，包括商业采伐、森林火灾、森林病虫害、干旱、工程破坏等，[27] 其中，自然因素包括气候变化、火灾、台风、病虫害等异常性的自然灾害；人为因素主要指对森林造成强烈干扰的人类活动，包括乱砍滥伐、过度放牧、外来物种入侵等破坏行为。[28] 其中，过度采伐和外来树种干扰，是引发森林退化的重要人为因素；而干旱是重要的自然因素。

1）过度采伐引发的森林退化

森林采伐在世界各国都不仅是单纯的林业活动，它是政治、经济、社会和文化等诸多方面交互作用的结果。亚马逊森林是热带雨林退化的典型代表，退化的主要驱动力包括土地利用变化、过度开发和采矿等。[29、30] 近年来，亚马逊雨林火灾频发、草原化以及植被组成和群落结构发生改变，进一步加剧了原生热带雨林物种丰富度的下降。[31] 森林退化为牧场后，只保留了少量耐受性强的树种。[32] 生物多样性的丧失进一步影响了森林生态系统的恢复能力。[33]

我国东北地区森林退化状况在寒温带地区具有典型代表性。由于历史原因，东北林区先后经历了大规模毁林和过度采伐两个阶段。没有进行造林的过伐林区，经过自然演替，有些依托原始林木形成了以萌生乔木为主的天然次生林，有些被先锋树种入侵形成了以实生乔木为主的天然次生林，有些则由于立地条件的原因形成了几乎无乔木的严重退化林地。进行人工造林的过伐林区，有些由于造林树种选择不当、竞争力差，形成了与先锋树种混交的人工天然混交林；有些因为造林树种对立地条件不适应，无法正常生长，形成了"小老树"样人工林；有些则因为造林密度过大、幼龄林没有及时抚育，形成了高径比严重失调的"细高杆"样人工林。这种情况与当时的森林经营理念陈旧、经营技术落后息息相关。

2）外来物种引发的森林退化

目前外来树种人工林面积已经占到世界森林面积的 7%。而且这个比例还在不断增加。[23] 通常，外来速生树种在热带地区表现出较强的生命力，使原始群落结构难以恢复。自 1980 年薇甘菊（*Mikania micrantha*）进入我国深圳以来，已覆盖 4667hm² 山林近 80% 的面积，主要危害人工林及天然次生林，尤其是密度较小的次生林，对森林生态系统构成了严重威胁。[34、35] 20 世纪 50 年代，海南开始引种桉树（*Eucalyptus*）、木麻黄（*Casuarina equisetifolia*）、马占相思（*Acacia mangium*）、杉木（*Cunninghamia lanceolata*）等经济树种，近年来由此引发的热带天然林结构破坏问题日益凸显，特别是天然植物群落的改变给海南长臂猿（*Nomascus hainanus*）种群生存带来不小冲击。亚伯（Abe）等[36] 研究日本小笠原群岛母岛列岛（Haha-jima Island）19 年间的森林动态资料发现，入侵树种秋枫（*Bischofia javanica*）的茎粗生长速度明显快于其他树种，包括乡土先锋树种，其冠层抑制了乡土优势植物紫金牛科（*Myrsinaceae*）的生长。台风后 2 年，只有秋枫种群数量增加，而乡土树种种群数量减少。帕拉德拉（Podadera）等[37] 曾对巴西圣保罗州受外来树种含羞草（*Mimosa caesalpiniifolia*）侵扰的热带林进行人工干预实验，直接将外来树种伐除，一年后林分物种多样性增加，林分断面积的损失也得到恢复。研究表明，直接去除外来树种的干扰有利于林下植物群落的恢复，并可能加速演替过程。

对于森林而言，火灾、雪灾、风灾、雷击、地质运动等自然干扰是普遍存在的。这些自然干扰因素，从维持生物多样性的角度来看具有重要的生物学意义。例如，风倒、风折可以结束一些过熟林木的生命周期，帮助自然生长的森林完成世代更替；小型的周期性火灾可以加速有机物分解，促进物质循环，减少病虫害传播，诱导种子萌发，自然干扰也是森林自我更新的一种手段。但当干扰强度过大、不适合森林生长时就会发生森林退化。在自然因素导致的森林退化中，干旱可能是最主要的因素。在过去几十年里，干旱的频率和强度都在增加，导致森林面积减少。李（Li）等[38]评估了过去一个多世纪（1901—2015 年）森林抗旱能力和抗旱恢复力的时空动态，发现裸子植物和被子植物在抗旱性方面的差异，这种差异不仅表现在空间格局上，还表现在时间尺度上。在 1950—1969 年和 1990—2009 年期间，裸子植物适应干旱的恢复能力显著增强，但抗旱能力却显著下降。德索托（Desoto）等[39]研究发现，干旱导致的被子植物的死亡成因主要来自于对初始干旱的抗性较低，而干旱导致的裸子植物死亡的成因主要来自于干旱前的生长速度过低。此外，树高也是干旱气候条件下需要关注的重要因子之一。长期干旱会增加大树的死亡率，进而导致地上碳储量的下降，而近期的干旱则有可能使森林的碳汇功能停止，甚至将森林由碳汇变成碳源。[40]

## 2.2.2 森林生态修复的原则和目标

### 1. 森林生态修复的概念

有学者认为，森林修复是在某个区域重新去建立与原有森林的生态系统状态、功能相似的森林生态系统；[25、41]有学者提出森林修复只是恢复退化林地或毁林地，但并不需要恢复到原来的状态；[42]还有学者认为，森林修复是根据一定的目标，采用一系列森林演替理论、森林培育和生态工程学的技术方法，通过人为干扰，排除引起森林退化的因子和切断引起森林退化的过程，优化森林生态系统的结构与功能，使其恢复到演替过程中某种稳定状态。[43]与自然森林演替相比，尽管二者都会导致森林演替的变化，但森林修复是得到协助、有目的进行指导对森林的生态功能或完整性的恢复，而森林自然演替则被认为是无意的，也不是由人类指挥或者规定的。

### 2. 森林生态修复的主要原则

1）利用自然、自我修复

在尊重自然、理解自然的基础上，充分利用自然，人工协助自然恢复潜力受到抑制或损害的退化森林进行自我修复。为加快修复进程，可辅以人工补植补播措施开展促进修复，培育形成自然度高、稳定性强的森林群落，提高退化森林修复的有效性、经济性和节能性。

2）保护优先、合理修复

加强对特殊保护地区防护林、天然林，以及重点保护野生动植物和其栖息地的保护，并在维护防护功能相对稳定的前提下开展修复，合理选择修复方式，合理安排修复时间和工序，减少对重点保护野生动植物产生干扰，避免造成生境破碎化。[44]

3）分区施策、分类修复

对于特殊保护地区的森林实行全面封禁，对于特殊保护地区以外的其他地区退化森林，按照起源不同开展分类分级修复，对退化的天然次生林采取以封育和补植为主的修复方式，对退化的人工林视环境条件、退化情况等合理选择修复方式。

4）依法采伐、科学修复

修复过程中如果需要采伐的，应严格按照天然林保护和公益林管理政策、技术要求进行采伐。采伐林木后，根据林分情况和经营目标开展科学补植补播，树种选择，应优先选用能与保留林木互利生长、相融共生的优良乡土树种，宜乔则乔、宜灌则灌。

### 3. 森林生态修复的目标

确定修复的目标是恢复与重建退化森林生态系统的首要步骤，决定着采取的修复对策、途径和技术方法等。退化森林生态修复的根本目标是改善森林的卫生状况，恢复森林的生态环境，促进林木的正常生长，遏制森林的进一步退化，使其形成正向演替趋势，最终成为健康、稳定、可持续的森林群落。此外，还必须以不同的形式体现出人们所期望的价值。[45]

对退化生态系统，基本的恢复目标或要求主要包括：①实现生态系统的地表基底稳定性。基底不稳定（如滑坡），就无法保证生态系统的持续演替与发展。②恢复植被与土壤，保证一定的植被覆盖率与土壤肥力。③增加种类组成和生物多样性（包括植物，动物以及土壤微生物）。④实现生物群落的恢复，提高生态系统的生产力和自我维持能力。⑤增加视觉和美学享受。⑥减少或控制环境污染。[46]

不同的退化生态系统往往需要选择不同水平的修复目标。某一特定修复计划中的修复目标可能包括以下修复水平：①恢复生态系统到受损前的状态；②恢复生态系统到与受损前具有相似的结构和功能的状态；③重建一个在恢复区域内从未出现的新的生态系统。[47] 究竟选择哪种修复目标主要取决于修复计划的愿望水平。如果选择进行真正的恢复，必须选定参照生态系统作为修复计划的模板，依据参照生态系统进行生态修复。参照系统中的关键过程可提供某种标尺，用来评估一个受干扰生态系统退化程度以及实际情况与恢复的最终点之间的距离。[48] 还应掌握其历史生态知识，[49、50] 且修复目标经济可行。

### 4. 参照生态系统

生态修复时使用何种生态标尺仍不明确，然而为了设计和评估修复计划，必须提前确立比较和评估的标准，由此出现了参照生态系统。[51]

参照生态系统有两种，历史参照生态系统和当前参照生态系统。修复目标若是恢复生态系统退化前的状态，[50] 这就需要选择历史参照生态系统。可用的信息资源包括历史照片、当前较少干扰下的残迹、相似的生境及历史报告和博物馆收集，以及古民族植物学证据。采用当前参照生态系统时，我们必须确定当前参照生态系统的关键属性，并在修复的生态系统中恢复这些属性。但参照生态系统存在一个问题，即我们不知道这些关键属性何时在最适条件或者亚适条件下出现。[48] 例如欧洲许多有骨碎补属（*Davallia*）植被的地方实际上是泥炭群落形成的短期退化阶段。[48] 当前参照生态系统还存在另一个问题，人类压力下使地球系统发生变化，当前参照生态系统自身也处在受威胁的状况下。例如，全球气候变化使低地湿地草原由于降雨和水文状况的改变不能持续。

## 2.2.3 生态修复方法与技术

退化林一般都会呈现较为典型的区域化特征。在森林恢复过程中，可以因地制宜，结合多种修复方式和技术，促进退化林恢复，以达到增质提效的目的。针对森林退化的不同原因，可以从调整树种结构、促进天然更新、补植补造、降低干扰等多个方面进行，改善退化林状况。

**1. 森林生态修复流程**

首先确定森林生态系统边界，对生态系统状况进行调查，确立生态修复的参照生态系统。对生态系统的退化程度进行诊断，分析退化原因，判定森林退化的阶段。根据诊断结果确定修复目标、原则，制订修复方案，选定启动生态修复的先锋种和相关技术。实施生态修复，加强森林生态修复的全生命周期监测、评估与管理，详见图 2-1。

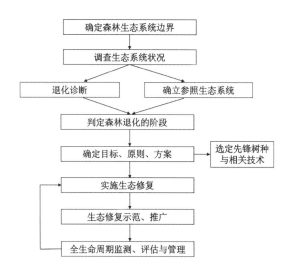

图 2-1 森林生态系统修复流程
（图片来源：改绘自彭少麟等《恢复生态学》，2020）

**2. 森林调查与评估**

1）森林调查

森林调查是对用于林业的土地进行其自然属性和非自然属性的调查，主要有森林资源状况、经营历史、经营条件及未来发展等方面的调查。森林调查的种类多种多样，各类调查的方法、目的和内容也有所不同。在我国，根据调查的目的和范围，将森林调查分为三大类：①以全国、大区或省为对象的森林调查，称为国家森林资源连续清查，也简称为一类调查。调查目的在于掌握调查区内森林资源的宏观状况，为制订或调整林业方针政策、规划和计划提供依据；②以森林资源经营管理的企事业单位和行政县乡镇或相当于县乡镇的单位为对象的森林调查，称为森林资源规划设计调查，也称为二类调查；调查目的在于为县级林业区划、企事业单位的森林区划提供依据，编制森林经营方案，制订生产计划等；③主要为企业生产作业设计而进行的调查，称为作业调查，也简称三类调查。调查目的主要是了解将要进行生产作业区域内的资源状况和生产条件等。[52]

2）森林退化程度诊断

在调查收集经济、社会、生态环境现状及历史数据资料的基础上，开展区域生态状况评估和生态系统演变分析。开展森林生态系统综合评估，初步判定规划区生态功能重要、生态环境敏感脆弱区域的空间分布。开展生态系统演变分析，识别受损生态系统空间分布。解译分析不同历史时期遥感影像的生态系统类型分布，分析生态系统类型变化矩阵，厘清区域空间尺度不同类型生态系统构成、比例的变化情况。

退化程度诊断是退化森林修复的基础和前提，根据森林的退化阶段、植被状况，可将退化森林由重到轻划分为完全退化、重度退化、中度退化和轻度退化四个级别。[45]

（1）完全退化：指森林群落完全丧失型退化森林。

（2）重度退化：指森林群落基本丧失型退化森林。

（3）中度退化：指残次型退化森林中林相残破、林分衰退和遭受自然灾害的森林。

（4）轻度退化：指残次型退化森林中林相老化和结构简单的森林。

3）修复类型

针对不同退化程度的退化森林，所应采取的修复途径为森林重建、森林更新、森林修补、森林改建、森林改良等。[53]

（1）森林重建

森林重建是在遵循自然规律的基础上，通过人为正向干扰行为，在森林退化后形成的次生裸地上使植物定居并最终形成森林植被群落的过程。重建的森林不一定与原来的植被完全相同，可能与原来的自然植被有很大差别。[54]

森林重建主要针对完全退化和重度退化森林。由于退化比较严重，林地土壤条件已经发生了根本变化，种源缺乏，在自然情况下要恢复森林是一个漫长的过程，应采取人工重建的途径。[55]这些退化森林包括森林群落完全丧失型和森林群落基本丧失型两种类型，具体指森林完全退化后形成的耕地、裸土地、荒草地，以及规定年限内未及时更新形成的火烧迹地、采伐迹地和其他迹地，或重度退化后形成的疏林地、盖度小于30%灌木林地、灌草丛地等。

历史上，塞罕坝[①]曾是森林茂密、古木参天、水草丰沛的皇家猎苑，属"木兰围场"的一部分。清末实行开围募民、垦荒伐木，加之连年战火，到中华人民共和国成立初期，塞罕坝已经退化为"飞鸟无栖树，黄沙遮天日"的高原荒丘（图2-2），林草植被稀少。塞罕坝机械林场于1962年

图2-2 塞罕坝建场前退化的高原荒丘
（图片来源：自然资源部国土空间生态修复司《中国生态修复典型案例集》，2021）

建立，位于河北省最北部，由于塞罕坝机械林场与北京直线距离仅180km，平均海拔相差逾1500m，塞罕坝及周边的浑善达克沙漠成为京津地区主要的沙尘起源地和风沙通道。

三代塞罕坝人时刻牢记改善自然环境、修复生态的建场初心，在"黄沙遮天日，飞鸟无栖树"的荒漠沙地上艰苦奋斗、甘于奉献，通过培育优质壮苗、攻克技术难关、加强森林抚育、严格资源保护等措施，为京津冀筑起了93333hm² 阻沙源、保水源、拓财源的绿色生态屏障。与建场初期相比，林场有林地面积增加了3.8倍，林木蓄积量增加了30.4倍，森林覆盖率由11.4%提高到82%。年均大风日数由83天减少到53天，年均降水量由不足410mm增加到479mm。每年可涵养水源、净化水质2.84亿 m³，固碳86.03万 t，释放氧气59.84万 t。每年带动当地实现社会总收入超过6亿元，带动1200余户贫困户、1万余贫困人口脱贫致富。"好风景"带来"好光景"，"绿水青山"真正成了脱贫致富的"绿色银行"（图2-3、图2-4）。

图2-3 塞罕坝全面开展造林绿化
（图片来源：自然资源部国土空间生态修复司《中国生态修复典型案例集》，2021）

---

① 资料来源：自然资源部国土空间生态修复司2021年发布的《中国生态修复典型案例集》。

图 2-4 塞罕坝生态成效建设对比
（图片来源：自然资源部国土空间生态修复司《中国生态修复典型案例集》，2021）

习近平总书记对塞罕坝机械林场建设者感人事迹作出重要指示，称赞林场的建设者们创造了荒原变林海的人间奇迹，用实际行动诠释了绿水青山就是金山银山的理念，铸就了牢记使命、艰苦创业、绿色发展的塞罕坝精神。他们的事迹感人至深，是推进生态文明建设的一个生动范例。[①]

（2）森林更新

森林更新是对退化森林采伐后，通过人工方法或人工促进天然更新方法，使新一代森林重新形成的过程。更新方式与技术的不同，更新后形成的森林状态也有所区别，人工更新既可使退化森林恢复至接近于它退化前的状态，也可使其恢复形成一种与它退化前状态完全不同的全新状态。

对中度退化森林中因生理成熟而发生退化的林相衰退型退化森林，应采取更新措施逐步培育新的森林群落。对自然灾害型退化森林既可采取更新措施开展修复，也可采取其他措施进行修复，具体采取哪种措施较好，要根据森林灾害等级和属性确定。森林灾害等级为重度，或者灾害是由林业检疫性有害生物引起的，最好采取更新措施进行修复，其他情况可根据退化程度、植被状况等情况采取森林更新以外的措施进行修复，如森林修补等。

（3）森林修补

森林修补是对退化森林的受损部分进行修复，采伐枯死、濒死、林业有害生物危害等林木和其他无培育前途的林木后，在退化森林内林木稀疏地或空地处，补植补播与保留目的树种相同或者能和谐共生的其他树种，以恢复或改善退化前的森林结构和功能的过程。森林修补的主要目的是使退化森林恢复至接近于它退化前的状态。森林修补对象主要为林相残破型和自然灾害型退化森林。

（4）森林改建

森林改建是通过人工措施，选择新的植被类型重新构筑与现实环境状况相协调的森林群落，从而实现对原有植被类型替代改造的过程。改建的目标是恢复形成一种与它退化前原来状态完全不同的全新状态。森林改建的对象为轻度退化森林中林相老化型退化森林，以及中度退化森林中因环境污染、水肥光热

① 人民日报.塞罕坝林场建设史是一部可歌可泣的艰苦奋斗史（习近平讲故事）[OL].人民网，2022-03-04.

条件变差等原因而发生退化的林相衰退型退化森林。

（5）森林改良

森林改良是在原有基础上，通过人工方法，按照自然规律，改善森林的树种组成、年龄结构和林层结构，丰富森林的生物多样性，增强森林生态功能的过程。森林改良的目标是使退化森林重新获得一个既包括原有特性，又包括对人类有益的新特性的一种中间理想状态。

森林改良对象为轻度退化森林中结构简单型退化森林。此类森林树种单一、层次单一，均质性突出。

**3. 森林保护修复规划**

主要内容包括森林分布格局优化、森林网络规划、保护修复工程建设等。在规划中，开展生态空间分区工作是重要的环节，综合利用粒度反推法、InVEST 模型、MCR 模型、Linkage Mapper 分析等手段，依据生态廊道、生态源地等关键区域，识别生态修复重点区域，结合生态功能、环境敏感区域和受损严重区域的空间分布，提出开展森林生态修复的重点区域，作为规划实施的优先区，提出相应的修复对策。对重点区域进行空间结构分析，进一步厘清重点区域内部的生态修复问题、优先区域、修复方向等，据此进一步优化修复任务设置与工程选择，确定修复方式和修复技术。

以美国加利福尼亚州红杉国家公园巨人森林修复为代表，通过专门立法和专项林业规划，建立保留地、国家公园、森林公园或自然保护区，保护天然林及其中具有特殊重要意义的自然资源、历史遗产和景观，且其中85%的森林允许公民游憩，既达到永久性保护天然林的目的，又满足公民休闲游憩的需要（图 2-5）。[56]

红杉国家公园"巨人森林"修复经验包括：①可持续性的设计和项目开发，保护和恢复栖息地；②恢复巨人森林中的林木；③环境恢复仅用收集来的种子、嫁接技术或移植技术，以维持当地生物遗传的完整性；④新的住宿设施通过散落的布局和细致的规划使开放空间最大化，从而达到对现有生态系统的最小干扰和影响。

1）修复方式

自然恢复、人工修复与复合生态修复是目前退化林修复的三种主要方式。乡土树种补植是人工辅助修复中应用最为普遍的技术，利用土壤微生物改善退化林地土壤质量是近年来较为新兴的修复技术。

（1）自然恢复

自然恢复是基于自然的解决方案（NbS），让退化的生态系统进行自然恢复，是遵循自然演替规律的重要体现，若生态系统退化程度较轻，只需简单地去除人类胁迫。[45] 人为放火，木材砍伐和过度放牧等，极有可能使其自然恢复到最初的状态。自然原生演替可作为恢复的模型。总结出恢复的目的应该是

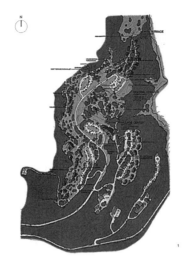

图 2-5 美国加利福尼亚州红杉国家公园巨人森林修复
（图片来源：引自本章参考文献 [56]）

尽可能利用自然过程，进而最大限度地减少人类的介入。无固定的恢复物种组成时，但有足够的恢复时间，那么就什么都不做，只需等待。自然恢复取决于邻近区域成熟树种的有无，现有植被中灌木和乔木、小个体的有无，这种方式不许人为管理，待发展到最终阶段时便形成紧密的林冠，典型自然恢复措施即封山育林。[57]

（2）人工修复

人工修复一般是指补植、人工造林或再造林，通常是重建退化林地的首选策略。与半自然的生态系统草地、湿地、灌丛地等相反，森林生态系统在没有人类的任何投入的情况下，可自然恢复，但恢复时间较长。若想尽快恢复森林生态系统的生态功能，在遵循生态系统演替规律的前提下，可以考虑使用本地树种或适应本地生境的树种，加速恢复过程。例如，在一个处于成熟发育阶段的生态系统中，禁牧或严格控制放牧，也不能使生态系统得到足够的恢复时，则有必要采取积极的人工恢复手段，通过大量的人力、物力、资金投入和综合技术的同时应用，促进生态恢复过程。此外还有，在荒地或退化土壤上建立单种或多种人工林，在以前的采矿土壤上进行开垦种植等。

（3）复合生态修复

复合生态修复即人工促进自然恢复。一般适用两种情况：一种是没有目的树种，或目的树种的株数或蓄积占 1/3 以下、郁闭度 0.7 以上的天然林，通过间伐适当降低天然林密度后，补植目的树种；另一种是遭受病虫害以及重大火灾、气象灾害等强干扰的天然林，科学进行灾害木清理后，补植乡土珍贵树种，营造混交林。

生态修复的一个重要内容是生物多样性的修复。对物种多样性的保护和景观水平上的生态管理、生境保护和其他实际措施应该细化，修复方式不仅因目的不同而异，即使在同一景观中，不同景观部分修复方式也可能不同，所以景观修复计划应该多样化。根据适应性和自组织性，景观规划过程中的树种选择（通常是几个种的组合），以及在不同尺度上的斑块决定了修复过程及其可持续性。

此外，自然保护地和自然公园的建立为天然次生林的保护、经营和修复提供了重要保障。在受保护的林区，原始的生态系统得以保留下来，并为其退化土地的修复提供自然定居者，是一种自然恢复过程。但它面临的问题是发育或成熟的群落进一步发展要跨越很长时间，时间测度可达数十年或几个世纪，因此针对恢复时间长的问题，通过人为的介入，模拟自然恢复的过程，进而建立新的自然保护地。

2）修复技术

（1）树种补植

进行森林修复的首要原则便是"适地适树"，很多地方大量使用外来种，而忽视乡土树种。若不考虑森林修复地点的特性和修复目标而盲目引种和种植，则会浪费很多人力、物力和资金，破坏主管部门的信誉以及参与方的信心，使得森林修复活动不可持续。[29]

（2）土壤改良

①林地抚育管理

通过整地改良土壤的理化形状，通过林地管理措施改善和协调土壤的水、肥、气、热等条件，从而提高林地生产力。林地抚育管理主要包括松土除草、施肥、灌溉和排水、栽植绿肥作物及改良土壤树种、保护林地凋落物等。

②土壤微生物的利用

土壤微生物对改良退化林地土壤和促进植被恢复方面的作用也不可小觑。[23]真菌是森林土壤的主要分解者，也是温带和寒温带森林中研究最充分的微生物，拥有丰富的腐生真菌和菌根真菌群落。[58]真菌不仅能有效分解植物生物量，而且对土壤碳、氮、磷（C、N、P）的运输以及固定都起着重要作用。例如，丛枝菌根真菌（AMF）被证明能够显著改善土壤属性，增加地表和地下生物多样性，显著改善乔灌木幼苗在水分和养分胁迫土壤中的生存能力。同时丛枝菌根真菌还被证明可以促进植物演替和防止外来物种入侵。

（3）其他修复技术

当生态系统修复难度较大时，尤其需要新的修复技术。第一步是改良对高等植物定居和生长有促进作用的土壤有机质和微生物体，第二步是重建种子库。

发生火灾后反应敏感的生态系统中，火灾烧毁了大部分的植被，造成土壤裸露。尤其是在陡峭的斜坡易受侵蚀的土壤和低更新能力的生境中，火灾后的降水可加速侵蚀过程，因此在其生态系统退化过程达到或者超过一定的阈值无法修复，或者是修复代价太大。必须迅速采取修复行动，例如在西班牙东部，许多靠播种形成喜生长在泥灰土上的植物群落在火灾后无法重新形成萌生芽，尤其在南坡，恢复缓慢且具较高的侵蚀和形成径流的危险，此时应采取以下修复措施保护土壤：一种是播种草本植物；另一种是添加覆盖物，用各种材料，如稻草、树木、树皮等其他有机材料，保护土壤表面。这两种方法在降低水土流失、地表硬化和地表水分蒸发方面起到了重要作用，并提高了水分向地表渗透的能力。[59,60]

在某些情形下，尤其是当侵蚀危险性较高且植物也无法阻止侵蚀时就采取特别修复手段。包括由地上障碍物，如石头、木头、枝条、树枝堆叠构成的起稳定作用的位点，这些障碍物结构能够截留有机质、营养物质，促进植物定居。在退化严重地区，通常采用人工播种或种植手段进行修复。那些播种用的植物通常为混合种，包括本地种或本地化种。不同生活型，如多年生和一年生混合，具有互利作用的不同科属种。如禾本科和豆科混播一年生植物具有发芽快的优势，多年生植物具有较长的持久性。野外观察发现，植物盖度在短期内增加，在干旱地区 18 个月后所有引进的物种消失。因此在这些样点上，本地种的生长已经不受限制，所以这是一种保护脆弱生态系统的手段。

在空间尺度较大或是远山区，可利用飞播和添加覆盖物进行生态恢复，但这种恢复手段所需成本仍存在争议。要确保长期的恢复，必须引进树种，要确保恢复可持续性，应尽可能地在地区自然演替植被和当地环境特点基础上选择。在地中海盆地，通常种植柏树进行流域保护和沙丘固定。柏树具有较高的存活率和生长力，具有相对较快的植被演替，但是大范围的柏树种植为火灾的发生提供了有利条件，而且柏树一旦经历火灾，便很难重新萌芽。

张劲峰等遵循"近自然林业"理论和方法，采用乡土树种，发展混交林，早期抚育目的树种，天然更新，对林地进行目标管理等技术手段，实现滇西北亚高山退化生态的恢复。[61]喻理飞等以树种选择、小生境人工改造和利用为主的人工恢复技术，以结构调整、系统管理、抚育为主要措施的人工促进自然恢复技术，提高退化植被恢复潜力和速度。[62]近 50 年来，任海等通过人工种植阔叶混合林，可使极度退化的热带雨林恢复。[63]可以看出，我国主要采取人工造林（单一或混交林）、封山育林、林分改造、透光抚育或遮光抚育等人工修复手段进行对退化森林生态系统的修复，且取得了较好的修复效果。同时，也可通过自然更新途径进行生态修复。[64]

### 4. 生态监测与效果评价

生态监测与效果评价包括生态监测站点（网络）建设、评价指标体系构建、修复效果评估、修复前后生态系统服务对比等。生态监测是开展生态修复效果评价的重要保障。

任何生态系统的恢复，都要基于三个效益来进行：生态效益、经济效益和社会效益。其中，生态效益包括涵养水源、保持水土、固碳释氧、累积营养物质、净化大气、生物多样性保护等。[65]常用的森林生态恢复效益评价方法有影子工程法、替代市场法等。[66]

以 2019 年广东省国家级公益林建设成效监测与评价为例，结果显示，广东省国家级公益林森林面积 2060.76 万亩（约 137.38 万 hm²），森林蓄积 7305.76 万 m³，生物量 7479.19 万 t。随着管护力度的加强，广东省国家级公益林森林健康度和自然度等级越来越高，森林结构稳定，森林质量状况逐步提高，生态服务功能较强，全省国家级公益林生态服务功能价值为 1378 亿元，广东省生态公益林建设对全省生态文明建设与经济社会可持续发展具有重大意义。

多年来，广东省始终坚持实施绿色发展战略，将生态保护放在首位，在全国率先实施生态公益林效益补偿，推动保林、育林、造林、管林等生态公益林建设"四管齐下"，截至 2019 年底，广东省有省级以上生态公益林 7212 万亩（约 480.8 万 hm²），占林地面积的 45.38%。为全面掌握全省国家级公益林的数量、质量、生态状况、生物多样性等数量和质量的动态变化，科学评价国家级公益林生态效益状况，2019 年初广东省启动了国家级公益林建设成效监测评价工作，专业技术人员利用最新的全省国家级公益林落界成果，布设并开展了森林资源及生态状况样地调查，开展了管理和建设情况专题调研，结合森林生态系统定位研究网络监测数据和相关文献资料，在深入研究论证的基础上完成了该项工作。监测结果显示，广东省国家级公益林主要分布在北部山区的清远市、韶关市、河源市、梅州市，北部主要为生态服务功能价值较高的原生阔叶林、次生阔叶林等天然林，南部主要为生态服务功能价值较低的杉木、马尾松（广东松）、湿地松（国外松）、桉树和果木类等人工林。全省国家级公益林森林结构稳定，混交林比例 27.55%，完整和较完整群落结构占 91.77%，生态功能等级为 Ⅰ 级、Ⅱ 级的比例占 89.65%，发挥了较好的生态功能。各地类面积总体上呈正向变化，质量状况逐步提高，经与 2005 年的森林资源二类调查数据对比，全省国家级公益林中，乔木林地面积增加 35.86 万亩（约 2.39 万 hm²），红树林地面积增加 1.14 万亩（约 760hm²），竹林地面积增加 19.11 万亩（约 1.27 万 hm²），岩溶地区石漠化土地面积减少 2.99 万亩（约 1993.33hm²），表明国家级公益林发挥了对生态脆弱地区的生态恢复作用。

广东省国家级公益林是广东省森林的精华部分，生态服务功能特别明显，全省国家级公益林生态服务功能价值为 1378 亿元，单位面积公益林价值为 9.78 万元 /hm²，是全国森林生态服务功能价值平均值的 2.4 倍。其中，水源涵养量相当于新丰江水库总库容的 49.77%，占全省用水总量的 16.43%；减少土壤侵蚀相当于珠江流域土壤侵蚀量的 51.21%，减少土壤养分流失量相当于全省氮肥施用量的 24.74%；固碳量可抵消全省能源消耗的 2.00%，释放氧气可以供应 4356.66 万人呼吸一年；吸收二氧化硫（$SO_2$）数量占全省排放量的 59.63%，吸收氮氧化物（$NO_x$）数量占全省排放量的 1.05%，滞尘量是全省排放量的 80.88 倍；对农业减灾增产的防护价值相当于台风灾害损失的 322.37 倍；森林游憩占全省旅游业收入的 0.97%。

### 5．森林生态修复工程和管理策略

1）我国重大林业工程

改革开放以来，我国相继启动了 17 个林业重点工程，有力地推动了造林绿化事业的发展。2001 年以来，为了加速生态建设、再造祖国秀美山川，我国陆续实施多项林业重点工程。这些林业重点工程实施后，我国生态面貌发生了根本性改观。

（1）天然林保护工程。以从根本上遏制生态环境恶化，保护生物多样性，促进社会、经济的可持续发展为宗旨；以对天然林的重新分类和区划，调整森林资源经营方向，促进天然林资源的保护、培育和发展为措施，以维护和改善生态环境，满足社会和国民经济发展对林产品的需求为根本目的。对划入生态公益林的森林实行严格管护，坚决停止采伐，对划入一般生态公益林的森林，大幅度调减森林采伐量；加大森林资源保护力度，大力开展营造林建设；加强多资源综合开发利用，调整和优化林区经济结构；进一步发挥森林的生态屏障作用，保障国民经济和社会的可持续发展。

（2）"三北"和长江中下游地区等重点防护林建设工程。这是我国涵盖面最大的防护林工程。囊括了"三北"地区、沿海、珠江、淮河、太行山、平原地区和洞庭湖、鄱阳湖、长江中下游地区的防护林建设。工程造林 3.4 亿亩（约 2267.67 万 hm²），并对 10.78 亿亩（约 7186.67 万 hm²）森林实行有效保护。

（3）退耕还林还草工程。从保护生态环境出发，将水土流失严重的耕地，沙化、盐碱化、石漠化严重的耕地以及粮食产量低而不稳的耕地，有计划、有步骤地停止耕种，因地制宜地造林种草，恢复植被。退耕还林还草工程的实施，改变了农民祖祖辈辈垦荒种粮的传统耕作习惯，实现了由毁林开垦向退耕还林的历史性转变，有效地改善了生态状况，促进了中西部地区"三农"问题的解决。

位于黄土高原丘陵沟壑区的甘肃省平凉、庆阳地区，是黄河中上游严重的水土流失区域，在经过 3 年退耕还林还草试点工作后，已完成退耕还林还草试点工程 100 多万亩（约 6.67 万 hm²），生态环境得到好转。

（4）京津风沙源治理工程与百万亩造林工程。20 世纪 80 年代开始，北京陆续开展了"三北"防护林工程、农田林网、重点风沙危害区绿化造林等工程，进行大规模防沙治沙。2000 年春季，我国北方地区连续 12 次发生较大的浮尘、扬沙和沙尘暴天气，其中多次影响北京。也正是在这一年，京津风沙源治理工程启动试点，门头沟、房山、昌平、平谷、怀柔、密云、延庆等 7 个工程区开始了一场人与沙的艰苦搏斗。20 多年来，树苗长成了郁郁葱葱的森林，也牢牢锁住了风沙。工程于 2000 年试点，2002 年正式启动。通过荒山造林、退耕还林、封山育林、农田林网建设、种苗基地建设和低效林改造等林业措施，工程一期 12 年植树 1.5 亿株，构建起了北京抵御风沙的第一道防线。

2012 年，北京市启动百万亩造林工程建设，森林逐步"走进"城市。平原造林工程利用废弃砂石坑、荒滩荒地造林绿化，在五大风沙危害区加大生态修复力度，营造具有防风固沙、景观游憩等功能的森林，在风沙治理中也起到关键作用。2022 年是新一轮百万亩造林的收官之年。防风固沙的绿林也增加了市民的绿色福祉。经过两轮造林，北京将新增 200 多万亩（约 13.33 万 hm²）绿地，相当于 210 多个奥林匹克森林公园。

（5）野生动植物保护及自然保护区建设工程。这项工程主要解决物种保护、自然保护、湿地保护等问题。通过实施全国野生动植物保护及自然保护区建设总体规划，拯救一批国家重点保护野生动植物，扩大、完善和新建一批国家级自然保护区和禁猎区。到 2050 年，使我国自然保护区数量达到 2500 个，总面积达 1.728 亿 hm²，占国土面积的 18%。形成一个以自然保护区、重要湿地为主体，布局合理、类型齐全、设施先进、管理高效、具有国际重要影响的自然保护网络。加强科学研究，资源监测，管理机构，法律法规和市场流通体系建设和能力建设，基本上实现野生动植物资源的可持续利用和发展。

（6）重点地区以速生丰产用材林为主的林业产业基地建设工程。主要解决我国林产品的供应问题，工程区域主要选择在 400mm 等雨量线以东，优先安排 600mm 等雨量线以东范围内，自然条件优越、立地条件好、地势平缓、不易造成水土流失和影响生态环境的地区，工程范围涉及河北、内蒙古、辽宁、吉林、黑龙江、江苏、浙江、安徽、福建、江西、山东、河南、湖南、湖北、广东、广西、海南、云南等 18 个省（自治区）的 886 个县（市、区）和 11 个林业局（场）。

2）森林资源管理策略

森林资源属于重要的自然资源，对于自然气候的合理调节和社会经济的可持续发展都起到了很大的作用。然而，森林资源保护与管理不到位，致使多年来森林乱砍滥伐现象屡禁不止，不利于森林资源的可持续发展。[67]

（1）森林资源管理存在的问题

①缺乏健全的法律法规体系

完善的法律法规能够有效管理、约束和惩罚不符合规定的行为，从根源上减少危害森林资源行为。[68] 2019 年，我国颁布了新修订的《中华人民共和国森林法》（以下简称《森林法》），强化了森林经营管理的重视程度，对林业高质量发展发挥举足轻重的作用。随后，修订了《森林和野生动物类型自然保护区管理办法》等相关法律法规条例等。但仍有一些条例较为陈旧，未形成较为完备的与时俱进的法律法规体系。针对森林资源保护、管理及对破坏森林资源行为的约束等细节问题，仍有一定局限性，并有一定的法律空白。[69-72] 因此，针对森林资源保护建立完整的法律法规政策体系，是保护森林资源的一种重要方式。

②专业技术配套跟不上森林资源管理意识的增强

在新形势下，我国加强了对森林资源的重视程度，各级政府也对强化森林资源管理产生了迫切需求，尤其是在"增加碳汇""实现生态产品价值"目标下，如何优化森林资源管理模式，是亟待解决的问题。但是，很多基层森林资源管理人员缺乏相应的专业知识，[73、74] 相关知识培训不到位，缺乏专业的管理人员和技术人员。在新形势下，打造综合素质强的森林资源管理人才队伍，可以创新工作方式，提高效率。林业部门需要加大资源的投入，提高现有人才的专业知识和技能外，加强人才的引进。

（2）新时代背景下我国森林资源管理优化策略

新时期，我国的生态建设和生态修复工作被提升到了前所未有的高度，强调工作的系统性和整体性。基于此，在增加碳汇和实现生态产品价值目标指引下，我国的森林资源管理工作，需要不断创新和优化。

①碳中和目标对森林资源管理提出更高要求

目前，我国森林面积已无较大的增长空间，想要完成新的森林蓄积量目标、增加森林碳汇能力需重点提升森林质量，科学保护利用。[75、76] 我国森林平均每公顷蓄积量只有 90 多立方米，要加强森林经营，采取森林抚育等措施，建立健康、稳定、高效的森林生态系统。

保障森林资源管理基础工作顺利开展，是促进碳中和的重要抓手。[67] 首先，建立健全森林资源的保护、管理机制。在制度的规定和约束下，管理人员才能更好地保护和利用我国的森林资源；第二，加大宣传力度，强化森林资源保护理念，营造全民爱林护林的氛围。同时强化人们的守法意识，提高人们对森林资源保护、管理与监督的重视；[77] 第三，引进高素养专业人才，在保护与管理工作中发挥作用，应用现代化技术手段，对森林的保护和监督技术进行提升。[78]

实施精细化的森林抚育措施，提高森林碳汇能力，是促进碳中和的主要手段。[79] 从重视森林覆盖率转变为强调森林蓄积量，表明林业生产从注重数量转变为注重质量。增加森林蓄积量的关键是开展森林抚育，新时代需要更加精细化的森林抚育方案，贯彻"近自然森林抚育技术"是降低森林碳排放、增加碳汇的核心。[80、81]

②森林管理的创新促进生态产品价值实现

当前森林生态产品可分为公共性和经营性两类。公共性产品包括森林在一定时期内为人类提供的清新空气、干净水源、生物多样性保护、防风固沙、调节气候等产品和服务，公共性产品是非竞争性的产品，不具有排他性。经营性产品是具有排他性或具有竞争性的产品，包括在一定时期内具有明确权属的木材产品和采集林产品，没有明确权属的采集林产品，以及森林提供的旅游、康养和文化产品。[82]

a. 建立顺应地方需求的森林管理模式

我国林区有着丰富的自然资源和较好的生态环境，但是林区农户却并不富裕。[83] 合理利用森林资源，帮助林区农户实现共同富裕是基层管理者的重要课题。其中的关键是树立和践行"绿水青山就是金山银山"的理念，积极提高森林生态产品的有效供给，实施多元化、差异化的管理模式，顺应地方需求、突出地方特色。例如，在全面限伐的背景下，黑龙江抓住宝贵机会实施林区转产，充分利用丰富的林下资源，加快发展黑龙江省森林旅游业和以生态绿色食品开发为主的替代产业。[84] 此外，还有很多地方存在管理人员不足、监管责任落实不到位等问题，[85] 这些地区需要强化基础管理工作，首先解决突出的问题，才能保障森林生态产品的产出。

b. 统一森林生态产品价值核算体系

森林生态产品核算的目的是通过以货币为表现手段所表示的森林间接效益的多少，为政府提供决策的依据，为经营生态公益林进行经济补偿提供理论和实践的方法。[86] 建立统一的森林生态产品价值核算体系，解决定价方法和定价机制问题，确定不同区域生态产品的核算方法和价格标准，是生态产品价值实现的重要保障。[87]

c. 开拓森林生态产品供给路径

首先，建立完备的生态产品供给和交易平台；其次，提供更多优质生态产品。

为减少政府负担，减缓公共财政支付压力，应积极引入市场化补偿机制，吸引社会团体、民间资本等进入森林生态建设领域；充分发挥市场在环境资源配置中的决定性作用。建立开放式交易平台，完善森林生态产品交易各项制度，建立森林资源产权制度，明确产权主体的权利，探索全民所有权、集体所有权、个人所有权的多元产权主体体系。[88] 在产权明晰的基础上，加强市场与政府之间的紧密联系，促进传统森林生态产品机制向现代化、市场化迈进。

d. 探索横向森林生态补偿机制

森林生态效益补偿是为提高森林生态效益，保护和改善生态环境，维护国土生态安全而给予的价值补偿措施。《森林法》以法律的形式明确规定了森林生态效益补偿制度。其补偿对象为以空气净化、水源涵养、水土保持、防风固沙、农田牧场保护、护岸固堤、护路、护渠、美化环境，以及以国防、科研服务为主要目的的生态公益林。根据"谁受益谁负担，社会受益，政府投入"的原则，分级实施，补偿生态公益林（防护林和特种用途林）经营者，用于森林资源林木的营造、抚育、保护和管理等。[89]

2019 年 10 月 21 日，《森林法》修订草案二审稿提交十三届全国人大常委会第十四次会议审议。相比一审稿，二审稿新增了区域间横向生态效益补偿的内容，成为其亮点之一。

横向森林生态补偿,即区际森林生态补偿,是指在空间上相邻的不同行政区域因处于某一特定的生态系统之中而存在生态依存关系,从而需要在该区域间进行经济补偿以平衡区域间利益的生态补偿形式。[90] 福建省对森林生态效益补偿制度进行了创新,[91] 2007 年尝试一种新机制,即下游地区补偿上游地区。《福建省人民政府关于实施江河下游地区对上游地区森林生态效益补偿的通知》规定,以 2005 年用水量为依据,综合考虑确定各设区市承担补偿资金额度。对全省 286.29 万 $hm^2$ 生态公益林的所有者按照 30 元 /$hm^2$ 的标准进行补偿。该做法一直延续至今,成为福建省在森林生态效益补偿领域的亮点。目前,横向森林生态补偿仍在探索阶段,浙江、广东、福建等地均有一定成效。[92、93]

### 2.2.4 森林生态修复典型案例

#### 1. 北京市森林生态修复

1)北京市森林概况

北京市位于太行山、燕山和华北平原的结合部,北京市西部为西山属太行山脉;北部和东北部为军都山属燕山山脉。北京市属于暖温带半湿润半干旱季风气候,平均降雨量 483.9mm,平均海拔 43.5m。北京市平原的海拔高度在 20 ~ 60m,山地一般海拔 1000 ~ 1500m,最高的山峰为京西门头沟区的东灵山,海拔 2303m。

北京市地带性植被为暖温带落叶阔叶林并间有温性针叶林,其中落叶阔叶林主要为栎类林。北京市平原代表性植被以蒿属、藜科和禾本科的草本植物以及小麦、玉米和棉花等经济作物为主;海拔 800m 以下的低山带表性的植被类型是栓皮栎林、栎林、油松林和侧柏林;海拔 800m 以上的中山,森林覆盖率增大,其下部以辽东栎林为主,海拔 1000 ~ 2000m,桦树增多,以二色胡枝子、榛属、绣线菊属占优势的灌丛增多;海拔 1800 ~ 1900m 以上的山顶生长着山地杂类草草甸。

截至 2019 年,北京市森林总面积达到 7362.52$km^2$,全市森林覆盖率达到 44.86%。

2)北京市森林生态质量综合评价

以现有 2014、2019 年森林二类调查数据为基础,参考相关文献,采用层次分析法,筛选评价指标并赋予权重,对北京市森林生态质量进行综合评价。采用自然间断点分级法进行分级。

参与评价的指标分为生态系统指标和生长状况指标,生态系统指标包括自然度、群落结构、林层结构、生态脆弱性;生长状况指标分为郁闭度和健康度(表 2-1)。采用专家打分法将各指标值分为 1 ~ 5 个等级,从小到大分别赋予 1 ~ 5 分,并根据指标重要程度赋予权重。

北京市森林质量综合评价指标　　　　　　表 2-1

| 准则层 | 指标层 | 权重 | 评分 | | | | |
|---|---|---|---|---|---|---|---|
| | | | 1 | 2 | 3 | 4 | 5 |
| 生态系统 | 自然度 | 0.24 | 五级 | 四级 | 三级 | 二级 | 一级 |
| | 群落结构 | 0.12 | 简单 | — | 较完整 | — | 完整 |
| | 林层结构 | 0.12 | 单层 | — | — | — | 复层 |
| | 生态脆弱性 | 0.12 | 极端 | 非常 | 比较 | 一般 | — |
| 生长状况 | 郁闭度 | 0.18 | — | 0～0.4 | 0.4～0.7 | 大于 0.7 | — |
| | 健康度 | 0.22 | 不 | 中 | 亚 | — | 健康 |

（表格来源：作者自绘）

　　北京市森林综合质量分为优良中差四个等级，其中等级为优的林分面积为 635.35km²；等级为良的林分面积为 4896.78km²；等级为中的林分面积为 2224.38km²；等级为差的林分面积为 772.44km²（图 2-6，表 2-2）。

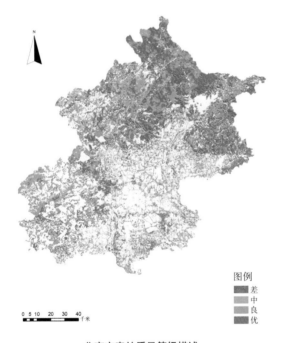

图例
■ 差
■ 中
■ 良
■ 优

0 5 10　20　30　40 千米

图 2-6　北京市森林质量综合评价结果示意图
（图片来源：作者自绘）

北京市森林质量等级描述　　　　　　表 2-2

| 等级 | 取值范围 | 特点描述 |
|---|---|---|
| 差 | 1.0～2.1 | 自然度低，生态脆弱，群落结构简单；林分郁闭度低，林木长势较弱 |
| 中 | 2.2～3.0 | 自然度中等，生态比较脆弱；林分郁闭度中等，林木健康程度中等 |
| 良 | 3.1～3.4 | 自然度较高，生态脆弱性一般；林分郁闭度较高，林木长势较好 |
| 优 | 3.5～4.0 | 自然度等级高，群落结构完整；林分郁闭度高，林木长势非常好 |

（表格来源：作者自绘）

　　低质量林分存在的原因：一是近几年百万亩造林，导致中幼林、单层林较多，林分人工痕迹明显，基本处在自然演替的初级阶段，靠林分自然演替到顶极群落耗时较长，光靠自然修复达不到人们对森林生态功能的需求，需人工促进修复；二是成熟、过熟林分缺乏抚育管理，导致过熟林分面积增加，森林综合质量降低。

3）生态修复规划

（1）总体目标

保护天然林，人工促进平原区新造林向顶极群落演替，提升森林生态系统整体质量，提供稳定的生态服务。构建完整的首都森林屏障体系，促进京津冀区域生态屏障的建立。

（2）修复对策

①重保护

加强天然林的保护，采取更高级别的保护措施，实行最严格的管制，实施更全面的修复，落实更严密的监管。依据国土空间规划划定的生态保护红线以及生态区位重要性等指标，确定天然林保护的重点区域，实行分区施策。建立天然林保护行政首长负责制和目标责任考核制，全面推行林长制，明确地方党政领导干部保护发展森林草原资源目标责任，构建党政同责、属地负责、部门协同、源头治理、全域覆盖的长效机制，加快推进生态文明和美丽中国建设。

遵循自然演替规律，全面减少人类干扰，使天然林自然恢复到顶极群落状态；结合自然保护地整合优化工作持续构建完整、健康的自然保护地体系。针对幼龄林，适度开展天然林林相改造工程，开展抚育作业的，必须编制作业设计。本着尊重自然规律，根据天然林演替和发育阶段，科学实施修复措施，遏制天然林退化，提高天然林质量。

②增绿量

高质量作好城市设计，珍惜用好每一块土地，丰富和扮靓城市空间，充分利用腾退用地、宜林荒山荒地等区域，继续开展见缝插绿工作，加强城市森林建设，增加口袋公园和小微绿地，拓展城市绿色生态空间，为百姓提供活动场所，让市民能"推窗见绿、出门进园"，让更多居民有"绿色获得感"。

口袋公园是对较小地块进行绿化种植，再配置座椅等便民服务设施，虽然占地面积小，但小巧精致、设施齐全。北京市城市生态空间有限，随着疏解非首都功能有序推进，充分利用城市拆迁腾退地留白增绿。为周边居民亲近自然、享受绿色，提供便利。突出街区文化内涵与历史底蕴，见缝插绿，将森林、公园和绿地引入城市。充分利用零散地块、道路两旁、第五立面等绿化空间，宜绿则绿、见缝插绿或垂直绿化，重塑街区生态，提高公园绿地500m服务半径覆盖率，不断增强人民群众获得感。

③提功能

提高森林生态系统复杂性，增加物种数量，避免不受约束的物种（无天敌的生产者和初级消费者）导致的物种单一化和系统生产能力退化。

优化森林的树种结构、垂直结构、植被群落结构等，提升森林生态系统稳定性。坚持适地适树，将人工种植和自然生长相结合，培育乔、灌、藤、草相结合的森林生物群落。提高成活率，降低造林成本，加强种质资源保护，注重优良乡土树种使用，建设林木种质资源库，提高乡土树种使用比例。

通过增加食源蜜源植物、构建本杰士堆①等，提高生物多样性。在绿色空间中加入生物走廊，为野生动植物提供旅行和寻找新的食物来源、水源和伙伴的路线，并注重链接现有的森林、湿地、蓄水池等。使用有机维护方法，避免使用化学肥料和杀虫剂，并削减草坪面积。正确使用本土植物配置，种植本土植被是维系天然动植物栖息地的最好方式，培育鸟和昆虫，建立生物循环系统。注意防范外来种入侵。

④惠民生

适当增加生态林的美景度，注重休闲游憩功能的提升。挖掘和提升独特的自然、历史文化景观，从属配置道路系统、交通工具、休憩节点等，与原生风景及人文景观高度协调。构建生态基础好，景观环境优美，形成特色休闲项目的休闲游憩空间。

创新游憩方式，立体开发森林资源，结合生态环境、地形地貌设计全新的森林休憩方式，打造生态休闲大本营，升级森林旅游，营造"超级氧吧"。深度挖掘本土文化，凝练主题，形成吸引核。合理配置森林生态空间、观光空间、休闲度假空间的比例。让百姓有更多机会充分享受森林生态效益，并寓教于乐。进一步提升森林城市魅力，像纽约、伦敦等著名的国际大都市的中央公园、海德公园一样，为北京这座千年古都建设享誉全球的绿色地标。

⑤强管理

针对密度过高的林分，采取开林窗等方式，加强边缘效应，为野生动物提供生境；针对平原区及浅山区的过熟林，采取皆伐或择伐的方式促进森林更新，提高区域森林的质量；优化森林经营模式，逐步将工作重点从管护转向经营。

平原区率先开展生态林的全生命周期管护工作。从规划初期开始，组织国内知名的林业专家，集中研讨植树造林的主导树种，形成常绿针叶树、落叶阔叶树、灌木等主要树种名录，从主导树种选择上确保造林质量。因地制宜并合理配置长寿、珍贵、乡土树种，着力打造异龄、复层、混交的近自然森林。造林尽量采用原生冠苗，所用苗木不截干，遵循自然森林群落成长演替规律，采取随机式散点种植，避免传统的成排成行栽植。在景观林建设中，造林设计采用曲线种植方式，后续通过有序疏移、补植，形成散点栽植的近自然林，同时又便于机械作业。坚持建管一体，专业造林企业在完成苗木栽植工作后，负责

---

① "本杰士堆"，就是人造灌木丛。名字的由来，是缘于从事动物园园林管理的赫尔曼·本杰士和海因里希·本杰士兄弟基于野地生存观念和自然演替规律的一项发明。这项发明通过生态化的自然进程为园区内分布的野生动物重建了生存空间。

管护所造森林不低于 3 年，确保森林成长初期质量。期满后，继续选用专业造林企业或组建专业管护公司，对所造森林持续进行企业化管护。开发森林大数据系统，为苗木发放专属二维码"身份证"，详细记录苗木各类信息，实行苗木全生命周期管理，同时，建立数字监管平台，打造数字森林。基于区块链技术，搭建资金管理平台，准确、实时掌握每一笔造林资金的流向，透明并监管造林资金动态。

4) 北京市森林生态修复技术

(1) 宜林荒山荒地造林

北京市约有 165km² 宜林荒山荒地。除了西城区和东城区，其他各区均有分布，其中房山区和通州区分布较多。于宜林荒山地和腾退地开展新造林工程（图 2-7）。因地制宜，选用乡土树种，构建乔灌草结构的复层林。力争到2035 年所有宜林地均能完成造林，最大限度地提升森林覆盖率，并逐步提升绿容率。

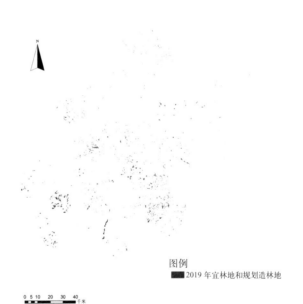

图 2-7　北京市宜林荒山荒地分布示意图
（图片来源：作者自绘）

图例
■2019 年宜林地和规划造林地

0 5 10　20　30　40
　　　　　　千米

(2) 低质量森林综合修复

低质量森林主要指的是综合评价等级为差的林分，主要分布在平原区及部分浅山区，包括新造林和过熟林。这些低质量林分缺乏抚育，树种相对单一、结构简单、林木长势衰弱、抗逆性差，生物多样性不够丰富，碳汇能力差，单位面积森林的生态服务效益降低，存在严重的火灾、虫害隐患，森林的生态服务功能得不到有效发挥。

低质量森林中，立地条件好的生态等级差的林分有 266.09km²；立地条件差生态等级也差的林分有 506.35km²。将低质量森林中立地条件较好的林分作为生态修复的优先区（图 2-8）。

图例
■ 立地条件较差
■ 立地条件较好

0 5 10  20  30  40
千米

图 2-8 北京市森林生态
系统修复优先区示意图
（图片来源：作者自绘）

百万亩平原林中，中幼林占 79.18%，抚育工作待加强。目前，百万亩造林的抚育经营主要包括中幼林抚育、森林健康经营、山区低效林改造等项目，通过人工整枝、清理杂木、割灌、定株、间伐、修建基础设施提高森林质量，主要以传统用材林的培育手段为主，近自然的经营方式和手段有待加强。

目前，在高质量发展理念加持下，平原生态林养护需坚持注重林地生态系统的完整性、科学性和生物多样性，注重生态布局的完整性和连通性，通过疏伐间密，补植适宜的乔灌木，并采取人工促进天然更新等措施，促使平原生态林形成乔灌草结合，生物多样性丰富的、稳定的平原森林生态系统，解决"有林没有鸟、有鸟没有水、有水没有鱼"和动物迁徙没通道、饿了没食物、生存没栖息地等深层次问题，突出尊重自然、顺应自然、保护自然的新型生态观和发展理念。造林用苗质量方面，苗源距离造林地不得超过 300km，须在本地苗圃培育 3 年以上。

处于建设期的平原森林，补植补造、修枝整形、移植间伐、林业有害生物防治等基础管护工作仍是重点。而进入营林期的生态林要逐步将工作重点从管护转向经营。大力推进平原森林养护经营产业，助力经济社会发展。平原森林的经营利用要根据区位和功能需求坚持科学规划引领、因地制宜。通过营造和管理，适时适度抚育。

具体措施为：首先，开林窗、透光抚育、择伐等，为森林更新创造条件，促进森林正向演替，采用造成林中空地、不规则林缘、疏伐、打枝、制造枯立木、林冠下植苗等方式改变森林结构多样性。

其次，均匀补植食源蜜源植物，包括侧柏、圆柏、国槐、构树、桑树、蒙桑、酸枣、山桃、山杏、海棠、山丁子、山楂、金银木、玉兰、柿树、黑枣、栎类、伞花胡颓子、萨氏荚蒾、荆条等，营造分布均匀的食源蜜源植物群落，营建完备的生产者体系，为构建完整的食物链提供支撑。

再次，构建本杰士堆，播种草本植物，添加覆盖物，稻草、树木树皮等有机材料保护土壤表面，诱导有益森林动物、接种菌根、改善土壤微生物小生境等，加速向顶极群落方向转化。

最后，为了满足市民休闲游憩需求，继续加强森林游憩基础设施建设，组织各种亲子、康养、体验等活动，使更多市民参与其中，实现平原森林的多种功能和效益。

（3）天然林保护修复

北京市天然林中，幼龄林面积占比最高，达到57.57%，缺少抚育管理，林相较差。

其中，郁闭度在0.2以下的天然林分占比57.01%，郁闭度0.7以上的天然林分占比11.38%，郁闭度处于0.4～0.7的天然林分占比23.80%。郁闭度过低及过高的天然林分将是修复的重点。

①针对2993.13km² 的幼龄天然林分，开展天然林林相改造工程；②其他天然林遵循自然演替规律，全面减少人类干扰，自然恢复到顶极群落状态。

天然林林相改造基本技术路线为：选取栎树为主的落叶阔叶天然次生林、油松为优势种的温带天然次生林、处于演替前期的杨桦林。分别建立大面积固定标准地，监测群落结构、土壤生物和生态过程，为本地区森林植被恢复提供参照，依据次生林自然演替程度和受干扰程度进行功能型分类，对功能和结构缺陷进行定量评价，进一步提出生态修复方案和技术。

**2. 广东省天然林生态修复和公益林建设**

1）广东省天然林概况

（1）现状

截至2020年底，广东省核定落界天然林3606.15万亩（约240.41万hm²），绝大部分位于公益林内，占林地面积的21.26%，占国土面积的13.38%。按权属分，国有天然林资源面积444.99万亩（约29.66万hm²），占比12.34%；集体、个人天然林资源面积3161.16万亩（约210.74万hm²），占比87.66%（图2-9）。

天然林中，乔木林面积为3100.81万亩（约206.72万hm²），占85.99%。按龄组分，中幼林面积2206.43万亩（约147.10万hm²），占71.16%。按混交情况分，混交林面积1051.87万亩（约70.12万hm²），占比33.92%。按郁闭度分，乔木林平均郁闭度为0.62，郁闭度以I级（0.70～1.00）、II级（0.40～0.69）为主。单位面积蓄积量为4.93m³/亩，比人工林高0.81m³/亩。郁闭度等级、混交林相对较高，反映了广东省天然林具有较高的质量和生态承载力。

2020年，广东省生态公益林总面积为483.57万hm²，占林地面积的45.38%，

图 2-9 广东省天然林分
布示意图
（图片来源：作者自绘）

占国土面积的 26.8%。经过多年的建设和保护，广东省生态公益林健康度和自然度等级越来越高，森林结构稳定，森林质量状况逐步提高，生态服务功能价值持续提高。全省生态公益林混交林比例为 22.70%，完整和较完整群落结构占84.31%，生态功能等级为 I 级、II 级的比例占 86.27%，全省生态公益林生态服务功能价值为 4318.28 亿元，单位面积生态公益林价值为 8.93 万元 /hm²。

（2）存在问题

①天然林质量有待进一步提升

乔木林中，中幼林面积占 71.16%；单位蓄积量不高，仅为 4.93m³/ 亩，低于全国平均水平；以马尾松为主的针叶林面积 472 万亩（约 31.47 万 hm²），占 13.0%；混交林面积 1223.15 万亩（约 81.54 万 hm²），仅占 33.92%；简单群落结构林分、灌木林和疏林面积 694.5 万亩（约 46.3 万 hm²），占 19.26%；仅南岭等生态重要区域保存了少量的原始天然林，绝大多数为天然次生林，还有不少天然残次林。大部分植被处于群落演替早期阶段，尚未形成复层林、异龄林、混交林等相对稳定状态，天然林质量有较大提升空间。

②天然林保护修复制度有待进一步健全

广东天然林保护修复起步较晚，由于为南方集体林区，一直未纳入国家天保工程一期、二期范围，直至 2016 年才列入全国天然林保护范围，全面停止天然林商业性采伐。因此，天然林保护修复尚未建立法律制度体系、政策保障体系、技术标准体系和监督评价体系。

③天然林补偿机制有待进一步完善

广东省尚有部分集体天然商品林未划定为公益林管理，未纳入公益林效益补偿范围，也未列入国家天然林停伐和管护补助范畴，与林农签订停伐和管护协议难度大，林农生产经营和生态保护的矛盾突出，天然林补偿政策和机制有待建立健全。

④生态公益林需为绿色发展提供更大动能

随着社会经济发展和人民生活水平的提高，社会公众对森林、湿地、水资源、清洁空气、生态康养、宜居环境等优质生态产品的需求日益增加。生态公益林作为绿色发展的发动机，需创造更多的生态产品，在林农增收增富、美化人居环境、实现乡村振兴等方面有待发挥更多作用，满足人民群众日益增长的优美生态环境需求。

⑤公益林生态红利形式单一

广东省建立了森林生态效益补偿长效机制，但目前生态公益林受益形式单一，主要为森林生态效益补偿，尚未建立与生态贡献率相对应的差异化、多元化的补偿机制。补偿标准为平均 600 元 /hm²，与广东省生态公益林所产生的生态服务功能价值相比偏低，与林地经营产出或林地流转收益也存在较大差距。森林游憩、康养休闲等生态产业释放产能动力不足。

2）广东省天然林保护修复规划

（1）规划目标

建立健全广东省天然林保护修复制度体系，持续加强全部天然林资源的有效管护，确保天然林面积长期基本稳定、质量持续提高、功能逐步提升，"碳中和"功能不断增强。建设健康稳定、布局合理、功能完备的生态公益林体系，满足人民群众对优质生态产品和优美生态环境的需求，实现广东省生态公益林治理体系和治理能力现代化。

到 2025 年，完成集体天然商品林核定落界，力争天然林面积保有量达到 4000 万亩（约 266.67 万 hm²）左右。其中，国有天然林面积 443 万亩（约 29.53 万 hm²）左右，集体天然林面积 3557 万亩（约 237.13 万 hm²）左右。天然乔木林蓄积量达到 1.65 亿 m³。加强天然商品林保护管理，效益补偿全覆盖。集体天然商品林协议停伐面积比率达到 80%，天然林管护率达到 100%，天然林生态系统逐步恢复，基本建立天然林保护修复制度体系，确定天然林保护重点区域和保护基础区域，逐步实现天然林保护与公益林管理并轨。

到 2035 年，全省天然林保有量稳定在 4000 万亩（约 266.67 万 hm²）左右（与 2025 年基本一致）。其中，国有天然林面积稳定在 440 万亩（约 29.33 万 hm²）左右，集体天然林面积稳定在 3545 万亩（约 236.33 万 hm²）左右。天然乔木林蓄积量达到 1.80 亿 m³。集体天然商品林协议停伐面积比率、天然林管护率达到 100%，天然林质量得到显著提升，天然林生态系统得到有效恢复，保护与恢复南岭等生态重要区域的地带性植被，生物多样性得到科学保护，生态承载力得到显著提高，为美丽广东建设提供生态支撑。

积极探索有利于生态公益林发展的政策环境和体制机制，继续发挥生态公益林建设和保护的引领示范作用。

（2）规划内容

①分区管理

保护重点区域（图 2-10）：依据天然林保护重点区域技术指南确定天然林保护重点区域，包括国家公园、自然保护区的核心保护区，以及具有特别保护价值的天然林区域。

保护重点区域面积 714.63 万亩（约 47.64 万 hm²），占天然林总面积的 19.82%，实施严格保护，对该区域集中连片天然林实施封禁管护。通过封禁或管护措施，保护幼苗幼树、林木的自然生长发育，从而恢复形成森林或灌木林，提高天然林森林质量和生物多样性。除科研实验、林业有害生物防治、森林防灭火等维护天然林生态系统健康的必要措施外，禁止其他一切生产经营活动；严格执行有关法律、行政法规关于天然林地使用的有关规定，除国防建设、国家重大工程项目建设特殊需要外，禁止占用保护重点区域的天然林地。

天然林保护重点区域原则上按禁止开发区域的要求进行管理，确保森林群落实现正向演替、森林生态结构持续改善、生态系统功能不断增强。

保护基础区域（图 2-10）：保护重点区域以外的区域即为保护基础区域，面积 2891.52 万亩（约 192.77 万 hm²），占天然林总面积的 80.18%。严格控制天然林地转为其他用途，禁止毁林开垦等破坏天然林及其生态环境的行为。在不改变林地用途、保护地表植被和有利于生物多样性保护的前提下，在适宜发展林下经济的天然林内，适度开展林下种植、养殖、生态旅游、休闲康养等经营活动。

图例

保护基础区域

保护重点区域

图 2-10 广东省天然林
分区管理示意图
（图片来源：作者自绘）

②天然林保护

加强森林管护的制度体系、标准体系、管理体系和管护队伍建设，对天然林保护实行统一管理制度、统一管护标准。a. 完善管护体系。构建县（市、区）—镇（乡、街道）—村的集体天然林管护体系，以及国有林场—管护站（工区）—管护点的国有天然林管护体系。实行专职、专职与兼职相结合的管护方式。b. 落实管护人员责任。按照平均每 3000 ~ 5000 亩（约 200 ~ 333.33hm²）设置 1 名护林员的标准建设天然林（公益林）管护队伍。健全森林管护责任制，将管护任务落实到林班小班（山头地块），将管护责任通过签订管护协议落实到具体管护人员，明确护林员的责任、义务和权利。鼓励向社会购买管护服务。根据实际情况，将提供天然林管护就业岗位与乡村振兴工作相结合，积极选聘天然林分布区域内有能力的低收入林农为护林员。按照《网格化管理制度》要求，明确管护责任区和责任人，依托巡护管理信息系统，提高管护效率。通过定格定人定责，分工协作、密切配合，形成"区内有网、网中有格、格中定人、人负其责"的精细化、全覆盖工作管理制度。c. 提升管护能力。强化管护队伍职业化、专业化建设，积极开展对天然林管护人员的职业技能培训和专业技术培训，提高其管护水平、管护效率和应急处理能力，提升天然林管护成效。实行管护人员技能培训和绩效评价等管理制度，鼓励林农积极参与天然林管护，不断提高管护工作水平。

③天然林修复

落实制度方案分区施策、分类修复的要求，天然林修复严格遵循基于自然的解决方案，坚持因地制宜，以自然修复为主，充分借助大自然的力量，恢复林草植被；人工促进自然修复为辅，采取森林抚育、封山育林、后备资源培育等措施，人工促进自然恢复。全省天然林人工促进自然修复任务量 165 万亩（约 11.00 万 hm²），其中：森林抚育 80 万亩（约 5.33 万 hm²），封山育林 10 万亩（约 0.67 万 hm²），后备资源培育 75 万亩（约 5.00 万 hm²）。属于《全国重要生态系统保护和修复重大工程总体规划（2021—2035 年)》范围的实施面积为 48 万亩（约 3.20 万 hm²），占天然林修复任务总量的 29%。其中，森林抚育 20.88 万亩（约 1.39 万 hm²），封山育林 4.31 万亩（约 0.28 万 hm²），后备资源培育 22.81 万亩（约 1.52 万 hm²）（图 2-11）。

森林生态系统是陆地生态系统的固碳主体，天然林是固碳能力最强的森林群落，相对于人工林，天然林具有更强的吸碳固碳和减缓气候变化能力，据测算，全国森林植被总碳储量，其中 80% 以上的贡献来自于天然林。实施天然林全面保护，开展森林抚育、封山育林、后备资源培育等天然林修复措施，丰富生物多样性，提高天然林蓄积量、生物量，提升天然林碳贮存和碳吸收能力，可以有效提升生态系统碳汇增量，助力实现"碳中和"目标。

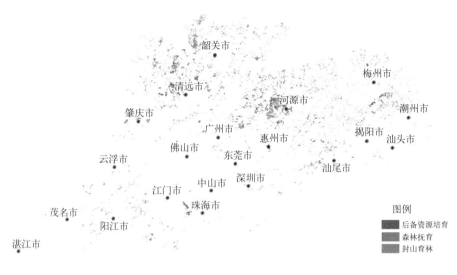

图 2-11 广东省天然林修复工程范围示意图
（图片来源：作者自绘）

④公益林的合理利用

将国家政策与区域产业发展有机结合，推进生态公益林可持续经营。依托广东南岭国家公园等重点生态区域优美的自然风光和丰富的生态资源，适度发展生态旅游和休闲康养类项目；在云浮等市开展林药产业经营，在不破坏地表植被、不影响生物多样性保护的前提下，鼓励适度开展生态公益林特许经营活动，科学发展林下经济等非木质资源开发与利用，实现生态绿色增富。

3）生态修复技术

（1）自然恢复方式—封山育林

对有下种母树、幼苗幼树，符合《封山（沙）育林技术规程》GB/T 15163—2018 封育条件的疏林地、迹地、其他灌木林地等实施封山育林。2021—2025 年，实施封山育林 10 万亩（约 0.67 万 $hm^2$）。

在封育区域设立公示牌，明确封育范围、面积和措施，封育期内，禁止垦荒、放牧、砍柴等人为活动，辅以适当的人工促进经营措施，促进森林植被增加和森林质量提升。对幼苗幼树生长发育良好的，优先封育为乔木林；封育时具有乔、灌树种的，封育为乔灌林；难以达到前两者条件的，封育为灌木林。

（2）人工修复方式—森林抚育

综合考虑广东省水热条件与天然林资源状况，规划期内开展多次抚育，抚育任务总量为 80 万亩（约 5.33 万 $hm^2$）。其中，2021—2025 年，森林抚育 26.67 万亩（约 1.78 万 $hm^2$）；2026—2035 年，森林抚育 53.33 万亩（约 3.56 万 $hm^2$）。

抚育对象为森林结构正常、正向演替（向区域性顶级森林群落）缓慢的幼龄林、中龄林。该阶段生长力强，适宜抚育经营，促进森林生长发育。

按照《森林抚育规程》GB/T 15781—2015，结合天然林资源状况，通过割灌除草、抚育性采伐、修枝等措施，促进目的树种生长。通过补植乡土树种营造混交林、复层林、异龄林，优化天然林结构和树种组成。

（3）综合修复方式—后备资源培育

规划期内实施后备资源培育 75 万亩（约 5 万 hm²）。其中：补植修复 36.57 万亩（约 2.44 万 hm²），人工促进天然更新修复 32.88 万亩（约 2.19 万 hm²），更新修复 2.15 万亩（约 1433.33hm²），综合修复 3.4 万亩（约 2266.67hm²）。2021—2025 年，实施后备资源培育 25 万亩（约 1.67 万 hm²）；2026—2035 年，实施后备资源培育 50 万亩。

实施后备资源培育工程后，若目的树种为《中国主要栽培珍贵树种参考名录（2017 年版）》所列的广东省珍贵树种，株数密度应达到 30 株 / 亩以上；除珍贵树种以外的目的树种株数密度应达到 54 株 / 亩以上；若目的树种为灌木林，实施工程后盖度应达到 50% 以上。

①补植修复

对目的树种为优势树种、郁闭度 0.4 以下的近熟林，补植乡土阔叶珍贵树种；盖度 50% 以下的低盖度国家特别规定灌木林，补植乡土灌木树种；以及目的树种的株数或蓄积量占 35% 以下、郁闭度 0.4 ～ 0.7 的幼龄林、中龄林，补植乡土阔叶珍贵树种，逐步恢复为天然群落。

②人工促进天然更新修复

对林下更新等级中等的天然成、过熟林中天然更新幼苗，进行松土、割灌除草、合理移植、定株等，营造有利于天然更新幼苗生长的空间并充分利用养分，促进原生天然幼树生长。

③更新修复

对林下更新等级不良的天然成、过熟林，缺乏天然更新幼苗的，进行补植补造。

④综合修复

对没有目的树种，或目的树种的株数或蓄积量占 1/3 以下、郁闭度 0.7 以上的天然林，进行合理间伐适当降低天然林密度，补植目的树种；对遭受松材线虫病等病虫害，以及重大火灾、气象灾害等强干扰的天然林，进行科学清理灾害木，补植乡土阔叶珍贵树种，营造混交林。

# 2.3　草地生态修复

## 2.3.1　草地生态系统退化

### 1. 草地退化现状

草地是牧区生活、生产的重要物质基础，是生态安全的重要保障。草地退化是指草地生态系统中能量流动与物质循环失调，生态系统结构破坏、功能下降，稳定性减弱。广义草地退化包括草地植被退化、土地沙漠化、土地次生盐渍化、水土流失及环境条件恶化；狭义上的草地退化，仅指草地植被退化。

我国草地资源非常丰富，草地总面积约 3.928 亿 hm²，占国土总面积的41%，占全球草地面积的 12%，是世界第二大草地资源大国，其中西部六省及自治区（西藏、青海、新疆、甘肃、宁夏、内蒙古）的草地面积约为 2.7 亿 hm²，占全国草地总面积的 70%，是我国天然草地的主体。我国以传统的天然草地为主，主要包括温带草原、高寒草原和荒漠区山地草原。温带草原主要位于内蒙古高原、黄土高原北部和松嫩平原的西部，受水热条件影响，分布有草甸草原、典型草原和荒漠草原三大类型。[94] 高寒草原位于我国青藏高原地区，东部半湿润区和西部半干旱区主要为高寒草甸、高寒草原。荒漠区山地草原分布于新疆的天山、阿尔泰山和昆仑山等山系。我国草原从东到西绵延4500 余千米，跨越多个气候带，孕育着丰富的植物种质资源。

据第一次草地资源普查统计，仅草地饲用植物达 246 科 1545 属 6704 种。然而，由于不合理的放牧制度、盲目开垦、滥行樵采等人为原因，以及气候变化引起的季节性干旱、病虫害等自然灾害，导致我国可利用草地出现不同程度的退化，其中 50% 为中度及以上退化草地。[95] 草地退化主要表现为草地植被覆盖度降低、植物群落结构发生改变、物种多样性减少、裸地面积增加及草地生产力下降等，并导致草地生态系统功能减弱，如水土流失保持力减弱，土壤养分、水分下降等。[96] 另外，草地退化还会对气候变化带来影响，促使或加剧气温和地温的升高。[97]

20 世纪 80 年代初，我国草地严重退化面积占草地总面积的 30%，20 世纪 90 年代占 50% 左右，21 世纪初，这一数据已经上升到 80% 以上，而且仍在以每年 200 万 hm² 的速度扩展。

**2．草地退化成因**

1）自然因素

从区域尺度来看，影响草地退化的自然因素主要为气候条件（气温、降水等）和自然灾害。气候环境对高原腹地植被具有控制作用，暖干化气候模式下，高寒草甸植被群落主要为逆行演替。[98] 鼠虫害等自然灾害，也将加速草地的退化。据相关统计，1973 年内蒙古自治区（以下简称内蒙古）锡林郭勒盟太卜寺旗鼠灾，每公顷草地可达 11209 个鼠洞；1976 年内蒙古蝗虫灾害草地危害面积达 50.36 万 hm²。[99] 另外，2006 年冯冰研究发现甘肃省玛曲县有近 90% 的退化和沙化天然草地，由鼠害造成的牧草年损失约达 23.57 万 t，相当于 4310 万 hm² 的草地年产草量。[94] 因此，特殊的自然因素变化是导致草地退化的重要原因。

2）人为因素

从小尺度范围来看，除自然因素外，超载过牧、乱开滥垦等人为因素也是草地退化的主要原因。[100] 重度放牧可改变植物群落物种组成，使优良牧草占比下降，毒害草及杂类草增多，草地高度、盖度、密度及地上、地下生物量等明显降低。[101、102] 另外，由于一些历史原因及经济利益驱使，20 世纪 50 年代以来，我国草原被大面积开垦，草原生态遭到破坏，水土流失严重。以内蒙古为例，从 20 世纪 60 年代到 20 世纪 90 年代末 30 多年间可利用草地净减少 1697 万 $hm^2$。[103] 因此，人为不合理地利用给草地造成了巨大的损害，影响着草地生态系统健康可持续发展。

3）其他因素

草地的退化除受自然和人为因素影响外，还有一些其他因素也是加剧草地生态环境恶化的重要原因。包红霞在研究中指出，中华人民共和国成立后半个多世纪，内蒙古牧区人口增长约 8 倍，从 20 世纪 60 年代至 20 世纪 90 年代末，内蒙古天然草场面积减少了 11.5%，其中可利用面积下降了 24.7%。[104] 在草原畜牧业发展方面，我国牧区大部分仍粗放经营，面临着发展生产、增加收入与保护环境的双重压力。与发达国家相比，我国草地畜产品生产技术与管理水平严重滞后。张英俊等在发文中提到，我国不到 20% 的畜产品来源于草地放牧，而美国放牧畜产品达 70%，新西兰达 95%。[105] 因此，因牧区人口激增、草地生产管理水平滞后等因素而引起的草地过度利用问题，也是导致草地退化的不可忽视的原因。

## 2.3.2　草地生态修复概况

通过人工措施，使退化草地恢复或接近原有草地生态功能和生产功能的过程，称作退化草地修复。草地生产力、土壤碳库、植被盖度是草地生态修复研究中关注最多的恢复目标。

我国相继开展了一系列草地生态恢复工作，如围封禁牧、补播、施肥，退耕还林（草）和退牧还草等。[106] 恢复初期，这些恢复方式皆取得了丰硕成果，改变了土地利用类型，增加了草地覆盖面积，减缓了草地放牧压力，改善了土壤理化性质，提高了草地生产力及生态服务功能。[107] 但随着草地恢复时限的增长，围封禁牧地凋落物堆积，草地自然更新能力下降，人工种植草地稳定性差，草地生产力与多功能性难以维持。[108、109] 考虑到生态系统的稳定性与可持续发展，近年来，近自然恢复理念受到了生态学家的广泛关注，其主要强调自然过程，加以人工措施辅助，而我国对于草地的近自然修复尚处于探索阶段，贺金生等提出近自然修复有望维持修复草地稳定性及可持续发展，是高寒草地在极端环境下的必然选择。[107]

## 2.3.3　草地修复方法与技术

### 1. 草地修复流程

首先，明确修复对象并确定待修复草地生态系统的边界，包括生态系统的层次与级别、结构与功能等；其次，开展草地生态系统的健康诊断并评估退化程度，鉴定退化的原因、过程、强度等，并以此作为修复的重要依据；之后，根据社会、经济、生态和文化条件确定修复目标、原则、方案等，对修复的必要性和可能性进行评估；最后，实施生态修复工程，并开展示范与推广。修复过程中，加强草地生态系统的全生命周期监测、评价和管理，要注意根据实际情况随时调整和改进技术方法，详见图2-12。

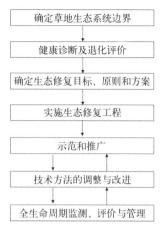

图2-12 草地生态修复流程图
（图片来源：改绘自彭少麟等《恢复生态学》，2020）

### 2. 草地调查与评估

#### 1）草地植被调查与退化诊断

调查草群总盖度，调查登记样方内植物种群的个体数量、生物量、盖度和高度。分别计算样方内可食牧草、不可食牧草、毒害草和草地退化指示植物的个体数、平均生物量、平均高度、平均盖度等指标，统计汇总为样地的信息。并按照《天然草地退化、沙化、盐渍化的分级指标》GB/T 19377—2003中退化草地程度分级与分级指标的规定进行草地植被退化诊断。[110]

#### 2）土壤退化诊断

化验分析0～20cm土壤重度、有机质、土壤全氮等，按照《天然草地退化、沙化、盐渍化的分级指标》GB/T 19377—2003中退化草地程度分级与分级指标的规定进行草地土壤退化诊断。[111] 草地土壤退化分为草地沙化和草地盐渍化两种情况。

#### 3）草地退化程度分级与分级指标

草地退化程度分级与分级指标按照《天然草地退化、沙化、盐渍化的分级指标》GB/T 19377—2003中退化草地程度分级与分级指标的规定执行。草地退化程度分为未退化、轻度退化、中度退化和重度退化四个等级。主要监测指标为植物群落特征、群落植物组成结构、指示植物、地上部产草量、土壤养分、地表特征、土壤理化性质、土壤养分等，详见表2-3。

### 3. 草地保护修复方式与技术

退化草地修复是当前我国生态治理的一项重大工程，了解和掌握现有的技术成果是开展退化草地修复工作的基础和技术保障，对其成功实施有着直接指导意义。通过查阅大量文献发现，关于退化草地修复技术的研究主要从植被恢复和土壤修复两个方面进行，一方面是开展草地保护下的自然修复措施，如围栏封育、轮牧、休牧、禁牧等措施；另一方面是以人工干预为主的修复措施，主要包括补播、切根、浅耕翻、施肥等措施；还有就是综合使用几种修复技术的复合生态修复措施。[106]

据统计目前国内外常见的草地生态恢复技术共有22种，国内外使用技术

草地退化程度的分级与分级指标　　　　　　　　　表 2-3

| 监测项目 | | | 草地退化程度分级 | | | |
|---|---|---|---|---|---|---|
| | | | 未退化 | 轻度退化 | 中度退化 | 重度退化 |
| 必须监测项目 | 植物群落特征 | 总覆盖度相对百分数的减少率（%） | 0～10 | 11～20 | 21～30 | >30 |
| | | 草层高度相对百分数的降低率（%） | 0～10 | 11～20 | 21～50 | >50 |
| | 群落植物组成结构 | 优势种牧草综合算术优势度相对百分数的减少率（%） | 0～10 | 11～20 | 21～40 | >40 |
| | | 可食草种个体数相对百分数的减少率（%） | 0～10 | 11～20 | 21～40 | >40 |
| | | 不可食草与毒害草个体数相对百分数的增加率（%） | 0～10 | 11～20 | 21～40 | >40 |
| | 指示植物 | 草地退化指示植物种个体数相对百分数的增加率（%） | 0～10 | 11～20 | 21～30 | >30 |
| | | 草地沙化指示植物种个体数相对百分数的增加率（%） | 0～10 | 11～20 | 21～30 | >30 |
| | | 草地盐渍化指示植物种个体相对百分数的增加率（%） | 0～10 | 11～20 | 21～30 | >30 |
| | 地上部产草量 | 总产草量相对百分数的减少率（%） | 0～10 | 11～20 | 21～50 | >50 |
| | | 可食草产量相对百分数的减少率（%） | 0～10 | 11～20 | 21～50 | >50 |
| | | 不可食草与毒害草产量相对百分数的增加率（%） | 0～10 | 11～20 | 21～50 | >50 |
| | 土壤养分 | 0～20cm 土层有机质含量相对百分数的减少率（%） | 0～10 | 11～20 | 21～40 | >40 |
| 辅助监测项目 | 地表特征 | 浮沙堆积面积占草地面积相对百分数的增加率（%） | 0～10 | 11～20 | 21～30 | >30 |
| | | 土壤侵蚀模数相对百分数的增加率（%） | 0～10 | 11～20 | 21～30 | >30 |
| | | 鼠洞面积占草地面积相对百分数的增加率（%） | 0～10 | 11～20 | 21～30 | >30 |
| | 土壤理化性质 | 0～20cm 土层土壤容重相对百分数的增加率（%） | 0～10 | 11～20 | 21～30 | >30 |
| | 土壤养分 | 0～20cm 土层全氮含量相对百分数的减少率（%） | 0～10 | 11～20 | 21～25 | >25 |

注：监测已达到鼠害防治标准的草地，须将"鼠洞面积占草地面积相对百分数的增加率（%）"指标列入必须监测项目。指标计算方法见《天然草地退化、沙化、盐渍化的分级指标》GB/T 19377—2003。

（表格来源：《天然草地退化、沙化、盐渍化的分级指标》GB/T 19377—2003）

分别达到 20 种，目前免耕补播、退耕还草、栽培草地、施肥和刈割 5 种技术在世界范围内呈现出较好的发展态势。国内外常用草地生态恢复技术既有共性，又各有侧重。我国常用的草地生态恢复技术有免耕补播、减畜、栽培草地、围栏封育和草地翻耕，而国外常用的则是免耕补播、减畜、火烧、退耕还草和刈割。相较于国外，我国对火烧、刈割、杂草去除以及表土去除技术的应用远小于国外，且缺少干草覆盖和草皮移植技术的应用，但我国对围栏封育技术的应用较广泛，且有我国特有的草地生态恢复技术如草方格沙障和草地灭鼠。近年来，我国对免耕补播、退耕还草、施肥和围栏封育技术的应用呈上升趋势，而减畜、栽培草地、控制杂草和灌溉技术的使用呈下降趋势。[112]

（1）自然修复措施

自然修复措施主要指围栏封育，围栏封育是退化草地修复的有效措施，也可促进草地土壤发育，土壤微生物数量增加，土壤生物活性增强。21 世纪以来，许多学者对不同地区不同退化类型的草地自然修复措施进行了研究。郑翠玲等以内蒙古呼伦贝尔沙化草地为研究对象，发现随着围封年限的增加，退化指示植物所占比例逐渐降低，建群种及优良牧草占比逐渐增加。[113] 史晓晓等还研究了围封对种群间生态位、草地碳固持能力的影响，认为封育年限增加，草地生态系统种间竞争增加，封育有利于土壤碳的固定和土壤活性有机碳库的积累，是恢复退化草地碳汇功能的有效措施。[114]

自然修复措施适宜于各类型的退化草地，是退化草地修复的有效措施，但不同退化程度不同类型的草地围封、禁牧后应视恢复状况进行合理利用。[115]

（2）人工干预修复措施

免耕补播、施肥、浅耕翻、划破草皮、切根等技术措施为当前主要的退化草地修复人工干预措施。杨增增等以中度退化的高寒草地为研究对象，采用免耕补播垂穗披碱草、中华羊茅和冷地早熟禾，并施加有机肥的方式进行草地修复，结果显示补播显著提高了草地植被盖度、地上地下生物量及根冠比，对黑土滩草地植被恢复有显著的作用。[116]孙磊等以西藏那曲地区安多县高寒退化草地为研究对象，采用免耕补播细茎冰草、垂穗披碱草、无芒雀麦和冷地早熟禾进行草地修复研究，结果显示免耕补播提高了退化草地的高度、盖度和产量，增加了植物多样性，并认为免耕补播是高寒退化草地有效的改良措施。[117]杨文彦等以松嫩平原西部重度退化的草甸草原为研究对象，采用松土补播草木樨、披碱草改良退化草地，结果表明轻重耙松土补播不仅可显著提高牧草高度、盖度和产量，还可改善草群结构和土壤结构，并使草群中优良牧草的比重增加。[118]总之，采用免耕补播或补播结合施肥、松耙等措施进行退化草地修复，能有效改善草地群落结构、植物多样性及土壤有机碳储量，在促进草地生态系统恢复过程中具有重要作用。

关于各种人工干预修复措施的适宜性研究，许多学者也做了大量的工作。补播适用于植被盖度在30%及以下的中重度及以上退化草地，补播时间宜为雨季来临前，补播草种以乡土物种为主。[119]浅耕翻、划破草皮和切根适用于以根茎型禾草为主的退化草地，其中划破草皮和切根以中轻度退化草地为主，时间宜在早春或晚秋进行。[120]浅耕翻以重度退化草地为主，宜在雨季进行浅耕翻，耕翻深度以15～20cm为宜，干旱年份或雨量过大不宜翻耕。施肥主要通过改善草地土壤营养状况，促进牧草生长，改善草群结构和提高牧草产量，在中重度及以上的退化草地修复时，通常与补播、切根、松土等措施结合实施效果更佳，肥料可选择有机肥或化学肥料，施肥量视土壤肥力而定。[121]在利用补播、施肥、浅耕翻、划破草皮、切根等技术措施进行退化草地修复时，需要根据不同的草地类型、不同的自然条件等情况，因地制宜地选择使用。

（3）复合修复措施

在各项技术的综合研究中，一些学者还进行了多项技术之间的比较研究，给出了各项技术及组合方式在退化草地修复中的优劣。吴文荣在对甘肃退化暖性草丛退化草地研究中发现全耕、划破草皮和免耕分别与混播结合，可使禾本科牧草的生长和地上生物量显著提高，且效果优劣依次为全耕、划破草皮、免耕；[122]管春德以云南灌草退化草地为研究对象，分析了围封、浅耕翻、浅耕翻补播 3 种植被恢复技术的修复效果，结果显示修复 3 年后草地产量增长由多到少依次为浅耕翻补播、围封、浅耕翻。[123]张璐等对退化草地开展的自然恢复、耙地和浅耕翻 3 项改良措施进行了研究分析，提出在短时间尺度上，浅耕翻有利于退化羊草草原生产力和土壤有机碳的快速恢复，而长时间尺度上，自然恢复和耙地的效益更明显。[124]

综上可知，针对不同类型的退化草地选择适宜的人工干预修复措施对退化草地修复十分关键，人工干预修复措施同样是退化草地植被和土壤恢复的有效措施。

### 4. 修复效益

我国大部分草地生态恢复技术都取得了良好的恢复效果，促进效果占总研究案例的 62.9%。但不同草地生态恢复技术对不同生态恢复目标产生的结果存在较大差异。如围栏封育的应用对草地生产力的促进效果为 92.5%，但对植物多样性恢复的促进效果只有 43.9%。又如撂荒弃耕显著促进了草地生产力，但对植物多样性恢复的促进效果不足 50%。再如人工播种对土壤碳库和草地生产力的促进效果分别达到了 98% 和 93%，但对土壤磷库却是显著的负作用。[106]

在我国生态恢复初期，为提高草地生产力与植被盖度，围栏封育、栽培草地施肥和减畜等恢复技术得到广泛应用，且取得了显著成效，草地的生产力如人们所愿显著增加。但同时人们也发现，这些恢复技术对植物多样性的增加并无显著成效。草地翻耕虽可通过降低土壤容重、增加土壤孔隙度和水分渗透速度来提高土壤质量以恢复退化草地，但它仅适用于退化程度较轻的草地恢复。草皮移植在国外退化严重的草地具有良好的修复效果，但这种方法地域性和针对性较强，花费昂贵，所以在国内尚未得到广泛关注。干草材料中富含大量植物种子，其覆盖草地具有增加土壤有机碳输入、保持土壤水分和稳固种子等作用，目前在国外一些国家有着较为广泛的应用，但我国放牧压力较大，此生态恢复技术研究尚少。我国大力倡导草地生态文明建设、杜绝草原火灾的发生，因此目前我国对火烧技术的研究主要还是对自然条件下火灾的探究。

20 世纪 50 年代以来，天然草地耕地化，使我国环境问题日趋严重，我国及时推出了以退耕还草为主体的草地生态恢复工程，在物种多样性较低的草地生态系统应用补播技术进行修复。免耕补播可在短时间内借助机械（如飞机播种）快速恢复退化草地植物物种多样性，[125]目前已成为国内外最主要的草地生态恢复技术。另一方面，草方格沙障的设置可以通过改变上风向的风速廓线，增加凝结水的产量，有效地阻止沙丘前移，这种方法目前已成功推广，成为国内沙化草地治理的主要方法，是我国特有的草地生态恢复技术。鼠害爆发频繁是造成我国草原退化的重要因素，因此，草地灭鼠也成了我国特有的草地生态恢复技术。[112]

我国退化草地生态恢复技术的应用具有明显的地域性特征，恢复效果不一。另外，种子是草地植物更新繁殖的基础，充足的种源是保证群落更新的物质前提。一般生态系统有满足其自我更新的种子库，但也有部分物种易被动物采食或传播受限而受到种源限制，不能完成自我更新。对受种源限制而自我更新困难的草地，利用人工补播技术来补充种源、增加物种多样性就显得尤为重要。

**5. 草地生态修复工程和管理策略**

1）人工管理措施

在草地恢复过程中，良好的管理措施能够抵御极端环境条件对草地的危害，对草地的持久发展具有重要意义。[126]国内外研究中常见的人工管理措施有减畜、火烧、刈割、施肥、灌溉、草地翻耕、杂草去除、围栏封育和禁牧轮牧等。[112]其中火烧和刈割在国外草地恢复中较常见，但在我国较少应用。我国常见的人工管理措施有减畜、围栏封育和禁牧等。恢复技术在地域上存在差异，如干旱区和高寒草甸适用的草地恢复技术往往不同。因为恢复的目标不同，所采用的草地恢复技术往往也会有所不同，如退化草地快速恢复，免耕补播可达到良好效果。

在干旱与资源竞争激烈环境中，通过人工浇灌或安装浇灌设施、施肥等技术来缓解草地的干旱和养分胁迫。奥尔曼（Oelmann）等通过施加覆盖物的方法来提供养分，即将地上的草地植被剪碎，作为薄层覆盖在草地上，通过覆盖材料的分解，促进草地内部养分循环。[127]草地退化程度不同，人工管理措施也有所不同。对于轻度退化草地，采用草地翻耕即可达到恢复退化草地的目的。[107]而对于重度退化草地，通常可通过围栏封育减少牲畜对地上植被的采食，从而促使草地植被盖度逐渐恢复。[128]罗森（Lawson）等发现植物定期修剪才能茂盛成长，动物采食不仅会使植物达到被修剪的效果，而且牲畜粪便和尿液的沉积会增强土壤肥力。[129]如此看来，适当的人工管理措施对于维持草地生产力，保护生物多样性，防止草地结构退化相当重要。

2）草原生态补偿

草原是山水林田湖草沙生命共同体的重要组成部分，也是我国面积最大的绿色生态屏障。至2010年，全国268个牧区半牧区县天然草原平均超载率高达44%。我国草原生态补偿共有两个项目：一个是从2003年开始实施的退牧还草工程；另一个是从2011年开始实施的草原生态保护补助奖励机制。

草原生态保护补助奖励机制是目前中国最重要的草原生态补偿机制，是中国继森林生态效益补偿机制建立之后，第二个基于生态要素的生态补偿机制。"十三五"规划期间，国家启动实施新一轮草原生态保护补助奖励政策，将生产资料综合补贴和牧草良种补贴并入禁牧补助和草畜平衡奖励，并将补助标准由原来6元/亩提高到7.5元/亩；草畜平衡奖励标准由原来1.5元/亩提高到2.5元/亩。2020年，中央财政安排草原生态修复治理补助31.93亿元。

据了解，自 2011 年起，以 5 年为一个实施周期，我国已实施两轮的草原生态保护补助奖励政策，累计投入资金 1701.64 亿元，1200 多万户农牧民受益。调研数据显示，内蒙古补奖资金占到补奖区农牧民家庭总收入 5% 至 7%，四川占到 8%，西藏则高达 42.62%。"十四五"规划期间，我国将继续在内蒙古等 13 个牧区省（自治区）实施第三轮草原生态保护补助奖励政策，将上一轮每年补助奖励资金从 155.6 亿元增加至 168 亿元。此轮补奖政策，中央财政按照禁牧补助每亩 7.5 元、草畜平衡奖励每亩 2.5 元的标准进行测算，对农牧民发放补助奖励资金，涉及河北、山西、内蒙古、辽宁、吉林、黑龙江、四川、云南、西藏、甘肃、青海、宁夏、新疆 13 个省（自治区）以及新疆生产建设兵团和北大荒农垦集团有限公司，继续推行草原禁牧和草畜平衡制度，引导农牧民合理配置载畜量，科学利用天然草原，促进草原生态环境持续改善；加快草牧业生产方式转变，促进牛羊生产高质高效发展；稳步提升农牧民收入水平和改善生活条件，助推乡村经济发展。

草原补奖政策的实施取得了显著成效，农牧民保护草原意识明显增强，生产方式快速转变，让我国的草原生态逐渐恢复，人草畜矛盾得到有效缓解。全国有 12.1 亿亩（约 0.81 亿 hm²）草原通过实施草原禁牧得到休养生息，26.05 亿亩（约 1.74 亿 hm²）草原通过推行草畜平衡得以科学利用，全国重点天然草原牲畜超载率下降至 2020 年的 10.09%。

目前生态保护补偿资金的确定主要依靠财政支付能力，市场化投入不足，补偿标准也没有充分反映生态产品数量和质量，没有全面考虑生态产品供给者进行生态环境保护的区域差异。算好国家和区域的"生态产品账"，是完善纵向生态保护补偿的重要依据。

3）退牧还草工程

实施退牧还草是党中央、国务院为保护草原生态环境、改善民生作出的重大决策，是西部大开发的标志性工程之一。工程自 2003 年实施以来，取得了显著成效，退牧还草工程在内蒙古、四川、青海等 8 省（自治区）和新疆生产建设兵团实施。各级党委政府高度重视，有关部门精心组织，广大农牧民积极参与，工程进展总体顺利，取得阶段性成效。至 2011 年，累计安排草原围栏建设任务 7.78 亿亩（约 0.52 亿 hm²），配套实施重度退化草原补播 1.86 亿亩（约 0.12 亿 hm²），中央投入资金 209 亿元，惠及 181 个县（团场）、90 多万农牧户。工程实施后，工程区生态环境明显改善。根据 2010 年农业部监测结果，工程区平均植被盖度为 71%，比非工程区高出 12 个百分点，草群高度、鲜草产量和可食性鲜草产量分别比非工程区高出 37.9%、43.9% 和 49.1%。生物多样性、群落均匀性、饱和持水量、土壤有机质含量均有提高，草原涵养水源、防止水土流失、防风固沙等生态功能增强。

2011 年，经国务院同意，国家发展改革委会同农业部、财政部印发了《关于完善退牧还草政策的意见》（发改西部〔2011〕1856 号）。这是继国家实施草原生态保护补助奖励机制后，进一步完善退牧还草政策的重要举措。从 2011 年起，不再安排饲料粮补助，在工程区内全面实施草原生态保护补助奖励机制。对实行禁牧封育的草原，中央财政按照每亩每年补助 6 元的测算标准对牧民给予禁牧补助，5 年为一个补助周期；对禁牧区域以外实行休牧、轮牧的草原，中央财政对未超载的牧民，按照每亩每年 1.5 元的测算标准给予草畜平衡奖励。

## 2.3.4　草地生态修复典型案例

### 1. 锡林浩特退化草原生态修复

1）概述

内蒙古自治区锡林浩特市[①] 位于首都北京正北方，是距离京津地区最近的草原牧区，全市草原面积 139.6 万 $hm^2$，2009 年划定基本草原 136.9 万 $hm^2$，以温性典型草原为主（包括隐域性典型草原浑善达克和乌珠穆沁两大沙地 125.9 万亩，约 8.39 万 $hm^2$）。中国第一个草地类自然保护区位于锡林浩特市境内，1987 年 9 月 7 日被联合国教科文组织"人与生物圈计划"国际协调理事会接纳为"国际生物圈保护区"网络成员，1993 年 7 月 12 日首批加入中国人与生物圈保护区网络。

习近平总书记多次对草原生态保护修复作出重要指示，他在参加十三届全国人大二次会议内蒙古代表团审议时指出，内蒙古生态状况如何，不仅关系全区各族群众生存和发展，而且关系华北、东北、西北乃至全国生态安全。把内蒙古建成我国北方重要生态安全屏障，是立足全国发展大局确立的战略定位，也是内蒙古必须自觉担负起的重大责任。[②]

为贯彻习近平生态文明思想，践行"绿水青山就是金山银山"理念，坚持生态优先、绿色发展之路，国家林业和草原局启动实施了退化草原人工种草生态修复试点项目，锡林浩特市作为典型草原试点地区，实施了三项建设内容：一是严重沙化草地生态治理 1 万亩（约 666.67$hm^2$）；二是退化打草场生态修复治理 6.5 万亩（约 4333.33$hm^2$）；三是野生优良乡土草种抚育 0.1 万亩（约 66.67$hm^2$）。

2）存在问题

因放牧场和打草场过度利用，同时受极端气候的影响，项目区存在植被退化、土壤沙化较严重的突出问题（图 2-13）。2000 年以来，由于连续干旱、人口增加、过度利用、气候原因，以及草原鼠虫害频发等因素，导致天然放牧场退化沙化严重，出现零散分布的风蚀坑。打草场过早刈割、留茬高度低、过度搂耙、不轮刈、不留隔离带等问题，导致植物种子未能成熟落地、地表无枯

---

① 　资料来源：自然资源部国土空间生态修复司 2021 年发布的《中国生态修复典型案例集》。
② 　新华社 . 习近平参加内蒙古代表团审议 [OL]. 中国政府网，2019-03-05.

图 2-13　治理前宝力根项目区严重风蚀沙化草地

（图片来源：自然资源部国土空间生态修复司《中国生态修复典型案例集》，2021）

落物、地表水分蒸发量大和腐殖质减少、土壤贫瘠、植被盖度和种类减少、产草量逐年下降等现象。

3）生态修复措施

（1）先导工程

与项目区牧户签订 3 年的禁牧、生态补偿、管护协议。上级业务部门和技术支撑专家团队多次到实地调研，经过多次讨论修改实施方案和作业设计，做到分区施治、精准施策。

（2）治理区修复工程

一是退化放牧场生态修复措施。治理 1 万亩（666.67hm²），其中，0.7 万亩（466.67hm²）中重度采取"免耕补播＋施肥＋围封禁牧＋管护"措施，其余 0.3 万亩（约 200hm²）严重风蚀沙化草地采取"土地平整＋设置草帘沙障＋免耕补播＋施肥＋围封禁牧＋管护"措施（图 2-14）。沙障使用苇帘 4m×4m，使其有效防护寿命延长至 5 年以上。针对沙化草地土壤贫瘠，有效养分含量低的问题，施用有机肥（图 2-15）。在作业过程中，严格执行种子箱和化肥箱分开，提高出苗率和幼苗成活率；在草种选择上，主要选用耐寒耐旱物种，高冰草、沙生冰草、沙打旺、羊柴。

二是退化打草场修复措施。生态修复治理 6.5 万亩（约 4333.33hm²），其中采取"切根＋免耕补播＋施固态生物有机肥＋休刈＋管护"措施 1 万亩（约 666.67hm²）（图 2-16）；采取"施固态生物有机肥＋休刈＋管护"措施 4.5

图 2-14　栽植沙障、铺设草帘（左图）

（图片来源：自然资源部国土空间生态修复司《中国生态修复典型案例集》，2021）

图 2-15　抛肥机施腐熟羊粪肥（右图）

（图片来源：自然资源部国土空间生态修复司《中国生态修复典型案例集》，2021）

图 2-16 退化羊草地切根作业（左图）
（图片来源：自然资源部国土空间生态修复司《中国生态修复典型案例集》，2021）

图 2-17 修复效果图（右图）
（图片来源：自然资源部国土空间生态修复司《中国生态修复典型案例集》，2021）

万亩（约 3000hm²）；采取"施液态有机肥＋休刈＋管护"措施 1 万亩（约 666.67hm²）。采用不同施肥种类，不同施肥量进行试验示范。

三是野生优良乡土草种抚育。选择具有抚育潜力的优质野生草种进行围封、施肥等人工抚育，提高野生草种的种子产量，增加退化草原生态修复用种。抚育 0.1 万亩（约 66.67hm²），采取"施液态有机肥＋草种采收＋管护"措施。

4）修复成效

（1）生态效益提升

修复 2～3 年后，退化放牧场植被盖度增加到 40%～60%，干草产量提高 50% 以上；退化打草场植被盖度平均提高 15%～20%，干草产量平均提高 20%～40%，草群中多年生优良牧草比例增加，土壤有机质增加 10% 以上；严重沙化草地植被盖度达到 40%～50% 或以上，治理区域植被盖度、植被高度和植被密度，随着治理年限的增加而明显增加，风蚀得以控制，周边环境得到明显好转（图 2-17）。补播增加了植被的多样性，对于沙化草地植物群落结构起到了稳定作用。经监测，切根处理显著提高植被盖度、密度和产草量。切根可以促进羊草复壮与自我繁殖，使羊草的个体数量增加、盖度提高，不同深度之间没有显著差异。试验数据表明，施不同肥料的打草场平均每亩增产 20%～40%，打草场禾本科和豆科植物占比有了较大提高（图 2-18～图 2-20）。

图 2-18 切根前后对比图
（图片来源：自然资源部国土空间生态修复司《中国生态修复典型案例集》，2021）

图 2-19 风蚀坑治理前
后对比
（图片来源：自然资源
部国土空间生态修复司
《中国生态修复典型案例
集》，2021）

图 2-20 严重沙化草地
前后
（图片来源：自然资源
部国土空间生态修复司
《中国生态修复典型案例
集》，2021）

（2）经济效益显著

由于实行了全程禁牧和补播施肥措施，草地生产力明显提高。项目建成后，7.6 万亩（约 5066.67hm²）生态修复区，年累计可实现增收 141 万元以上；野生优良草种抚育可采集种子 1.5 年累计可实现增收 84 万元以上，每年共计可实现增收 225 万元以上。提高了草地的家畜承载力，牧户和国有农牧场的收入增加 20% ~ 30%，提高草原可持续发展能力。

（3）社会效益增强

通过项目实施，对当地不仅有明显的生态、经济效益，而且有巨大的社会效益。本项目的实施不仅改变牧民群众的靠天生存观念，也使他们认识目前退化草原的严峻问题和保护的重要性，提高牧民生态保护和修复的主动性，带动周围牧民群众改变思路，转变牧民的生产经营方式，调动项目区牧民治理生态环境的积极性，使项目区牧民生产生活条件得到改善，为实现草原生态可持续发展提供有力的保障。

**2. 巴西塞拉多草原生态修复**

1）概述

位于巴西的塞拉多草原①是世界上生物多样性最丰富的热带稀树草原。占地近 200 万 km²，占据了巴西近 1/4 的国土，南美洲三大水域的集水区均分布其中。尽管这里每年近一半时间不会降雨，但有限的水源滋养出了茂盛的植物

---

① 资料来源：玛丽安娜·西凯拉等 2017 年于《景观设计学》发表的文章《乔木之外》。

群落。主要得益于覆盖地表的禾本科草本层植物群。草本层在塞拉多草原的生态恢复和景观设计项目中一直被忽视。事实上，草本层具有极高的生物多样性。在塞拉多草原记录在册的12000余种植物物种中，草本和灌木所占比重超过60%。此外，特有种的比例更是高达40%。

2）存在问题

在巴西，热带稀树草原修复项目通常参照森林恢复方法，主要依赖于树苗栽种。然而在确定生态修复的方法时，我们需要考虑到热带草原与森林生态演替过程的不同。仅仅依靠植树并不会促进热带稀树草原生态系统的恢复。

同时，当涉及使用塞拉多草原的本土植物时，巴西的本土景观设计项目往往只考虑乔木树种。花园设计项目则通常选用需要更多灌溉和改良土壤的外来草本和灌木物种，同样浪费了利用本土植物展现塞拉多草原独特性的机会。

塞拉多的本土植物难以栽植几乎成为一种共识。人们可以在苗圃中寻得乔木的树苗，但本土草本及灌木等其他植物形式的幼苗，却由于信息不足、供需链缺失而无法获取。

3）生态修复技术

计划性烧除入侵草（图2-21），犁耕土壤，建立种子采集网络，"植物狩猎"定期野外考察潜在景观用途植物，繁殖试验等。

4）生态修复成效

初步结果显示，通过直接播种，项目团队成功种植了约80种乔木、灌木及草本。相较于种植树苗，直接播种成本更加低廉。且在植被多样性，种植成活率等方面更具优势。恢复塞拉多团队最有趣的成就之一，就是在韦阿戴鲁斯高地地区，建立起了一个种子采集网络。

随着时间的累积，恢复塞拉多项目获得了越来越多的公众关注。随着人们对塞拉多草原乔木之外的其他物种的认知不断提升，巴西热带稀树草原草本层的恢复，正在不断地被文化界和生态界所接受和认可（图2-22）。

图2-21 计划性烧除（左图）
（图片来源：玛丽安娜·西凯拉等《乔木之外》，2017）

图2-22 塞拉多稀树草原一角（右图）
（图片来源：玛丽安娜·西凯拉等《乔木之外》，2017）

# 2.4 农田生态修复

## 2.4.1 农田生态系统退化

农业是人类文明的发端，农田是人类创造的最早人工生态系统。伴随科学技术的进步和人口数量激增，人类干扰系统的频度与强度是祖先所无法比拟的。由此导致耕地内在物理、化学性质改变，生物区系贫化和功能衰退。农田退化类型为农田荒漠化、农田盐渍化、农田污染、农田肥力下降等。[130]

农田生态系统退化过程主要表现为土壤物理、化学和生物学性状的退化。具体表现为：土壤板结、土壤有机质含量下降、养分含量降低、土壤生物活性物质减少或消失、生物种群数量下降、种群类型数量减少等。

修复受损的农田生态系统成为经济可持续发展乃至人类延续的关键。恢复对策主要是通过恢复土壤物理、化学和生物学各性状、培肥土壤、提高土壤生产力，比如施用有机肥等。

## 2.4.2 农田生态系统修复方法与技术

**1. 农田生态修复流程**

确定待修复的农田生态系统边界，开展生态系统状况调查并进行退化诊断，分析退化原因。确定修复的目标、原则和方案，实施生态修复工程并开展示范和推广。开展全生命周期的监测、评估与管理，并对修复技术进行改进，详见图 2-23。

**2. 农田生态系统修复技术**

1）物理修复

主要采用排土、客土及深翻等方法。[130] 当污染物囿于农田地表数厘米或耕作层时，采用排土（挖去上层污染土层）、客土（用非污染客土覆盖于污染土上）法，可获理想的修复效果。但此法费时、费工和费钱，并需丰富的客土来源，排除的污染土壤还要妥善处理，以防造成二次污染。因此只适用于小面积污染农田。在污染稍轻的地方可深翻土层，使表层土壤污染物含量降低，但在严重污染地区不宜采用。

2）化学修复

方法是：①添加抑制剂。此法能改变有毒物质在土壤中的流向与流强，使其被淋溶或转化为难溶物质，减少作物的吸收量。一般施用的抑制剂有石灰、碱性磷酸盐、硅酸盐等，它们可与重金属（如铅、铬等）反应生成难溶性化合物，降

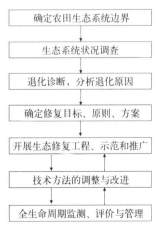

图 2-23 农田生态系统修复流程图
（图片来源：改绘自彭少麟等《恢复生态学》，2020）

确定农田生态系统边界

↓

生态系统状况调查

↓

退化诊断，分析退化原因

↓

确定修复目标、原则、方案

↓

开展生态修复工程、示范和推广

↓

技术方法的调整与改进

↓

全生命周期监测、评价与管理

低重金属在土壤及植物体内的迁移与富集，减少对农田生态系统的危害。②控制农田的氧化还原状态。大多数重金属形态受氧化还原电位（Eh）影响，改变土壤氧化还原条件可减轻重金属危害。研究表明，水稻在抽穗至成熟期，大量无机成分向穗部转移，保持淹水可明显减少水稻籽粒中镉、铅等含量。在淹水还原状态下，部分金属可与硫化氢（$H_2S$）形成硫化物沉淀，降低金属活性，减轻其污染。[131]

3）生物修复

①微生物修复

内容涵盖 3 个方面：① 微生物改良土壤。微生物活性剂（Effective Micro-organisms，EM）是将仔细筛选的好氧和兼氧微生物加以混合，采用独特工艺发酵制成的微生物活性剂，以光和细菌、放线菌、酵母菌和乳酸菌为代表。微生物活性剂在农业方面具有改良土壤，促进作物增产，提高作物品质，减少农药与化肥用量的功效。②微生物农药。用微生物杀虫剂取代化学农药防治昆虫（昆虫的病原体）和杂草。对昆虫致病的真菌大约有 100 余种。苏云金芽孢杆菌（*Bacillus thuringiensis*）是成功用于生产实践的商品性微生物杀虫剂。当微生物形成孢子时，孢子和大量的蛋白质结晶释放出强的毒素，被昆虫的幼虫吸收。幼虫在吸收后 30 分钟到 3 天内死亡。苏云金芽孢杆菌品种丰富，包括了对抗鳞翅目双翅目和甲虫的特异性品种，其优点是有选择性毒性，对人和有害生物的天敌无毒。真菌病原体也被用于杂草防治中。③微生物肥料。通过构建特定微生物与植物的互利共生关系，来改善植物营养或产生植物生长激素促进植物生长。如根瘤菌肥促进根瘤菌在豆科作物根系上形成根瘤，以固定空气中的氮元素（N）从而改善豆科植物的氮素营养；固氮菌肥能在土壤中和许多作物根系互利合作，固定空气中的氮元素，为植物尤其是贫瘠土壤上生长的植物提供氮素营养，还可以分泌激素促进植物生长；复合微生物肥料含有两种或两种以上的有益微生物，彼此之间互不拮抗，能提供一种或几种营养物质和生理活性物质。由此减少了化学肥料的使用，有利于退化农田生态系统的恢复。

②种植绿肥

利用栽培或野生的绿色豆科植物，或其他植物体作为肥料。豆科作物和绿肥，如紫云英、苜蓿、田菁、绿豆、蚕豆、大豆和草木樨等的固氮能力很强，非豆科植物如黑麦草、菌丹草、水花生和浮萍等都是优质的绿肥作物。[132] 种植这些绿肥可以增加和更新土壤有机质，促进微生物繁殖，改善土壤的理化性质和生物活性，防止农田生态系统的退化，或恢复已退化的农田生态系统。

③沙漠化防治

在沙漠化地区实施节水灌溉和温室种植。如榆林地区，在沙质沙漠覆盖较薄的地方进行剥沙种植，改良退化农田生态系统，恢复流域生态；在有水源和地下水的地区，应大量植树植草、恢复植被、涵水固沙，阻挡沙漠的流动，如宁夏中卫沙坡头的铁路防护林建设。对于风蚀严重的半固定、半流动沙丘以及流动沙丘采取生物固沙与工程固沙相结合的措施。

### 3. 农田生态系统保护修复策略

#### 1）可持续农业

可持续农业，是指采取某种合理使用和维护自然资源的方式，实行技术变革和机制性改革，以确保当代人类及其后代对农产品需求可以持续发展的农业系统。可持续农业是一种通过管理、保护和持续利用自然资源，调整农作制度和技术，不断满足当代人类对农产品的数量和质量的需求，又不损害后代利益的农业，是一种能维护和合理利用土地、水和动植物资源，不会造成环境退化，同时在技术上适当可行、经济上有活力、能够被社会广泛接受的农业。

2015 年 5 月农业部联合国家发展改革委、科技部、财政部、国土资源部、环境保护部、水利部、国家林业局等国家部委共同印发了《全国农业可持续发展规划（2015—2030 年)》（农计发〔2015〕145 号），在规划里分析了我国农业发展取得成就和面临的严峻挑战。规划指出，农业关乎国家食物安全、资源安全和生态安全。大力推动农业可持续发展，是实现"五位一体"战略布局、建设美丽中国的必然选择，是中国特色新型农业现代化道路的内在要求。为指导全国农业可持续发展，编制了该规划。在《全国农业可持续发展规划(2015—2030)》中，明确指出了政府及相关部门对于我国农业可持续发展的政策支持。

#### 2）耕地生态补偿

浙江在全国率先建立耕地保护补偿机制。浙江人多地少，人均耕地面积0.54 亩（约 0.04hm²)，仅为全国人均水平的 36%。如何确保全省 300 亿斤粮食生产能力，浙江在保护耕地这件事上一直努力着，着力构建耕地数量、质量、生态"三位一体"保护新格局。

据悉，目前浙江全省耕地总量稳定在 2965 万亩（约 197.67 万 hm²）左右，共划定永久基本农田 2398 万亩（约 159.87 万 hm²)，其中永久基本农田示范区1003 万亩（约 66.87 万 hm²)。近些年来，浙江推出多举措不断提高耕地质量，目前全省已建成高标准农田 1535 万亩（约 102.33 万 hm²)。永久基本农田耕地质量等级平均提高了 0.1 左右。另外，通过落实"占优补优、占水田补水田"和"补改结合"等措施，实现了占用耕地质量与补充耕地质量总体相当，2015年和 2016 年，通过提升耕地质量，全省累计提升耕地等级 19.3 万亩（约 1.29万 hm²）等。

值得一提的是，浙江在全国率先全面建立耕地保护补偿机制，2016 年和2017 年，全省共落实耕地保护补偿资金 39.02 亿元。浙江将再建 1000 万亩（约

66.67 万 hm²）高标准农田，通过土地整治和高标准农田建设新增耕地 50 万亩（约 3.33 万 hm²），整治复垦农村建设用地 20 万亩（约 1.33 万 hm²）。

另外，浙江省政府办公厅已下发文件，全面开展实施全域土地综合整治与生态修复工程，浙江将实施 130 个全域土地综合整治与生态修复工程项目。特别是对农村零、散、乱、旧的村庄将进行拆并归并、存量建设用地复垦，这样既盘活了农村闲置建设用地，又保障了城镇建设用地需要，减轻了占补平衡的压力，推动了新型城镇化和新农村建设。此外，全省将严格执行永久基本农田及示范区选址论证制度，严格控制建设项目占用永久基本农田，进一步落实耕地保护补偿机制和改进耕地占补平衡管理办法。永久基本农田及示范区一经划定，任何单位和个人不得擅自占用或改变用途，示范区和粮食生产功能区要保持农地姓农、粮田姓粮。重大建设项目选址确实难以避让永久基本农田的，要按规定逐级上报国务院批准经依法批准占用永久基本农田的，建设占用耕地缴费标准按照当地耕地开垦费最高标准的两倍执行；占用示范区的，按三倍执行。

3）农业土壤生态环境管理对策

（1）加强政府重视程度，采取综合性污染防治

政府相关部门应加强政府对农业土壤环境的重视程度，完善农业土壤生态环境的专项立法，明确法律责任主体，在防范制度、污染物排放和惩罚力度等方面有明确且有效的规定，全方位完善生态环境评价体系和监管力度，呼吁全社会各方面的力量，共同保护农业土壤生态环境。在设施农业发展下，农业土壤污染也日益严重，政府应呼吁农民和其他农业生产者在农业生产中注重对土壤污染的综合治理，首先要有针对性地进行施肥，根据土壤环境和农作物生长特点合理配比肥料，避免盲目、大量使用化肥，造成农业土壤污染，同时也保证了农作物的产量和质量；其次要避免单一种植农作物，合理轮作生产，例如水旱农作物轮作，蔬菜和水果的轮作等；最后，还可以利用一些工程措施进行补救，如利用客土的方法改良农业土壤的环境，利用生石灰等土壤改良剂对农业土壤进行定期消毒，在耕地的 50cm 处埋暗管进行盐水排放。[132]

（2）普及科学耕种知识，提升耕种农民环保意识

传统农业一些不科学的耕种方式会造成水土流失和农业土壤有机质含量下降，随着经济社会的发展和环境保护的紧迫性，保护性耕种显得尤为重要。保护性耕种即同时满足农业生产和农业土壤保护，传统的农业耕种模式，很难完成土壤改良，而保护性耕种不仅可以减少水土流失，降低风蚀和水蚀的危害，还符合节水农业的要求，增加农业土壤有机质，降低农民劳动强度。相关基层政府部门应加大宣传力度，大力宣传循环经济和生态农业，贯彻实施习近平总书记"绿水青山就是金山银山"思想，强化农民的法律意识和环保意识，引导他们多多关注土壤生态环境问题，宣传可持续发展战略对于农村和农业生产的重要性。其次，相关基层政府部门还应组织专业技术人员，在化肥农药的合理

使用、秸秆回收和深耕轮作方面给予专业的技术指导。此外，还应明确奖惩措施，对于科学耕种，保护农业土壤生态环境的农民要树典型、标榜样，必要时也可给予一定的物质奖励。

（3）完善耕种基础建设，丰富污染防治策略

农村耕种基础建设是农民进行保护性耕种的重要基础，耕种基础建设不完善，也会影响农业土壤的生态环境。在灌溉方面，发展灌溉技术化、科学化，有力解决灌溉难题；在梯田耕地方面，完善水平梯田建设，确保土层厚度；在耕种导致水土流失较为严重的农业土壤部分，可以视具体情况进行退耕还林；此外，在一些特殊生态系统中，可以按照保护类型，针对性地建设农业生态系统自然保护区。对于农业土壤污染的防治，还应兼顾多方面。例如，适当地在农业土壤周围进行植树造林，保护土壤，防治土壤沙化；混合使用有机肥料和化学肥料，既改良土壤质量，又提升经济效益；充分利用生物修复法，如蚯蚓、微生物和鼠类等，有效修复农业土壤生态环境。

（4）建设生态农业系统，发展农业循环经济

农业循环经济能够有效地提高资源的利用率，减少废物排放，保护农业土壤生态环境，关键在于循环和有效两个方面。相关政府部门应加强宣传和引导力度，制订符合当地土地特点和经济特点的农业循环经济规划，使政府、企业和农民都能够意识到农业循环经济的重要性和必要性，逐渐改善传统农耕中"高污染、高排放、高能耗、低效率"的缺陷。逐步培养农业循环经济相关人才，强化制度建设，完善激励保障机制，充分体现"创新、协调、绿色、开放、共享"的发展理念。

### 2.4.3　农田生态修复典型案例

**1. 浙江杭州西湖区双浦镇全域土地综合整治与生态修复** [①]

1）概况

2018 年 10 月，习近平总书记对浙江"千村示范、万村整治"工程作出重要批示："浙江'千村示范、万村整治'工程起步早、方向准、成效好，不仅对全国有示范作用，在国际上也得到认可。要深入总结经验，指导督促各地朝着既定目标，持续发力，久久为功，不断谱写美丽中国建设的新篇章。" [②] 2017年开始，杭州市率先实施乡村全域土地综合整治与生态修复。针对乡村耕地碎片化、空间布局无序化、土地资源利用低效化、生态质量退化等多维度问题，杭州市西湖区双浦镇试点全域土地综合整治，在国土空间规划的引领下，进行全域规划、整体设计、综合治理、多措并举，用"内涵综合、目标综合、手段

---

① 资料来源：自然资源部国土空间生态修复司 2021 年发布的《中国生态修复典型案例集》。

② 新华社. 中共中央办公厅　国务院办公厅转发《中央农办、农业农村部、国家发展改革委关于深入学习浙江"千村示范、万村整治"工程经验扎实推进农村人居环境整治工作的报告》[OL]. 中国政府网，2019-03-06.

综合、效益综合"的综合性整治手段，统筹农用地、低效建设用地和生态保护修复，促进耕地保护和土地节约集约利用，解决一二三产融合发展用地，改善农村生态环境，助推乡村振兴，实现了"绿水青山"的综合效益，不仅让农村的青山绿水更加美丽，也为新农村发展带来了新引擎。

2）存在问题

西湖区双浦镇地处钱塘江、富春江、浦阳江三江交汇处，由于区域位置所限，长期以来在梯度转移中始终处于被动地位，经过多年发展，村镇仍保留传统农村形态，存在着各种典型的城乡接合部土地管理利用问题。例如，耕地保护碎片化：主要道路两侧及钱塘江沿岸大面积土地处于抛荒状态，被各类堆场、废品收购、生产小作坊侵占；村庄建设无序化：农村建设用地不仅利用粗放低效、用地结构不合理，而且布局散乱无序，在中、东部地区沿江沿浦线性分布、在西部山区沿山谷、道路、河流点状分布，可谓是"只见新房，不见新村"，沿山沿路、房前屋后、院内院外违法建筑随处可见，管理混乱无序；低端产业引起环境恶化：灵山脚下连片的甲鱼养殖场产生大量废水排放氨氮、总磷含量远远超标，严重影响周边河道水质，受下游潮水顶托和上游大坝拦截，富春江北支江淤塞断流长达 41 年，区域内农业面源污染严重，加之生活污水排放，河水逐年发黑发臭。

3）生态修复措施

双浦镇全域土地综合整治与生态修复工程充分挖掘当地特色自然资源，坚持"真保护、实恢复、强管理、优利用、快实施"发展战略，坚持全域规划，以优化生产、生活、生态空间格局夯实乡村振兴基础；坚持全要素整治，以"山水林田湖草是生命共同体"理念激发乡村振兴活力；坚持全产业链发展，以创新"土地整治＋"模式释放乡村振兴潜能。

（1）农村人居环境提升

实施 21 个村美丽乡村建设，周浦、袁浦小城镇环境综合整治，通过立面整治、庭院改造、道路提升、打造景观节点，自来水及燃气管道入户、污水管网接户、电力"上改下"等基础设施建设，彰显"一村一品、一村一景、一村一业、一村一韵"（图 2-24）。

图 2-24 小城镇环境综合整治前后对比图（图片来源：自然资源部国土空间生态修复司《中国生态修复典型案例集》，2021）

（2）农田生态系统改造

通过清洁田园行动，清理各类堆场、堆积物、废品收购点，拆除甲鱼养殖场，消除乱搭乱建等现象。通过水田垦造行动，统筹推进高标准农田建设、旱地改水田等农田基础设施建设，在杭州市主城区实现垦造水田零的突破。通过生态型土地整治行动，从选址立项到设计、实施、监管、后期管护贯穿生态环保和节能减排理念，采取生态环保的生态沟渠等工程技术措施，保持和维护农田生态系统平衡，保护生物多样性（图2-25）。

图2-25　甲鱼塘整治前后对比图
（图片来源：自然资源部国土空间生态修复司《中国生态修复典型案例集》，2021）

（3）河道水系整治

采取治水剿劣行动，打通23条断头河，提升改造30条劣Ⅴ类河道；实施富春江北支江疏浚工程，建成社井配水泵站及沉砂池、沿山南渠输水渠道；采用生态护岸，种植各种水生、湿生植物，营造有利于鸟类及陆生动物生存繁衍的水生生态环境，改善动物、微生物和无机环境在内的整个自然环境结构（图2-26）。

图2-26　富春江北支江疏浚工程前后对比图
（图片来源：自然资源部国土空间生态修复司《中国生态修复典型案例集》，2021）

（4）废弃矿山生态修复治理

开展废弃矿山生态修复治理，采用修整、复绿、挂网保护等手段，完成西山、下羊废弃矿山及新塘废弃矿山治理，展现出青山相拥、绿水环绕、人与自然和谐共生的迷人风采，初步形成了生态环境和生态经济良性互动的生态建设保障体系，实现生态效益、经济效益、社会效益"三赢"（图2-27）。

图 2-27 矿山生态修复前后对比图
（图片来源：自然资源部国土空间生态修复司《中国生态修复典型案例集》，2021）

（5）现代农业产业发展

按照"三权分离"原则，流转土地 3.7 万亩（约 2466.67hm²），发展现代农业、都市农业、精品农业，双浦现代农业产业园全面建成开放。依托美丽乡村和美丽小城镇资源禀赋，探索"田园综合体 + 特色小镇"产业新模式，遵循乡村自然风貌肌理，促进农业产业生态化（图 2-28）。

图 2-28 双浦现代农业产业园
（图片来源：自然资源部国土空间生态修复司《中国生态修复典型案例集》，2021）

4）成效

西湖区双浦镇在开展全域土地整治与生态修复过程中树立正确生态观，统筹山水林田湖草系统治理，贯彻绿色发展理念，将土地整治目标由耕地的"增地提等"转向系统保护修复城乡生态空间等综合目标，整治效益由完成耕地保护任务转向激发城乡接合部地区发展内生动力，交出了环境、生态、保护、民生、经济"五本账"，打造出生态富美、资源共享、城乡共富的"千万工程"新样板。

一是环境账。环境"脏乱差"现象全面消除，累计拆违 298 万 m²，立面整治 4164 户、庭院改造 9993 户、道路提升 1388 条、新增公共绿化 220 万 m²，打造景观节点 376 个，安装监控 1995 路。城乡一体化管理逐渐落实，农村地区外来人口得到了疏解，居民生活方式发生了转变，安全隐患大大减少，城乡接合地变成了"大花园"，整个区域环境面貌发生蝶变。

二是生态账。大力实施生态修复工程，改善生态环境，水体自净和区域生物多样性大幅提升，水清岸绿、白鹭栖息的美景再次重现。废弃矿山得以修整、复绿、挂网保护，整理出建设用地 1400 余亩（约 93.33hm²），不仅提升了"颜值"，更大大降低了发生地质灾害的可能。

三是保护账。通过土地整理，新增耕地 3300 余亩（约 220hm²），旱改水和耕地质量提升 4300 余亩（约 286.67hm²）。全面清理各类堆场 677 处、堆积物 135 万余吨，拆除甲鱼塘 1 万余亩（约 666.67hm²），清理废品收购点 94 处，违建 67 万方，最大限度地保护了耕地，恢复了土地原有属性。土地管理全面加强，涉土信访积案全部化解。双浦地区的卫片图斑比例从连续 3 年超出 15% 被问责，下降到 3% 以内。

四是民生账。农村面貌发生翻天覆地的变化，村庄内外整治干净、环境优美，水、电、气等全部进村入户，村内道路拓宽一倍、路网通达，乡风文明和睦，治安案件发案量下降了 32%，群众的居住环境彻底改善，生活品质大幅提升。

五是经济账。农民收入增加，房租、地租和劳动力收入数倍增长，实现"减房不减财、减人不减收"。集体经济壮大，在村集体原有物业出租收入的基础上，增加了现代农业、10% 留用地开发、休闲旅游产业等多种收入，全面消除经济薄弱村。通过"土地整治+都市现代农业""土地整治+乡村旅游产业""土地整治+城乡融合发展"打造一二三产融合发展新模式。2019 年，灵山风情小镇累计接待游客达 20 余万人，有效带动了景区内农家乐、民宿等乡村经济业态发展，商业配套服务由原先的 37 家增加至 200 余家，景区生态、社会、经济效益增长明显，农旅产业融合在振兴乡村经济方面的作用得到了较好验证（图 2-29）。

图 2-29　双浦镇全域土地综合整治与生态修复全景
（图片来源：自然资源部国土空间生态修复司《中国生态修复典型案例集》，2021）

**2. 北京市海淀区上庄地区乡村田园景观改造**①

1）概述

项目位于北京市海淀区上庄镇。根据《北京市城市总体规划（2016—2035 年）》，项目地属于北京市第二道绿隔郊野公园环，应构建以郊野公园和生态农业为主的环状绿化带。项目亦属于海淀区北部生态科技绿心的田园牧歌景区，是联通稻香湖公园、翠湖湿地公园、故宫北院，构建南沙河滨水绿廊和海淀北部绿心的重要休闲游憩节点。规划以京西稻文化为核心，发展农耕观光和休闲游憩产业，提升环境品质和生活水平（图 2-30）。

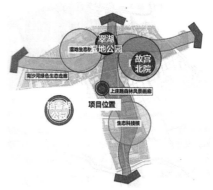

图 2-30 项目位置
（图片来源：中国城市规划设计研究院《园境——中国城市规划设计研究院园林景观规划设计实践》，2021）

京西稻俗称"御稻米""京西贡米"，原指玉泉山和颐和园用米，由康熙、乾隆亲自引种选育、推广种植，并用玉泉山泉灌溉，供皇室食用的稻米，距今已有 300 多年的历史。现已列入海淀文化遗产项目，成为海淀的特色名片。

稻香云林与京西稻稻田、稻香小镇、农庄环绕，稻田弥望，平林蓊郁，远山起伏，宛若一幅天然的田园画卷。十月稻米成熟，稻穗金黄饱满，清风徐来，黄云翻滚，稻香沁人。

这里还可以体验插秧收割、摸鱼钓蟹、认养菜园、喝茶品粥、自制豆芽等农事生活的乐趣和自在。

每到稻田播种插秧的季节，都会吸引白鹭等 10 多种野生鸟类来此栖息捕食。

2）问题（图 2-31）

（1）地块原为农田稻地，2000 年退耕还林，经过 20 年生长，现状存在林相单一、密度高、土壤板结等问题。

（2）缺少停留休息、游憩科普场地和设施。

（3）作为京西稻田游览的补充，延续海淀北部云林水态的景观印象，打造突出京西稻文化、体现海淀田园乡村特色的游憩风景林。

———————————
① 案例来自中国城市规划设计研究院 2021 年发布的《园境——中国城市规划设计研究院园林景观规划设计实践》。

图 2-31 退化森林（左图、中图）
（图片来源：中国城市规划设计研究院《园境——中国城市规划设计研究院园林景观规划设计实践》，2021）

图 2-32 林下补植耐阴植被（右图）
（图片来源：中国城市规划设计研究院《园境——中国城市规划设计研究院园林景观规划设计实践》，2021）

3）生态修复措施（图 2-32）

（1）保留高树茂林风貌、伐除枯死木、开辟林窗，形成疏林草地。

（2）生物互生、增加群落层次、丰富植物种类、补充功能等低干扰更新抚育措施。

（3）面向稻田布置观景平台和廊架，进行观稻、休闲、科普活动。

（4）林间布置木平台、栈道、环路、停车场等，开展游憩、野餐、露营等活动，体验京西稻文化，同时提高生物多样性和观赏性。

4）成效（图 2-33 ～图 2-35）

项目带动了休闲游憩产业发展，提升了居民生活品质，突出了地域文化，彰显乡村景观特色。

项目地从衰退的速生林、斑驳光秃的空间，变成亭廊佳构、观稼畅远、春花秋叶、四时不同、大树草地、悠游嘉和的游憩风景林。观稻平台和茅草廊架引人停留驻足、眺望田园、体味乡愁，疏伐的林窗和疏林草地阳光散落，补植地被和林缘景观为项目地带来了丰富的色彩。

图 2-33 林田风光（左图）
（图片来源：中国城市规划设计研究院《园境——中国城市规划设计研究院园林景观规划设计实践》，2021）

图 2-34 观赏林缘（右图）
（图片来源：中国城市规划设计研究院《园境——中国城市规划设计研究院园林景观规划设计实践》，2021）

图2-35 休闲游憩
（图片来源：中国城市规划设计研究院《园境——中国城市规划设计研究院园林景观规划设计实践》，2021）

不论平日或周末，周边居民或散步健身，或亲子游玩，或草地露营，或摄影小憩。乡村田园景观改造全面提升了生态系统、景观品质、游憩功能，突出乡村景观特色，增强京西稻文化体验，营造了富有诗意的稻香田园风景。

# 2.5 困难立地生态修复

## 2.5.1 困难立地概述

### 1. 困难立地的概念和种类

困难立地的提法主要来自林学专业，指造林困难的立地类型。这种立地类型的地区往往有着植被稀少、土壤侵蚀强度大、交通不便、生态条件脆弱等特点，在这些地方需要投入大量资源去改良土壤，同时辅助一些工程技术手段才能完成造林绿化。我国常见的困难立地类型有石漠化土地、采矿迹地、尾矿堆积场、风沙侵蚀土地、高陡荒坡、坍塌滑坡泥石流堆积地区、沿海、重污染土地、芒草地等。困难立地的生态恢复与重建，不是简单粗暴式的开发，更不是被动的适应，应是以人类活动和自然环境生态过程之间的关系为立足点，以追求区域总体关系的和谐，功能的协调为目标进行研究。[133] 本文中将重点介绍盐碱地、沙化土地和石漠化土地的生态修复。

### 2. 困难立地成因和危害

1）成因

盐碱地是盐类集积的一个种类，是指土壤里面所含的盐分影响到作物的正常生长，根据联合国教科文组织和粮农组织不完全统计，全世界盐碱地的面积为 9.5438 亿 $hm^2$，其中我国为 9913 万 $hm^2$。我国碱土和碱化土壤的形成，大部分与土壤中碳酸盐的累积有关，因而碱化度普遍较高，严重的盐碱土壤地区植物几乎不能生存。

沙化土地，干旱地区因土壤开发利用不当，植被破坏，造成表土风蚀、土壤生产能力降低的现象。主要影响因素有气候变化、开荒、过度放牧、不合理地中药材挖采和树木砍伐，水资源利用不合理等。

石漠化，亦称石质荒漠化。是指因水土流失而导致地表土壤损失，基岩裸露，土地丧失农业利用价值和生态环境退化的现象。石漠化多发生在石灰岩地区，土层厚度薄（多数不足 10cm），地表呈现类似荒漠景观的岩石逐渐裸露的演变过程。

2）危害

困难立地缩小人类生存和发展空间，造成严重的经济损失，土地生产力严重衰退，加剧了生态环境的恶化。如果不对其进行修复，将日益恶化，造成土地的浪费，破坏生态环境，给人们的健康带来很大影响。由于困难立地自然条件恶劣，水分和土壤营养成分缺乏。树木成活需较强的抗逆性，才不会因恶劣的环境致死。因此采用以往植苗和直播种等方法，存活率低下，很难达到造林的效果。

## 2.5.2 困难立地修复方法与技术

### 1. 困难立地修复流程

首先，对沙化、石漠化地区进行综合调查。然后，因地制宜选择治理模式，对于轻度退化地区采取自然修复方式，对于重度退化地区采取人工修复方式。修复过程中，开展全生命周期监测、评估和管理，及时改进和调整修复技术，直到群落演替到顶极阶段，详见图 2-36。

### 2. 困难立地的监测、调查与评估

1）沙化土地监测

沙化土地监测的目的是掌握某一时期沙化土地的现状及不同时期动态变化信息，为国家和地方制订防沙治沙政策和规划，以及保护、改良和合理利用土地资源提供科学依据。沙化土地监测的任务是查清各类型沙化土地和具有明显沙化趋势的土地的分布、面积、程度和动态变化情况；分析自然和社会经济因素对土地沙化的影响，对土地沙化状况、危害及治理效果进行分析评价。

沙化土地监测应采用地面调查与遥感数据解译相结合，以地面调查为主的

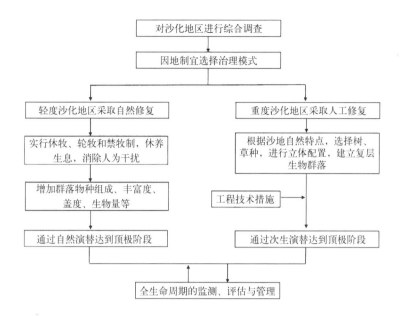

图 2-36 沙化土地修复流程
（图片来源：改绘自彭少麟等《恢复生态学》，2020）

技术方法，即先在室内利用遥感数据区划图斑，再到现场调查监测因子和修正图斑区划界线。监测范围较小时，亦可单独采用地面调查的技术方法。

监测内容主要包括土地沙化属性和沙化土地状况。包括监测范围内的沙化土地类型、程度、土地利用类型、土地沙化成因、沙化土地治理状况及可治理状况等。[134]

2）沙化土地分级分类

按照沙化属性划分为沙化土地、具有明显沙化趋势的土地和非沙化土地 3 个类型。

（1）沙化土地

沙化土地划分为流动沙地（丘）、半固定沙地（丘）、固定沙地（丘）、露沙地、沙化耕地、非生物治沙工程地、风蚀残丘、风蚀劣地和戈壁 9 个类型。

沙化土地程度划分为轻度、中度、重度、极重度 4 个等级。

（2）具有明显沙化趋势的土地

由于土地不合理利用或水资源匮乏等因素导致的植被严重退化，生产力下降，地表偶见流沙点或风蚀斑，但尚无沙堆分布的土地。

（3）非沙化土地

监测范围内除沙化土地和具有沙化趋势的土地以外的其他土地。

**3. 困难立地修复技术**

1）丰富造林树种

我国具有国土资源丰富的优势，因此我国也是造林困难区域面积最大的国家，通过丰富造林树种能有效改善我国植被覆盖情况。如广灵县立地条件较差，境内山峦叠伏，沟壑纵横，植被稀少，水土流失严重，当地有关部门为增加植被覆盖面积，不但强化对现有乡土树种资源杨树、落叶松、油松、白桦、白榆等树种的保护，还大面积营造以落叶松、油松、樟子松等针叶树纯林和落叶松、油松、樟子松、白蜡、白榆等针阔混交林，极大提升了森林生态系统的稳定性。[135]

2）树种育苗处理

一般来说，林木育苗是林业建设和发展的基础，精良的育苗技术能有效提升林苗的成活率。[136]传统的林业育苗技术在困难立地造林的应用中呈现了林苗与土壤环境存在较大的不适应性，林苗死亡率较高。新型林苗培育技术改良了传统林苗培育容器，以无纺布为新型根系容器材料，大大提升了林苗成活率。当前我国林业具有广阔的林业前景，桂阳县引进的油茶轻基质苗培育及造林应用技术育苗成活高、成本低、生长快，幼苗合格率达到60%，造林成活率高达93.7%，该育苗技术比传统的二步法节省了50%的人工，为解决困难立地造林难题提供了新思路，也为其他区域的林种培育提供了发展路径。[137]

平衡根系容器育苗技术是指采用透根材料制成容器，在里面添加天然有机育苗基质后，悬空播种育苗，让根系自由生长，当苗木根系伸出容器壁后，伸出的部位被切断，会在切断处形成大量愈伤组织，移植时连同容器一起埋入土，形成的愈伤组织会呈现爆发式再生成根生长点，多用于乔、灌、藤树种的扦插苗、组培苗、播种苗的繁育，得到发育完整均衡的苗木根系，实现了苗木根生长可控和移栽成活率高等特点。这项技术已成功用于我国东部沿海滩涂和石质山地等困难立地造林中。[138]

3）培育抗旱苗木

培育抗旱苗木技术用于提高造林成活率，在苗木培育时逐渐改变生长环境，使之与欲移植的困难立地相似，提高苗木对陌生环境的适应能力，同时喷湿化学药剂，如无机化学药剂磷酸二氢钾和氯化钾等，有机酸类苹果酸、柠檬酸和脯氨酸等，蒸腾抑制剂和叶面抑蒸保温剂，还有橡胶乳剂十六醇等。从而驯化苗木适应干旱环境能力，减少植物体内的水分蒸腾带来的植物死亡，延长了在干旱环境下的存活期限。

4）森林植被恢复技术

①改变地形

所谓的地形改造就是通过一些手段改变小地形，有利于植物的种植或植物的存活生长。如用炸药爆破造林，就是炸出一定规格的深坑，在里面填入营养土，种植上苗木的一种造林方法。这种方法可以改变小地形，松土范围得到扩大，土壤理化性质得到改善，而且把径流截留下来，增强土壤蓄水保土能力，提高工作效率减轻劳动强度，提高造林成活率。困难立地造林本质是增加植被盖度，原生植物的保留可保持地表粗糙度，减轻风沙和日光对土地的破坏。爆破造林可应用于位置重要的景点处，旅游线两侧及名胜古迹周围和贫瘠的岩石地区。

山地可以采用压砂方法，就是在新栽的小树周围铺盖上较少砂石，对土壤起到渗水又透气的永久性薄膜作用，克服了山地因多年不耕土壤结构简单孔隙粗直的缺点，不仅就地取材经济耐用，而且起到保温保湿，减少地表水蒸发和蓄水保墒的作用。这种方法不破坏原生植物，不受地形限制和水源的约束，可以取得更好的效益。

②封山育林

封山育林技术是对林业建设外部环境施加一定的干预，以林木的天然更新能力和植被的自然更替理论为基础进行的植被恢复技术。依靠林业系统天然能力恢复的植被与人工建设恢复的植被相比具有更高的风险抵御能力和系统稳定性，该技术在我国大面积的困难立地造林区域中已经被广泛应用。封山育林技术在恢复森林植被中的应用是一种回归本源的林业技术，将人类活动对森林系统的干扰进行了屏蔽，有利于林业的长期发展。[138]

③集水造林

集水造林技术是在水资源匮乏的地区通过合理的人工调控措施对有限的天然水资源进行再分配，在时间和空间上最大限度来满足林木生长的水量平衡。集水造林技术以水分平衡理论为基础，在困难立地造林区域中应用该技术不仅能促进林木的生长，增加植被覆盖面积，还能改善土壤的储水环境，提升了雨水的利用率，降低了水土流失风险。以新疆塔城盆地砾石戈壁地区造林为例，集水造林技术利用冬季积雪和春季融雪水，采用深沟集水和秸秆覆盖土保墒措施实现了干旱区砾石戈壁造林地的集水、保墒和节水，解决了干旱区砾石戈壁地造林的关键技术问题。再如采用截径流技术，采用拦截多水季节的水来供缺水季节的措施来发展林业。集水育苗抗旱造林技术虽然在实际应用中存在着较多的局限，但在许多水资源匮乏地区已经取得了成效，该技术也必将随着科学技术的发展获得进一步的提高完善。[139]

④覆盖造林

覆盖造林技术是指通过外部设施覆盖，改变林木根系生长环境的技术。该技术通过有效的外部干预实现了精准控温、控湿，保证了林木在低温、干旱等不良环境中的正常生长，有利于我国大规模造林工作的开展。大同市多年平均气温6.4℃，对育苗和营造林都有很大的局限性，且苗木生长量不高。目前在育苗和造林过程中已经推广应用了地膜覆盖技术，起到保温保湿作用，育苗出苗率和造林成活率明显提高，经过覆盖的林木幼苗在后期生长过程中也展现了较强的个体稳定性。

5）土壤改良技术

在盐碱地改良方面主要推广的改良实用技术有：选种耐盐作物、地面覆盖、挖排水沟排涝排盐、表土排盐、客土换沙、增施有机肥、合理施用化肥、秸秆还田、平整土地等。这些实用技术的研发和推广，加快了盐碱荒地开发利用及高新技术研究步伐，加快了科技成果的转化利用，同时，为农民合理种植提供了科技指导，促进了农业节本增效和农民增收，加速了盐碱荒地开发利用科技成果的转化和产业化进程。

**4. 库布齐沙漠治理效果评价**

库布齐沙漠位于鄂尔多斯高原北部边缘、黄河南岸，总面积 1.86 万 km²，是我国第七大沙漠，这里曾经寸草不生，风沙肆虐。经过 30 多年，治理面积达 6460km²，绿化面积逾 3200km²，库布齐沙漠生态环境明显改善，生态资源逐步恢复，沙区经济不断发展，创造了绿进沙退，大漠变绿洲的奇迹，走出了一条立足中国，造福世界的沙漠综合治理之路，被联合国确认为"全球经济示范区"。

在库布齐沙漠治理过程中探索出"政府政策性主导、企业产业化投资、农牧民市场化参与、科技持续化创新"四轮驱动的"库布齐沙漠治理模式"，孕育并形成了"守望相助、百折不挠、科学创新、绿富同兴"的"库布齐精神"，实现了生态效益、经济效益和社会效益的有机统一。

治沙一刻不止，创新一日不停。在库布齐沙漠治理的长期实践中，以亿利集团为代表的治沙龙头企业探索出了迎风坡造林、微创植树、甘草平移栽种、苦咸水治理与综合利用、光伏提水灌溉、原位土壤修复、大数据和无人机治沙等 100 多项沙漠生态创新技术成果，研发培育出了沙柳、柠条、杨柴、花棒等 1000 多种耐寒、耐旱、耐盐碱的植物种子，建成了我国西部最大的沙生灌木及珍稀濒危植物种质资源基地，建立了旱地节水现代农业示范中心、智慧生态大数据示范中心、恩格贝沙漠科技中心等一系列国际领先的示范中心。

在长年的沙漠综合治理过程中，鄂尔多斯涌现出了张喜旺、莫日根道尔计、敖特更花等一批防沙治沙先进个人。他们克服了难以想象的困难，用自己的双手在沙漠中种下绿色、书写希望。灼灼烈日，猎猎狂风，一脚一沙坑，几代鄂尔多斯人用自己的坚守和执着，让绿色在鄂尔多斯大地上徐徐延展。

鄂尔多斯把防沙治沙与产业发展相结合，以林业重点工程为依托，大力推进沙柳、柠条、杨柴、沙棘、山杏等原材料基地建设，同时依托生态建设形成的良好自然环境和独具特色的人文、地理环境，建成响沙湾、七星湖、恩格贝等生态旅游景区 20 多处。大批企业治沙、开发林沙资源，带动了库布齐沙区由单纯治沙向生态建设与生态经济发展并举转型，形成了一定规模的生态产业体系。[140]

"库布齐沙漠治理模式"成为可借鉴、可复制、可推广的防治荒漠化模式，并获得了国际社会的广泛认可，成为中国走向世界的一张"绿色名片"（图 2-37）。

图 2-37　库布齐沙漠治理效果
（图片来源：见本章参考文献 [140]）

### 5. 困难立地生态修复项目和管理策略

1）巴彦淖尔市五原县 5 万亩（约 3333.33hm²）盐碱地改良试验示范项目

富饶的巴彦淖尔市虽然有"塞上江南"之美誉，但盐碱化耕地面积较大，达到 484 万亩（约 32.27 万 hm²），占总耕地面积的 46%，成为制约"三农"工作的主要瓶颈。

巴彦淖尔市属于黄河冲积平原，北为阴山山脉，南为鄂尔多斯高原，东邻包头，西邻阿拉善高原，地势显著低于周边地区，地形形成陷落盆地。同时地面坡度平缓，地下水径流排泄不畅，容易造成积水，抬升地下水位。干旱、半干旱气候条件下，降雨量少而蒸发异常强烈，地下水排泄方式为垂直蒸发型，盐随水来，水去盐存，造成地表积盐现象严重。河套灌区位于我国干旱的西北高原，降雨量少，蒸发强烈，长期引黄河水灌溉。黄河水平均矿化度为 0.6g/L，如果以灌区年引水量 45 亿 m³ 算，年引入灌区盐量为 270 万 t 左右，以近年平均排水量 5.97m³、平均矿化度 2.16g/L 计算，灌区总排盐量为 128.6 万 t，每年有 140 万 t 左右盐分滞留在灌区。

项目选择河套地区盐碱地面积最大、类型最全、改盐技术最扎实的五原县开展盐碱地改良试验示范。五原县拥有耕地 230 万亩（约 15.33 万 hm²），其中不同类型的盐碱地 123 万亩（约 8.20 万 hm²），占全县耕地面积的 53%。项目区涉及轻度、中度、重度和盐荒地等不同程度的盐碱地 5 万亩（约 3333.33hm²）。在通过项目建设探索出盐碱地改良的技术路径，探索出盐碱地改良的多种合作模式，以及多种经营模式。

项目建成后，将努力实现园区建设和农民、产业、品质品牌、美丽乡村、品位提升"五个结合"。全力打造盐碱地改良样板区、农村三产融合发展样板区、乡村振兴样板区，为全区乃至全国大面积实施盐碱地改良累积经验、作出

图 2-38　巴彦淖尔 5 万亩（约 3333.33hm²）盐碱地改良试验示范项目（图片来源：作者自摄）

示范（图 2-38）。

2）管理策略

改善植被覆盖情况已经成为当前阶段我国的重点生态工作之一。就困难立地造林而言，林木生长的后期维护工作是建设的重中之重，妥善的后期维护能提升植被覆盖的长期有效性。不同区域的林业发展负责人应根据困难立地区域面积，详细规划后期维护工作，并针对不同困难立地区域类型制订专项维护计划，加强林业技术人员管理，将造林工作发展作为长期工作。改善困难立地林业建设现状，增加植被覆盖面积是解决该问题的有效措施之一。

### 2.5.3　困难立地生态修复典型案例

**1. 右玉县荒漠化防治**[①]

1）概况

山西省右玉县地处毛乌素沙漠边缘，气候干燥，温差较大，无霜期短，全县平均海拔 1400m，全县国土面积 1969km²，辖 4 镇 4 乡 1 个风景名胜区。70 多年来，历任县委、县政府领导同志"一任接着一任干，一张蓝图绘到底"，秉承"换届不换方向，换人不换精神"的原则，将"绿色接力棒"代代相传，带领右玉人民苦干、实干，将昔日的"不毛之地"，变成了今日的"塞上绿洲"。该县先后荣获三北防护林建设先进县、全国治沙先进单位、三北防护林工程建设突出贡献单位、全国绿化模范县、全国绿化先进集体、国土绿化突出贡献单位、关注森林 20 周年突出贡献单位等多项国家级荣誉，成为国家级生态示范区、"绿水青山就是金山银山"实践创新基地、全国防沙治沙综合示范区。

2）存在问题

中华人民共和国成立之初，全县仅有残次林 8000 亩（约 533.33hm²），林木绿化率不足 0.3%，土地沙化面积占到 76%（图 2-39），生态环境恶化，自然灾害频发，农业生产发展缓慢。

3）生态修复措施

（1）稳步有序提高林木植被盖度

在把握塞北高寒风沙地区植树造林的特点和规律的基础上，在不同的年代确定了不同的思路和机制。20 世纪 50 年代"哪里能栽哪里栽，先让局部绿起来"，拉开了生态建设的序幕；20 世纪 60 年代"哪里有风哪里栽，要把风沙锁起来"，突出风沙治理，打响了大战黄沙洼、总攻老虎坪等一系列防沙治沙

① 案例来自自然资源部国土空间生态修复司 2021 年发布的《中国生态修复典型案例集》。

图 2-39 中华人民共和国成立初期的右玉地貌
（图片来源：自然资源部国土空间生态修复司《中国生态修复典型案例集》，2021）

战役（图 2-40）；20 世纪 70 年代"哪里有空哪里栽，再把窟窿补起来"，加强了防护林体系建设；20 世纪 80 年代坚持"适地适树合理栽，又把三松引进来"，注重提高造林质量；20 世纪 90 年代实施了"乔灌混交立体栽，绿色屏障建起来"，引入了立体造林的理念；进入 21 世纪，按照"山上治本立体化、身边增绿园林化、生态致富产业化、环境保护社会化"的思路，突出生态、经济、社会综合效益，全面加快林业建设由"绿"变"富"步伐。2020 年，率先实现了全县域宜林荒山基本绿化目标。

（2）持续提升通道绿化档次

以境内的苍头河（图 2-41）、李洪河、杀虎口等景区干道为轴，以高速公路和国道等交通主干线为框架，坚持"路修到那里，树就栽到那里，生态就延伸到那里"，在沿线两侧营造护岸、护路林带，形成了高低错落、功能各异的生态植被系统，构筑起了以"绿化带、生态园、风景线、示范片、种苗圃"相结合的生态网络大框架。

（3）加快建设生态宜居家园

图 2-40 松涛园、黄沙洼林区
（图片来源：自然资源部国土空间生态修复司《中国生态修复典型案例集》，2021）

围绕"城在林中、林在城中、一街一景、一路一品、错落有致、特色鲜明"的建设目标，大力建设森林景观，构建起城乡一体、多层次、立体化的生态屏障。按照自然、生态、现代、宜居的城市发展理念，开展环城绿化，建设

图 2-41 苍头河修复前后对比
(图片来源：自然资源部国土空间生态修复司《中国生态修复典型案例集》，2021)

园林式企业、公园式生活区。结合乡村振兴建设，实施"一乡一条路、一村一片林、人均一棵树"造林绿化工程，在乡镇公路两旁、村庄空闲地、房前屋后、庭内院外植树造林、改善环境。

（4）全力巩固生态建设成果

多措并举植绿、兴绿、爱绿、护绿，依法守好荒漠化治理成果。全县聘用专职护林员 838 名，为重点林区护林员配备 GPS 巡检仪 70 部，乡乡设立管护站，村村配备护林员，层层签订《管护协议书》，形成了山山有人看、处处有人管的防护格局。重点林区和新造地实行封山禁牧，推广舍饲养殖，有效解决了保护生态与发展畜牧养殖业的矛盾，走出了一条以牧带林、以林促牧互利共赢的可持续发展道路。

4）生态修复成效

经过不懈努力，全县沙化土地得到有效治理，林木绿化率达 57%，草原综合植被盖度达 67%，城市建成区绿地率 43.7%（图 2-42）；沙尘暴天数减少了 80%，地表径流和河水含沙量比造林前减少 60%，田间林网水分蒸发量比旷野年平均减少 8.8%；环境空气质量优良天数达到 322 天。

依托 168.62 万亩（约 11.24 万 $hm^2$）林地资源积极发展经济林、苗木、生态游等绿色生态产业。12 家沙棘加工企业年产沙棘果汁、原浆、罐头、果酱、酵素等各类产品 3 万多吨，产值 2 亿多元，每年采摘沙棘果 5000t 左右，销售额 3000 万元，形成了产供销为一体的经济林产业链；全县育苗面积 5.67 万亩（约 3780$hm^2$），形成了晋北地区最大的樟子松苗木产出基地；依托优美的生态

图 2-42 绿荫环抱的右玉县城
(图片来源：自然资源部国土空间生态修复司《中国生态修复典型案例集》，2021)

环境，大力培育森林旅游、森林康养等森林文化旅游产业，建成了苍头河国家湿地公园、黄沙洼国家沙漠公园、西口古道国家森林公园、小南山城郊森林公园（图2-43）、四五道岭、松涛园、贺兰山等为重点的一批生态观光旅游景区。2020年，全县旅游接待人数达425万人次，旅游总收入26.43亿元。

图2-43 杀虎口风景名胜区、小南山城郊森林公园
（图片来源：自然资源部国土空间生态修复司《中国生态修复典型案例集》，2021）

### 2. 巴彦淖尔市磴口县盐碱地生态修复与治理

#### 1）区域概况

磴口县，内蒙古巴彦淖尔市下辖县，位于巴彦淖尔市西南部。地处内蒙古西部河套平原源头，乌兰布和沙漠东部边缘，东经106°9′～107°10′，北纬40°9′～40°57′之间，东北与杭锦后旗接壤，西北同乌拉特后旗相连，西南与阿拉善盟毗邻，东南与鄂尔多斯市隔河相望。全县东西长约92km，南北宽约65km，总面积4166.6km²。常住人口11.64万人，有蒙、汉、回、满等17个民族，全县辖4镇1苏木、5个国营农场，47个嘎查村。

磴口县属温带大陆性季风气候，其特征是冬季寒冷漫长，春秋短暂，夏季炎热，降雨量少，日照充足，热量丰富，昼夜温差大。全年日照时数3300h以上，年平均降雨量144.5mm，年均蒸发量2397.6mm。这种独特气候特征有利于干物质糖分积累，适宜北方农作物生长。

磴口县水资源丰富，黄河流经磴口县52km，年径流量310亿m³，黄河年均流量在580～1600m/s之间，据有关资料统计，2006年磴口县水利资源总量达11.06亿m³，人均水资源量约为3270m³，其中地表水资源总量（即引黄水量）为6.04亿m³，地下水资源量为7.13亿m³，其中重复计算量为2.12亿m³。地下水可开采面积达3452.11km²，地下水资源储量为5.26亿m³，黄河水年侧渗量4.9亿m³，可开采量为2.11亿m³，大小湖泊有46处，共有水域面积24.07km²。

磴口县极度荒漠化的土地面积占比最高，主要分布在西部乌兰布和沙漠地区和北部山区；重度荒漠化的土地主要分布在西部沙漠边缘、北部阴山山前，以及中部沙地地区；中度、轻度荒漠化土地主要分布在中、东部及南部草地，以及耕地向沙丘、沙地过渡地带；非荒漠化土地主要分布在南部河流沿岸耕作区和中部沙漠湖泊周边的耕地及草。

磴口县现有盐碱地面积约 54 万亩（约 3.6 万 hm²），其中重度盐碱地 8.3 万亩（约 5533.33hm²），"夏天水汪汪，冬春白茫茫，只长盐蓬草，不长棉和粮"的盐碱地上，草木稀少，大地白得耀眼。截至 2019 年已改良盐碱地 1.62 万亩（约 1080hm²）。经过改良，这些荒芜的盐碱地将逐渐变成稻花飘香的米粮川。

2）治黄治沙进展

自 20 世纪 50 年代开始，磴口县初步开展了防沙治沙系列工作，在乌兰布和沙漠东缘建立了 154km 的防沙林带，有效地遏制了乌兰布和沙漠东移，保障了包兰铁路、110 国道和黄河三盛公水利枢纽工程的正常运行。20 世纪 70 年代，磴口县被确定为"三北"防护林建设重点县，也自此进入了以营造乔灌草、带网片相结合的防护林体系建设时期，经过近 20 年的建设，建成了纵横交错的农田林网，有效保护了全县 40 余万亩（约 2.67 万 hm²）农田，也保障了人民群众的生产生活。20 世纪 90 年代，磴口县被确定为全国防沙治沙试验示范县，县委、县政府先后引进盘古集团、科发集团、圣牧高科等 46 家民营企业参与生态建设，完成治理面积 40 余万亩（约 2.67 万 hm²）。2000 年以来，全县相继启动实施了国家重点生态建设工程、天然林保护工程、退耕还林工程、自然保护区建设工程、京津风沙源治理工程、纳林湖湿地保护项目、退耕还湿等国家重点工程，在大工程带动下，磴口县加快了 154km 防沙林带的更新改造工程、通道绿化工程。全县面积在 8hm² 以上的湖泊湿地 123 处，湿地面积达到 38666.7hm²，其中水域面积 6266.7hm²。建成纳林湖国家级湿地公园一处，面积 1646hm²；哈腾套海国家级自然保护区一处，面积 123600hm²；沙金套海国家沙漠公园一处，面积 353.3hm²。磴口县将乌兰布和沙区土地管理改革与沙产业发展有机结合，以国家生态重点工程为依托，大力实施乌兰布和沙漠综合治理规划，乌兰布和沙区林草资源不断增加，显著改善了沙区的生态环境，有效整合了沙区的土地资源、水资源及风光热资源，探索出推进生态建设、增加农牧民收入的新方向。

在盐碱地改良方面，以南粮台村、旧地新村为轴心，引进蒙草公司改良重度盐碱地 4000 亩（约 266.67hm²），同时以全县推进农业综合开发、土地整理项目和高标准农田建设项目为契机，整理镇内土地 12151 亩（约 810.07hm²），实现渠、沟、路、林、田综合配套，为盐碱地规模化改良创造了条件。

3）光伏＋综合产业发展

《巴彦淖尔市国民经济和社会发展第十三个五年规划纲要》中明确："加强自然生态系统保护和修复""积极推进沙漠综合治理""大力发展可再生能源"。在巴彦淖尔市乌兰布和沙区生态综合治理总体规划中，将沙区发展定位为：保护发展并重，实现"绿富同兴"，要求发展紧扣习近平总书记提出的"绿水青山就是金山银山"，合理地利用区位优势与发展势头，乌兰布和沙漠将成为重要的旅游区与物流交汇地，成为"一带一路"中河套走廊的重要节点。

建设光伏＋林业、光伏＋高效农业、光伏＋中草药、光伏＋渔业、光伏＋牧草业等模式，在示范区内已形成一定规模。据不完全统计：规划区域内，现已形成"光伏＋设施农业大棚"2.33km² 规模，"光伏＋水稻"1km² 规模，"光伏＋沙生植物"4.67km² 规模。正在建设的光伏产业循环经济项目"光伏＋万头肉牛养殖"0.53km² 项目，"光伏＋渔业养殖"1.33km² 项目。将充分利用光资源，带动农牧渔业发展。在畜牧、水产养殖过程中产生的有机粪便，又还田进行有机田再造。

这种经济模式得到了各级部门的肯定，对于充分挖掘乌兰布和沙漠独特的区位资源和生态优势，对于防风固沙模式的创新，对于农牧民增收，延长产业链条，推动供给侧结构性改革，促进第一、二、三产业融合发展起到引领、示范的作用。

4）生态修复规划

（1）规划目标

本次规划范围为碛口 3GW 千万千瓦（2920MW）光伏智慧治黄治沙基地，面积达 67.22km²，主要以天然草地为主，占项目区总面积的 56.091%，沙地次之，占项目区总面积的 20.06%，灌木林地占项目区总面积的 13.259%；其次为草地、盐碱地、水浇地、其余土地等类型。

旨在构建黄河流域碛口县生态修复与综合治理体系，通过发展光伏＋等多种形式产业，促进光伏＋产业的耦合发展，实现区域生态效益、经济效益、社会效益的共赢；

根据"光伏＋"模式，规划区域近期规划光伏装机 2920MW，将该区域划分为 8 个功能区，分别为核心展示及观光区、林草互补治理区、农光互补治理区、光伏中草药示范区、牧草互补治理区、光伏温室区、光伏花卉观赏区、渔光互补治理区。

（2）生态修复对策

在生态修复的区域内，遵循统一规划，综合治理，先易后难，做好生态修复技术的应用等基本原则，因地制宜地进行综合规划山、水、路、林、湖、草、沙的生态修复治理。在生态学原理指导下，以生物修复为基础，结合各种物理修复、化学修复以及工程技术措施，通过优化组合，改善碛口县生态环境，提高城市生态的可持续发展。适当发展光伏加生态修复产业。

在治理盐碱方面，通过开挖、回填等工序，在地下深 80cm 左右的地方铺设一层保水砂，保水砂具有防渗透气功能，然后通过一段时间的排碱，将土壤表层的盐碱排干净以后，保水砂还能起到隔离深层土壤中的盐碱的作用。

5）生态修复技术

（1）生态防护林构建技术

防护林是为了保持和改良生态环境，实现人类生产和生活可持续发展的天然林和人工林。根据防护目的和具有的特定功能，防护林可分为水土保持林、防风固沙林、水源涵养林、农田防护林、沿海防护林等。根据磴口县的自然环境条件，确定主要构建沙漠边缘防风固沙林，农田、草场及居民点则构建生态防护林网。

①植物的选择及配置

植物的选择应遵循适地适树原则，生物多样性原则，应以乡土植物为主体，兼顾生态功能及景观功能等，实现可持续经营。风沙区土壤多为沙质、砾质、质地粗糙，保肥力很差，风沙袭击强烈，对防护林的存活及生长造成严重影响。而防护林往往是一林多用，不仅要防风固沙，保护农田、牧场，而且常常作为樵采、放牧场地，同时还作为绿肥、农用材的获取对象，应尽可能满足一林多用，树种选择和配置应贯彻乔、灌、草结合的原则，植物选择可按乔5：灌3：草2的比例搭配。适宜磴口县地区生长的乔木树种包括小叶杨、新疆杨、樟子松、胡杨等；灌木包括梭梭、花棒、沙棘、柠条、白刺、沙冬青、蒙古扁桃、沙木蓼、沙拐枣等；草本包括紫花苜蓿、羊草、狗尾草等。

②造林方法

为保存天然植被，减轻地表扰动造成的风蚀，固定流沙，造林前宜采用局部整地的方式，造林应选用1～2年生根系完整、生长健壮的初生苗栽植，应深栽实踩，少埋多露。深栽可使苗木根系深入稳定湿沙层，保持良好的水分条件。实踩可以防止栽植穴填埋松散，减轻土壤水分蒸散，增强抗风蚀能力。风沙强烈地带，可采取切干栽根造林方式，并设置机械沙障，保护幼林。黏土盐碱地带，实行深翻面不耙平，形成犁堡和犁沟，以便自然积沙改土，压碱和保墒。植树坑宜大，填埋沙土，防止盐碱危害。

③沙漠边缘防风固沙林带构建

沙漠边缘采用乔灌草结合的立体结构，实现防风阻沙的目的，由防风阻沙带、机械沙障＋灌木固沙阻沙带、固沙阻沙灌草带和外围封沙育林育草带构成。防风阻沙林带以乔木树种为主，如新疆杨、小叶杨等，株行距4m×4m呈"品"字配置，带宽视区域风速而定，一般为50～100m；机械沙障＋灌木固沙阻沙带位于防风阻沙带的外侧，带宽200～300m，也可选择灌木林，株行距1m×3m，呈"品"字均匀配置；封沙育林育草带则沿用原有的防护体系。

④农田、草场防护林网构建

农田、草场防护林以网状格局建设普通种植区和多年生经济植物种植区。农田防护林主副林带采用"两行一带"的配置格局，林带规格为1～10m，主林带株行距 4m×4m，呈"品"字均匀配置。主要树种包括新疆杨、小美旱杨、经济树种，多年生经济植物种植区主副林带规格为 5m×10m。两主林带之间可设 1～2 行辅助林带，以小乔木或灌木为宜。

⑤居民点防护林网构建

居民点用地防护林网以网状格局种植乔灌混交模式，内侧为经济林如杏树、李树、苹果树等，外侧为乔木如新疆杨、小美旱杨等。具体规格为"2 行或 3 行一带"，株行距 4m×4m 或 2m×3m（图 2-44）。

（2）固沙阻沙技术

利用人工植被进行沙漠化或沙害防治是沙区生态重建和沙害防治的有效方法和途径，可采用的具体技术包括沙障固沙技术、生物土壤结皮固沙技术、环保化学材料固沙技术、生态垫固沙技术等。

①沙障固沙技术

沙障能有效治理高大的流动沙丘，实现较好的防风治沙效果，对植被绿化带的恢复具有重要作用。可采用的技术包括草方格低立式网格状沙障设置技术、黏土平铺式网格状沙障设置技术、生物沙障设置技术等。草方格沙障可用于流动沙丘，通常使用稻草、麦秸等材料，沙障规格为 1m×1m，地面上高度一般为 10～20cm，入土深度要保证沙障不被拔出，一般为 10～20cm，沙障要与当地的主风向垂直；黏土沙障可用于沙地及高低起伏较小、相对平缓的沙丘，通常使用沙丘低地的黏土，沙障规格为 1m×1m，地面上高度一般为 10～15cm；生物沙障可用于流动沙丘迎风面，主要使用沙柳、杨柴、柠条等再生能力强的灌木作为主要材料，沙蒿、秸秆等作为填充材料，沙障规格一般为 4m×4m，地面上高度一般大于 20cm，入土深度 60～80cm，沙障孔隙度为 0.3～0.4，垂直于主风向的主带栽植沙柳等植物，平行于主风向的副带栽植杨柴、柠条等。

图 2-44 生态防护林
（图片来源：作者自摄）

②生物土壤结皮固沙技术

生物土壤结皮（BSC）是有蓝藻、地衣、藓类等隐花植物及土壤中的异养微生物和相关的其他生物体与土壤表层颗粒等非生物体胶结形成的复杂的复合体。可采用鱼腥藻、念珠藻、伪枝藻等，结合草方格和固沙剂培育蓝藻结皮，利用"育苗＋撒播"的模式，构建节水型人工蓝藻结皮培养＋养护技术体系；也可采用次叶墙藓、真藓等培育藓类结皮。根据磴口县具体的土壤质地和化学性质及气候条件，因地制宜地选择适宜的人工结皮类型。

③环保化学材料固沙技术

应用人工合成和植物提取的具有固沙作用的化学材料，在沙丘或沙质地表喷洒能够快速形成的固结层，以实现固定流沙和防治沙害的目标。可选材料包括改性水溶性聚氨酯、改性酸乙烯酯分子聚合物以及聚氨酯和聚酸乙烯酯乳液等环保化学固沙剂，用于沙漠公路两侧和沙漠中基础设施周边的沙害防护，既可以防止风力扬，又可以改良沙地性质保持水分，还能显著提高固沙植物出苗率，促进植物生长。

④生态垫固沙技术

利用棕榈树残渣制成网状覆盖物并铺设于裸地。生态垫疏松多孔易于分解，能增加土壤含水量，降低风蚀强度，增加土壤酶活性，改善土壤微生境，进而显著提高梭梭、花棒、沙枣等沙生植物的保存率、生长量和植被盖度，采用"生态垫覆盖＋固沙植物"的治理模式能实现较好的固沙阻沙效果。

（3）光伏＋生态修复

光伏产业是世界各国应对气候变化、改善生态环境的重要抓手，将支撑我国"引导应对气候变化国际合作，成为全球生态文明建设的重要参与者、贡献者、引领者"的战略落地见效。建于荒漠等退化土地上的很多光伏电站不仅产生明显的生态恢复效果，还因光伏阵列的阻风固沙与遮阳增湿作用，以及人工管护，促进了植被恢复、土壤改良和局地小气候改善。

规划区域光伏＋生态修复产业立足绿色发展，生态优先，统筹山水林田湖草沙系统治理，加强农村牧区突出环境问题综合治理；建立市场化多元化生态补偿机制，增加农业生态产品和服务供给，实现百姓富、生态美的统一。在因地制宜的前提下，贡献清洁电力，修复生态环境，扩大就业机会、实现精准扶贫，助力区域生态文明建设（图2-45～图2-47）。

图2-45　光伏项目
（图片来源：作者自摄）

（4）盐碱地修复

通过多年的盐碱地改良技

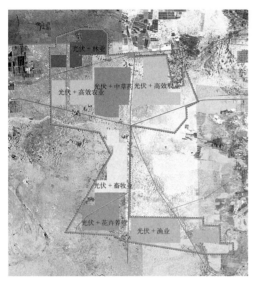

图 2-46 绿色有机农业
分区图（左图）
（图片来源：作者自摄）
图 2-47 光伏现代农业
（右图）
（图片来源：作者自摄）

术研究与应用推广，磴口县已累计改良轻中度盐碱地27.1万亩（约1.81万 hm²）。经过改造以后的盐碱地亩产可达到 850 斤以上，采用优质水稻品种，并与北京市的销售公司签订协议，解决水稻的销售问题。每亩地来自稻米的收入为 1.2万元，每亩稻田养鱼养蟹的收入在 1500 元左右。项目利用"保水砂"增加稻田溶解氧，所种水稻长势旺盛，较常规种植节水达 70%。同时还根据南方成熟的稻田养鱼模式和稻鱼共生互促原理，进行稻田养殖从种子、种植、田间管理等过程，全部采用的是绿色、有机、无污染的方式，并将鱼类、螃蟹、虾等水产动物放到稻田进行养殖，形成鱼稻共生新模式，促进水循环利用。在提高土地利用率的同时增加了经济效益，减少了化肥、农药使用量，提高了水稻产品品质。

## 思考题

1. 森林生态修复的综合效益体现在哪些方面？

2. 草地生态系统退化的原因是什么，主要的修复技术措施有哪些？

3. 农田生态系统修复的方法和技术有哪些？

4. 沙化地和石漠化地形成的主要原因是什么？

## 拓展阅读书目

[1] 郝燕湘 . 中国森林可持续经营管理探索与实践：国家级森林可持续经营管理试验示范进程 [M]. 北京：科学出版社，2013.

[2] 中国西南森林资源冲突管理研究项目组 . 冲突管理：森林资源管理新理念 [M]. 北京：人民出版社，2004.

[3] 蒙仲举，高永，崔向新，等.内蒙古荒漠草原退化与生态修复 [M].北京：科学出版社，2017.

[4] 王晓毅，张倩，荀丽丽.非平衡、共有和地方性——草原管理的新思考 [M].北京：中国社会科学出版社，2010.

[5] 吴克宁，赵华甫，王金满，等.采煤塌陷区受损农田整理与修复 [M].北京：科学出版社，2020.

[6] 党志，张慧，易筱筠，等.污染农田土壤植物修复——边生产边修复的理念与实践 [M].北京：科学出版社，2022.

[7] 江泽平，郑勇奇，张川红，等.树木引种驯化与困难立地植被恢复 [M].北京：中国林业出版社，2016.

## 本章参考文献

[1] 阳正华，买昱恺，王傲.后疫情时代下城市绿色空间建设策略 [C]// 面向高质量发展的空间治理——2021 中国城市规划年会论文集.北京：中国建筑工业出版社，2021：703-708.

[2] 叶林，邢忠，颜文涛，等.趋近正义的城市绿色空间规划途径探讨 [J].城市规划学刊，2018（3）：57-64.

[3] 冯君明，冯一凡，李翅.黄河滩区绿色空间格局及生态系统服务研究进展 [J].城市建筑，2021，18（31）：171-174.

[4] Michaela Roberts，Katherine N. Irvine，Alistair McVittie. Associations between Greenspace and Mental Health Prescription Rates in Urban Areas[J/OL]. Urban Forestry & Urban Greening，2021，64.

[5] 赵立君.绿色植物作用知多少 [J].陕西林业，2003（4）：43.

[6] 谭少华，赵万民.城市公园绿地社会功能研究 [J].重庆建筑大学学报，2007（5）：6-10.

[7] 李会会，张锋，李丹，等.城市新区高质量绿色空间优化策略研究——以西安国家民用航天产业基地为例 [C]// 面向高质量发展的空间治理——2021 中国城市规划年会论文集.北京：中国建筑工业出版社，2021：736-748.

[8] 王剑，韩炳越，刘华.北京中轴线及其延长线绿色空间体系研究 [J].中国园林，2021，37（11）：51-56.

[9] 向勤，菊春燕.城市化背景下乌鲁木齐市的绿色空间生态服务价值研究 [J].环境污染与防治，2021，43（10）：1329-1332.

[10] 胡腾云.绿色空间生态系统服务价值评估及布局模拟——以北京市百万亩平原造林为例 [C]// 面向高质量发展的空间治理——2021 中国城市规划年会论文集.北京：中国建筑工业出版社，2021：176-192.

[11] Hansen Li，Xing Zhang，Shilin Bi，Yang Cao，Guodong Zhang . Psychological Benefits of Green Exercise in Wild or Urban Greenspaces：A Meta-analysis of Controlled Trials[J]. Urban Forestry & Urban Greening，2022，68.

[12] 胡杨，成超男，秦婧，等.城市绿色空间的公正性评价——以北京朝阳区为例 [J].风景园林，2021，28（12）：43-48.

[13] 杨赫，曾智，陈天宇，等.居民需求视角下超大城市绿色空间的公平性研究——来自天津市 1655 个微观样本的证据 [J].城市问题，2021（10）：36-45.

[14] Yimeng Song，Bin Chen，Hung Chak Ho，et al. Observed Inequality in Urban

Greenspace Exposure in China[J]. Environment International，2021，156.

[15] 江伦，王琛，叶林 . 获得感导向下的城市绿色空间营建优化方法 [J]. 园林，2021，38（10）：81−86.

[16] 郝媛 . 重庆中心城区山水特色化绿色空间规划策略探索 [J]. 居舍，2021（34）：19−21.

[17] 张耀之 . 国外城市公共绿色空间的更新及实施模式解析 [J]. 城乡建设，2021(17)：66−70.

[18] Bo−Yi Yang，Tianyu Zhao，Li−Xin Hu，et al. Greenspace and Human Health：An Umbrella Review[J]. The Innovation，2021.

[19] Ruth C.E. Bowyer，Caoimhe Twohig−Bennett，Emma Coombes . Microbiota Composition is Moderately Associated with Greenspace Composition in a UK Cohort of Twins[J]. Science of the Total Environment，2022，813.

[20] Yu Zhao，Wen−Wen Bao，Bo−Yi Yang，et al. Association between Greenspace and Blood Pressure：A Systematic Review and Meta−analysis[J]. Science of the Total Environment，2022，817.

[21] Wendy Masterton，Kirsty Park，Hannah Carver，et al. Greenspace Programmes for Mental Health：A Survey Study to Test What Works，for Whom，and in What Circumstances[J]. Health and Place，2021，72.

[22] Luciene Fatima Fernandes Almeida，Sandhi Maria Barreto，Renato C′esar Ferreira de Souza，et al. Neighborhood Greenspace and Cardiometabolic Risk Factors：Cross−sectional and Longitudinal Analysis in ELSA−Brasil Participants[J]. Health and Place，2021，72.

[23] 兰倩，陈绍志，邬可义，等 . 退化林修复研究进展 [J]. 世界林业研究，2021，34（5）：50−57.

[24] Food and Agriculture Organization of the United Nations. Global forest reources assessment 2020[R]，2020.

[25] 田甜，白彦锋，张旭东，等 . 森林恢复、国内森林恢复面临的问题及应对措施 [J]. 西北林学院学报，2019，34（5）：269−272.

[26] Bustamante M. M，Roitman I，Aide T. M，et al. Toward an Integrated Monitoring Framework to Assess the Effects of Tropical Forest Degradation and Recovery on Carbon Stocks and Biodiversity[J]. Global Change Biology，2016，22（1）：92−109.

[27] 郝少英 . 自然恢复和人工重建对退化森林生态系统的影响 [J]. 种子科技，2020，38（7）：92−93.

[28] On Definitions of Forest and Forest Change[R]. Rome：FAO，2000：33.

[29] Fearnside P. M. Deforestation in Brazilian Amazonia：History，Rates，and Consequences[J]. Conservation Biology，2005，19：680−688.

[30] Vieira I. C. G，Toledo P. M，Silva J. M. C，et al. Deforestation and Threats to the Biodiversity of Amazonia[J]. Brazilian Journal of Biology，2008，68：949−956.

[31] Vieira I. C. G. Land Use Drives Change in Amazonian Tree Species[J]. Anais da Academia Brasileira de Ciencias，2019，91（Suppl 3）：e20190186.

[32] Barlow J，Lagan B. O，Peres C. A. Morphological Correlates of Fire−induced Tree Mortality in a Central Amazonian Forest[J]. Journal of Tropical Ecology，2003，19：291−299.

[33] Brando P. M, Balch J. K, Nepstad D, et al. Abrupt Increases in Amazonian Tree Mortality Due to Drought-fire Interactions[J]. Proceedings of the National Academy of Sciences of the United States of America，2014，111：6347-6352.

[34] 席劲松. 外来生物入侵中植物污染及其防控方法 [J]. 中国资源综合利用，2010，28（1）：34-36.

[35] 李青松. 薇甘菊：外来物种入侵中国 [M]. 北京：中国青年出版社，2015.

[36] Abe T, Tanaka N, Shimizu Y. Outstanding Performance of an Invasive Alien Tree Bischofia Javanica Relative to Native Tree Species and Implications for Management of Insular Primary Forests[J]. Peer J，2020，23（8）：e9573.

[37] Podadera D. S, Engel V. L, Parrotta J. A, et al. Influence of Removal of a Non-native Tree Species Mimosa Caesalpiniifolia Benth：On the Regenerating Plant Communities in a Tropical Semideciduous Forest under Restoration in Brazil[J]. Environmental Management，2015，56（5）：1148-58.

[38] Li X, Piao S, Wang K, et al. Temporal Trade-off between Gymnosperm Resistance and Resilience Increases Forest Sensitivity to Extreme Drought[J]. Nature Ecology and Evolution，2020，4（8）：1075-1083.

[39] Desoto L, Cailleret M, Sterck F, et al. Low Growth Resilience to Drought is Related to Future Mortality Risk in Trees[J]. Nature Communications，2020，11（1）：545.

[40] Meira-junior M. S. D, Pinto J. R. R, Ramos N. O, et al. The Impact of Long Dry Periods on the Aboveground Biomass in a Tropical Forests：20 Years of Monitoring[J]. Carbon Balance and Management，2020，15（1）：12.

[41] Gilmour D. A, Nguyen V. S, Tsechalicha X. Rehabilitation of Degraded Forest Ecosystems in Cambodia, Lao PDR, Thailand and Vietnam[J]. IUCN，2000，4：1-22.

[42] Stanturf J. A. What is Forest Restoration[J]. Restoration of Boreal and Temperate Forests，2005，11：3-11.

[43] 汤景明，翟明普，付林胜. 森林植被恢复研究进展 [J]. 湖北林业科技，2012(3)：35-39.

[44] 中华人民共和国国家林业和草原局. 退化防护林修复技术规程：LY/T3179—2020[S]. 北京：中国标准出版社，2020.

[45] 李俊清，等. 北京山地森林修复 [M]. 北京：科学出版社，2008.

[46] 任海，彭少麟. 恢复生态学导论 [M]. 北京：科学出版社，2001.

[47] van Andel J, Grootjans A. P. Concepts in Restoration Ecology[M]// J. van Andel, J. Aronson. Restoration Ecology：The New Frontier. London：Blackwell Publishing，2006：16-28.

[48] Harris J. A, van Diggelen R. Ecological Restoration as a Project for Global Society[M]// J. van Andel, J. Aronson. Restoration Ecology：The New Frontier. London：Blackwell Publishing，2006：3-15.

[49] White P. S, Walker J. L. Approximating Nature's Variation：Selecting and Using Reference Information in Restoration Ecology[J]. Restoration Ecology. 1997，5：338-349.

[50] Egan D, Howell E. A. The Historical Ecology Handbook：A Restorationist's Guide to Reference Ecosystems [M]. Washington：Island Press，2001.

[51] Aronson J，Floret C，Le Floc'h E. et al[M]. Restoration and Rehabilitation of Degraded Ecosystems in Arid and Semi-arid Lands. A View from the South [J]. Restoration Ecology. 1993，1（1）：8-17.

[52] 亢新刚. 森林资源经营管理 [M]. 北京：中国林业出版社，2001.

[53] 周志峰，王耀，张翼，等. 退化森林修复途径初步研究 [J]. 河北林业科技，2019（4）：38-42.

[54] 李俊清，崔国发. 西北地区天然林保护与退化生态系统恢复理论思考 [J]. 北京林业大学学报，2000，22（4）：1-7.

[55] 汤景明，范柏林. 湖北森林恢复的途径与技术策略 [J]. 湖北林业科技，2008，152（4）：42-43+6.

[56] 苏博. 美国加利福尼亚州红杉国家公园巨人森林修复 [J]. 城市环境设计，2008（2）：66-69.

[57] 腾起和，朱泽林，田魁祥，等. 依靠自然恢复森林的技术与效益 [C]// 中国生态经济学学会. 生态经济与生态文明. 北京：社会科学文献出版社，2012：339-350.

[58] Sterkenburg E，Bahr A，Brandstrom Durling M，et al. Changes in Fungal Communities along a Boreal Forest Soil Fertility Gradient[J]. New Phytologist，2015，207：1145-1158.

[59] Uroz S，Calvaruso C，Turpault M. P，et al. Effect of the Mycorrhizosphere on the Genotypic and Metabolic Diversity of the Bacterial Communities Involved in Mineral Weathering in a Forest Soil[J]. Applied and Environmental Microbiology，2007，73：3019-3027.

[60] Von Rein I，Gessler A，Premke K，et al. Forest Understory Plant and Soil Microbial Response to an Experimentally Induced Drought and Heat-Pulse Event：The Importance of Maintaining the Continuum[J]. Global Change Biology，2016，22（8）：2861-2874.

[61] 张劲峰，周鸿，耿少芬. 滇西北亚高山退化森林生态系统及其恢复途径——"近自然林业"理论及方法 [J]. 林业资源管理，2005（5）：33-37.

[62] 喻理飞，朱守谦，祝小科，等. 退化喀斯特森林恢复评价和修复技术 [J]. 贵州科学，2002，20（1）：7-13.

[63] 任海，李志安，申卫军，等. 中国南方热带森林恢复过程中生物多样性与生态系统功能的变化 [J]. 中国科学，2006，36（6）：563-569.

[64] 包围楷，刘照光，刘朝禄，等. 中亚热带原生和次生湿性常绿阔叶林种子植物区系多样性比较 [J]. 云南植物研究，2000，22（4）：408-418.

[65] 屈术群，陈月忠，屈笑琪. 世行贷款湖南森林恢复和发展项目主要技术与经济效益 [J]. 中国林业经济，2021（2）：91-95.

[66] 钱森，马龙波，毛炎新，等. 地域异质性森林生态恢复效益评价研究 [J]. 林业经济，2014，36（5）：112-116.

[67] 张鹏. 可持续发展理念下森林资源保护与管理探讨 [J]. 南方农业，2021，15（30）：136-137.

[68] 吴梦瑶，邓华锋，鄢鹏. 美国国有森林系统规划管理 [J]. 世界林业研究，2018，31（6）：71-75.

[69] 胡婧宜. 我国适应气候变化的森林法律制度的完善 [D]. 哈尔滨：东北林业大学，2017.

[70] 张长宏.论我国森林生态效益补偿法律制度的完善 [D].哈尔滨：东北林业大学，2018.

[71] 赵海兰.新《森林法》修订背景及亮点解读 [J].法制与社会，2020（31）：11-12.

[72] 任军战，赵楠，党琼洁，等.新《森林法》中保护优先理念应用分析 [J].林业调查规划，2021，46（6）：173-176.

[73] 黄超，梁伟.实施智慧林业管理模式　提升森林资源管护水平 [J].中国农业文摘-农业工程，2020，32（6）：34-35.

[74] 马甫林.基于新技术条件下的森林管护模式探究 [J].中国林副特产，2021（6）：106-107+110.

[75] 唐正涛.森林碳汇生态工程造林技术分析 [J].南方农业，2021，15（30）：134-135.

[76] 胡原，成鋆，曾维忠.中国森林碳汇发展现状、存在问题与政策建议 [J].生态经济，2022，38（2）：104-109.

[77] 王敏.森林资源管理与生态林业的发展探究 [J].农家科技：中旬刊，2020（4）：142.

[78] 张云.森林资源管理与生态林业建设探讨 [J].花卉，2020（8）：202-203.

[79] 向椰.森林经营管理中提高森林碳汇能力的措施 [J].现代农业科技，2021（20）：125-126.

[80] 傅顺龙，刘彩娟.森林经营管理现状及管理能力提高措施 [J].中国林副特产，2021（5）：85-87.

[81] 刘敏敏.济南南部山区生态修复与重建技术研究 [D].济南：山东建筑大学，2019.

[82] 于丽瑶，石田，郭静静.森林生态产品价值实现机制构建 [J].林业资源管理，2019（6）：28-31+61.

[83] 印慧，伍海泉.脱贫攻坚视角下森林生态产品供给有效路径选择——基于黑龙江省的实证分析 [J].资源开发与市场，2021，37（2）：136-140+145.

[84] 窦亚权，李娅，赵晓迪.生态产品价值实现：概念辨析 [J].世界林业研究，2022，35（3）：112-117.

[85] 黄晓龙，孙志，齐海洋，等.舒兰市森林资源管理存在的问题及对策 [J].吉林林业科技，2021，50（6）：34-35+42.

[86] 姚世雄，张伟丽.森林资源管理问题及对策探讨——以黔西南州为例 [J].绿色科技，2021，23（19）：86-88.

[87] 张小红.森林生态产品的价值核算 [J].青海大学学报（自然科学版），2007（3）：83-86.

[88] 刘浩，余琦殷.我国森林生态产品价值实现：路径思考 [J].世界林业研究，2022，35（3）：130-135.

[89] 高建中.森林生态产品价值补偿研究 [D].咸阳：西北农林科技大学，2005.

[90] 聂承静，程梦林.基于边际效应理论的地区横向森林生态补偿研究——以北京和河北张承地区为例 [J].林业经济，2019，41（1）：24-31+40.

[91] 林修凤，刘伟平.福建省森林生态效益补偿制度的改进及其法律评价 [J].中国林业经济，2021（2）：73-77.

[92] 重庆首个横向生态补偿提高森林覆盖率协议签订 [J].南方农业，2019，13（10）：11.

[93] 陈岗.云南省完善森林生态效益补偿制度研究 [J].环境科学与管理，2020，45（12）：10-13.

[94] 冯冰.玛曲县草地系统退化成因分析和治理对策研究 [D].兰州：甘肃农业大学，2006.

[95] 马志广，王育青.中国北方草原改良与可持续利用 [M].呼和浩特：内蒙古大学出版社，2013.

[96] 吴红，安如，李晓雪，等.基于净初级生产力变化的草地退化监测研究 [J].草业科学，2011，28（4）：536-542.

[97] 闫晓红，伊风艳，邢旗，等.我国退化草地修复技术研究进展 [J].安徽农业科学，2020，48（7）：30-34.

[98] 栗文瀚.气候变化对中国草地生产力和土壤有机碳影响的模拟研究 [D].北京：中国农业科学院，2018.

[99] 雷·额尔德尼.内蒙古生态历程 [M].呼和浩特：内蒙古人民出版社，2013.

[100] Harris R. B. Rangeland Degradation on the Qinghai-Tibetan Plateau：A Review of the Evidence of Its Magnitude and Causes[J]. Environments, 2010, 74（1）：1-12.

[101] 杨晶晶，吐尔逊娜依·热依木，张青青，等.放牧强度对天山北坡中段山地草甸植被群落特征的影响 [J].草业科学，2019，36（8）：1953-1961.

[102] 王忠美.放牧和开垦对温带典型草原 $CO_2$ 通量的影响 [D].北京：中国农业大学，2016.

[103] 恩和.草原荒漠化的历史反思：发展的文化维度 [J].内蒙古大学学报（人文社会科学版），2003，35（2）：3-9.

[104] 包红霞.内蒙古牧区发展中的人口经济问题 [D].呼和浩特：内蒙古大学，2005.

[105] 张英俊，周冀琼.我国草原现状及生产力提升 [J].民主与科学，2018（3）：26-28.

[106] 罗鑫萍.黄土高原草地修复的多物种组配技术研发 [D].兰州：兰州大学，2021.

[107] 贺金生，卜海燕，胡小文，等.退化高寒草地的近自然恢复：理论基础与技术途径 [J].科学通报，2020，65（34）：3898-3908.

[108] Jing Z.B, Cheng J.M, Chen A. Assessment of Vegetative Ecological Characteristics and the Succession Process during Three Decades of Grazing Exclusion in a Continental Steppe Grassland[J]. Ecological Engineering, 2013, 57（8）：162-169.

[109] Liu J, Rhland K.M, Chen J, et al. Aerosol-weakened Summer Monsoons Decrease Lake Fertilization on the Chinese Loess Plateau[J]. Nature Climate Change, 2017, 7（3）：190.

[110] 中华人民共和国国家质量监督检验检疫总局.天然草地退化、沙化、盐渍化的分级指标：GB/T 19377—2003[S].北京：中国标准出版社，2004.

[111] 国家市场监督管理总局，中国国家标准化管理委员会.退化草地修复技术规范：GB/T 37067—2018[S].北京：中国标准出版社，2003.

[112] 蒋胜竞，冯天骄，刘国华，等.草地生态修复技术应用的文献计量分析 [J].草业科学，2020，37（4）：685-702.

[113] 郑翠玲，曹子龙，王贤，等.围栏封育在呼伦贝尔沙化草地植被恢复中的作用 [J].中国水土保持科学，2005，3（3）：78-81.

[114] 史晓晓，程积民，于飞，等.云雾山天然草地 30 年恢复演替过程中优势草种生态位动态 [J].草地学报，2014，22（4）：677-684.

[115] 刘建.宁夏盐池县沙化草地植被变化及围封措施效果研究 [D].北京：北京林业

大学，2011.

[116] 杨增增，张春平，董全民，等.补播对中度退化高寒草地群落特征和多样性的影响 [J].草地学报，2018，26（5）：1071–1077.

[117] 孙磊，格桑拉姆，王向涛，等.藏北高寒退化草地免耕补播效果研究 [J].高原农业，2018，2（2）：162–166.

[118] 杨文彦，张学顺.草甸草原松土补播试验报告 [J].畜牧兽医科技信息，2014（5）：123.

[119] 尹卫，田海宁，杨国柱，等.青海湖南岸地区几种豆科牧草天然草地补播试验 [J].黑龙江畜牧兽医，2019（12）：117–120.

[120] 韩建国.草地学 [M].北京：中国农业出版社，2009.

[121] 杜伟.不同处理措施对退化草甸草原植被和土壤的影响 [D].呼和浩特：内蒙古大学，2019.

[122] 吴文荣.滇东南退化暖性草丛草地植被恢复的技术研究 [D].兰州：甘肃农业大学，2004.

[123] 管春德.云南宣威市宝山镇山地灌草丛植被恢复效果的研究 [D].兰州：甘肃农业大学，2005.

[124] 张璐，郝匕台，齐丽雪，等.草原群落生物量和土壤有机质含量对改良措施的动态响应 [J].植物生态学报，2018，42（3）：317–326.

[125] 郭秋菊.择伐和火干扰对长叶松幼苗更新的影响 [D].咸阳：西北农林科技大学.2013.

[126] Cole A. J，Griffiths R. I，Ward S. E，et al. Grassland Biodiversity Restoration Increases Resistance of Carbon Fluxes to Drought[J]. Journal of Applied Ecology，2019，56（7）：1806–1816.

[127] Oelmann Y，Brauckmann H，Schreiber K，et al. 40 Years of Succession or Mulching of Abandoned Grassland Affect Phosphorus Fractions in Soil[J]. Agriculture，Ecosystems and Environment，2017，237：66–74.

[128] Cheng J，Jing G，Wei L，et al. Long–term Grazing Exclusion Effects on Vegetation Characteristics，Soil Properties and Bacterial Communities in the Semi–arid Grasslands of China[J]. Ecological Engineering，2016，97：170–178.

[129] Lawson C.S，Ford M. A，Mitchley J. The influence of Seed Addition and Cutting Regime on the Success of Grassland Restoration on Former Arable Land[J]. Applied Vegetation Science，2004，7（2）：259–266.

[130] 沈洪霞，周青.退化农田生态系统的修复对策 [J].生物学教学，2006（1）：3–5.

[131] 杨京平.农业生态工程与技术 [M].北京：化学工业出版社，2001：176–178.

[132] 徐小雪，李竞芳，潘正高.农业土壤生态环境状况及修复对策初探 [J].湖北农机化，2020（5）：10–11.

[133] 张维诚.森林生态学研究进展—困难立地生态恢复 [J].林业和草原机械，2021，2（5）：26–29+77.

[134] 中华人民共和国国家质量监督检验检疫总局，中国国家标准化管理委员会.沙化土地监测技术规程：GB/T 24255—2009[S].北京：中国标准出版社，2009.

[135] 河北省市场监督管理局.困难立地条件下造林技术规程：DB13/T 5477—2021[S].北京：中国标准出版社，2021.

[136] 刘辉强.关于困难立地造林关键技术研究 [J].中国农业信息，2015（5）：41–42.

[137] 何武江，李宁，胡丹，等.辽西北困难立地造林绿化现状、问题与对策 [J].辽宁

林业科技，2013（1）：51-53.

[138] 薛建辉，吴永波，方升佐．退耕还林工程区困难立地植被恢复与生态重建 [J]. 南京林业大学学报（自然科学版），2003（6）：84-88.

[139] 闫星达．困难立地造林和森林植被恢复技术研究 [J]. 林业科技情报，2020，52（1）：63-64+66.

[140] 翟天雪，冀振宇．"绿色奇迹"库布齐：由"沙逼人退"到"绿进沙退" [N]. 经济日报，2018-08-09.

# 第 3 章
# 蓝色空间生态修复方法、技术与案例

在全球范围内，城市正面临气候变化、水安全问题、空气污染、公共卫生事件和福祉丧失带来的紧迫挑战，[1] 增加绿色和蓝色空间数量，提升"蓝绿空间"质量是应对这些挑战的方法之一。[2] 绿色和蓝色空间通常被称为绿色和蓝色基础设施（Green and Blue Infrastructure，GBI），包括自然和半自然区域以及其他环境特征的生态空间网络，能够提供广泛的生态系统服务。[3] 其中，蓝色空间被定义为是所有形式的天然或人造的地表水体，[4] 主要涵盖河流湿地生态系统等。本章依据"源—渠—库—汇"的概念，重点阐述河流与流域、湖泊与湿地、海岸带三类蓝色空间的生态修复方法与实践。

# 3.1 蓝色空间生态修复概述

## 3.1.1 蓝色空间主要的生态系统类型

### 1. 河流生态系统

1）概念与组成

河流生态系统的组成结构。河流生态系统是生物圈的重要组成部分，流动的水维持着河流、陆地和海洋的生物多样性，并对全球生物地球化学循环作出了重要贡献。河流生态系统由生命系统（生物）和生命支持系统（非生物）两大部分组成，两者之间相互影响、相互制约，形成了特殊的时间、空间和营养结构，具备了物种迁移、能量流动、物质循环和信息传递等生态系统服务。其中，非生物环境由能源、气候、基质和介质、物质代谢原料等因素组成，其中能源包括太阳能、水能；气候包括光照、温度、降水、风等；基质包括岩石、土壤及河床地质、地貌；介质包括水、空气等；物质代谢原料包括参加物质循环的无机物质（碳、氮、磷、二氧化碳、水等）以及联系生物和非生物的有机化合物（蛋白质、脂肪、碳水化合物、腐殖质等）。而生物部分则由生产者（水生植物和浮游植物）、消费者（浮游动物、无脊椎动物、大小鱼类）和分解者（微生物）所组成。

河流生态系统的营养结构。河流生态系统中各成分要素之间本质的联系是通过营养结构来实现，即食物链和食物网的形式。食物链交叉链锁，形成食物网。食物链和食物网是生态系统的物质循环和能量转化的主要途径。河流生态系统与其他生态系统的组成差异，构成了与之不同的食物链（网）。主要可以分为两类，一类是以草食性鱼类为主体的牧食食物链：水草—草食性鱼类—肉食性鱼类；另一类是以滤食性植物为主体的滤食食物链：藻类（碎屑）—浮游动物—滤食性鱼类—肉食性鱼类（图3-1）。

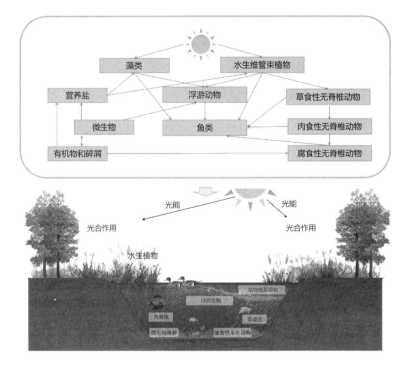

图 3-1 河流生态系统的
食物链和河流生态系统
组成结构
（图片来源：根据本章拓
展阅读书目 [1] 改绘）

2）生物生境

董哲仁先生在《河流生态修复》一书中阐述："河流的水文过程、地貌过程以及物理化学过程，是生命支持系统的关键要素，是生物赖以生存的动态栖息地的基本条件。"（图 3-2）[5]

3）生态系统服务的提供

河流的生态系统服务是河流系统与其环境相互作用过程中所表现出来的能力与效用，主要表现为河流系统发挥的服务功能。一般来讲，河流系统会根据环境条件或服务对象的状态和要求表现出多种不同的功能与效益。

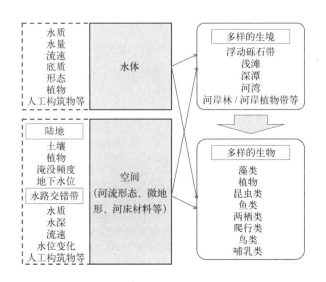

图 3-2 河流生态系统的
生物生境
（图片来源：根据本章参
考文献 [5] 改绘）

河流生态系统服务的主要类型：①供应服务，包括灌溉用水、饮用水、工业用水、初级生产力、水能、鱼虾等水产品、芦苇等植物产品；②调节服务，包括水资源调节、调蓄洪水、地下水补给、水质调节、气候调节等；③文化服务，包括滨水文化、教育价值、景观美学、休闲游憩、文化遗址等；④支持服务，包括能量循环、物质循环、水循环、氮磷循环、鱼类生境、鸟类栖息地等。

河流生态系统服务的主要价值：①直接利用价值，包括水资源开发利用、食品药品、工业原料、旅游休闲、科研教育与基因资源等；②间接利用价值，包括生物栖息地、泥沙与物质流动、水体净化、地下水补给、气候调节、景观与美学价值、自然物种、生物多样性、维持自然系统与过程、自然遗产等。

**2. 湿地生态系统**

1）概念与组成

湿地生态系统是地球上最重要的三大系统（森林、海洋和湿地）之一。湿地生态系统同样由非生物和生物组成，非生物要素包括水、土壤和气候等条件，生物要素包括生产者（湿地植物）、消费者（哺乳类、两栖类、爬行类、各种水生动物及底栖无脊椎动物等）、分解者（湿地微生物）。

2）定义与分类

湿地是水域生态系统和陆域生态系统之间的过渡区域，具有独特的水文、土壤、植被与生态特征，是自然界生产力最高、最富生物多样性的景观和最重要的生境之一。湿地是一种特殊的生态系统，由于其成因、特点及类型的不同，对其认识和理解也有所差异，水文学、生态学、土壤学和地质学等不同学科领域，对湿地的定义也有所不同。

目前，最具权威性、最具代表性的就是《湿地公约》[①]（拉姆萨尔公约）对湿地的定义："天然或人工、长久或暂时性的沼泽地，泥炭地或水域地带，静止或流动的淡水、半咸水、咸水水体，包括低潮时水深不超过 6m 的水域；同时，还包括邻近湿地的河湖沿岸、沿海区域及位于湿地范围内的岛屿或低潮时水深不超过 6m 的海水水体。"《湿地公约》中界定的湿地包括湖泊、永久性河流、滩涂、内陆盐沼、蓄水区、水塘、高山湿地等 24 种类型。一般按分布区域可将湿地分为：海洋/海岸带湿地（潮汐盐沼、潮汐淡水沼泽、红树林湿地等）、内陆湿地（内陆淡水沼泽、北方泥炭湿地、南方深水沼泽、河岸湿地）和人工湿地 3 种类型（表 3-1）。

1995 年基于全国湿地调查结果以及《湿地公约》的湿地类型，我国将湿地分为 5 个大类，包括近海及海岸湿地、河流湿地、湖泊湿地、沼泽湿地和人工湿地，以及 28 个小类，该分类方法也属于成因分类方法。

---

① 《湿地公约》于 1971 年 2 月 2 日签署，1975 年 12 月 21 日正式生效，现有 172 个缔约方。公约的宗旨是通过地方和国家层面的行动及国际合作，推动湿地保护修复与合理利用，为实现全球可持续发展作出贡献。《湿地公约》缔约方大会每 3 年召开一次，由公约秘书处主办，东道国承办。

《湿地公约》湿地类型的分类系统　　　　　　　　　　表 3-1

| 分类 | 具体类型 | 描述 |
|------|----------|------|
| 自然湿地 | 海洋/海岸带湿地 | 低潮时水深 <6m 的浅海水域（海湾和海峡） |
| | | 海草层（潮下藻类、海草、热带海草植物生长区） |
| | | 珊瑚礁 |
| | | 潮间带森林湿地（红树林沼泽和海岸淡水沼泽森林） |
| | | 岩石性海岸（近海岩石性岛屿、海边峭壁） |
| | | 滩涂（潮间带泥滩、沙滩和海岸其他咸水沼泽） |
| | | 盐沼（滨海盐沼、盐化草甸） |
| | | 沙滩、砾石与卵石滩 |
| | | 河口水域（河口水域和河口三角洲水域） |
| | | 咸水、碱水泻湖（有通道与海水相连的咸水、碱水泻湖） |
| | | 海岸淡水湖 |
| | | 海滨岩溶洞穴水系 |
| | 内陆湿地 | 永久性内陆三角洲 |
| | | 永久性的河流（河流及其支流、溪流、瀑布） |
| | | 时令河（季节性、间歇性、定期性的河流、溪流、小河） |
| | | 湖泊、时令湖（面积 >8hm² 永久性淡水湖） |
| | | 盐湖、时令盐湖、内陆盐沼、时令碱沼、咸水盐沼 |
| | | 永久性的淡水草本沼泽、泡沼（草本沼泽及面积 <8hm² 泡沼，无泥炭积累，大部分生长季节伴生浮水植物） |
| | | 泛滥地 |
| | | 草本泥炭地 |
| | | 高山湿地（高山草甸、融雪形成的暂时性水域） |
| | | 苔原湿地 |
| | | 灌丛湿地 |
| | | 森林泥炭地 |
| | | 淡水泉及绿洲 |
| | | 淡水森林沼泽（包括淡水森林沼泽、季节性泛滥森林沼泽、无泥炭积累的森林沼泽） |
| | | 内陆岩溶洞穴水系 |
| | 人工湿地 | 水产池塘、水塘、灌溉地、农用泛洪湿地、盐田、蓄水区、采掘区、废水处理场所、运河、排水渠和地下输水系统 |

（表格来源：作者自绘）

### 3）生态系统服务的提供

湿地为当地和全球提供广泛多样的生态系统服务。①供给服务包括：食品生产（鱼、水果、谷物的生产）、淡水供应（储水、饮用水供应）、纤维、燃料和其他原材料（木材、薪柴、泥炭、饲料的生产）、遗传资源（植物病原体抗性基因）、观赏物种（此服务只针对滨海湿地）等；②调节服务包括：空气质量监测（捕获灰尘颗粒）、气候调节（调节温室气体、温度、降水和其他气候过程）、水文调控（农业或工业用水的地下水补给、排水、调节和储存）、污染控制和解毒（去除营养物质和污染物）、防止侵蚀（保护土壤和防止结构变化，如防止海岸侵蚀）、扰动和自然灾害治理（防洪、防风暴）、生物防（治害虫防治和授粉）；③支持服务包括：生物多样性保护（建立物种或临时物种的栖息地）、土壤保持（泥沙滞留和有机质积累）、营养循环（营养物质的储存、检索、加工和获取）等；④文化服务包括：文化遗产（地方感和归属感）、精神和灵感（个人感受和福祉）、休闲娱乐、美学（湿地美学特征、自然景观鉴赏）、教育（正规和非正规教育的机会）等。[6]

### 3.1.2 蓝色空间的退化现状

#### 1. 全球河流与流域生态系统的退化

自然流淌的河流正成为全球稀缺的河流资源。[7] 自由流动的河流（Free-Flowing Rivers，FFR）在支持全球多样化、复杂和动态的生态系统服务功能供给的同时，也是经济财富、生态环境和人类福祉的重要来源。然而，世界上约有 23% 的流域受到与水资源相关的风险，道路、大坝和水库等基础设施的建设是导致河流连通性丧失的主要原因，在人口稠密的地区，只有少数非常长的河流保持自由流动。此外，全球气候和土地利用变化，将通过改变流动模式和间歇性、改变干旱或洪水的频率、幅度和时间，以及水质和生物群落，进一步增加河流及其连通性的压力。[8] 保护和修复自然流动的河流、评估河流连通性的现状并监测未来的趋势成为全球河流修复的重点领域。

湿地生态系统与淡水供给及"碳储存"密切相关。[9] 尽管湿地仅占陆地表面的 5% ~ 8%，但湿地为人类提供了许多生态系统服务，包括改善水质、减轻洪水、保护海岸和野生动物等。到 2030 年全球需水量将增加 50%，湿地是提供和保护清洁水资源主要的自然系统。同时在全球范围内，湿地是从大气中隔离和储存碳的最佳自然环境，沿海湿地几乎涵盖了对"蓝碳"重要的所有领域，[10] 据估计地球上含有 2500Pg 碳的土壤库中就有 20% ~ 30% 储存在湿地中。[11] 然而，人们缺乏对滩涂地益处的认识，意味着它们被严重地过度开发和破坏，已超过 15% 的泥炭地被排干，导致大量碳被释放到大气中。

#### 2. 中国河流与流域生态系统的退化

自然流动的河流尚未得到系统地保护。我国河流开发与保护的矛盾日益凸显，国土尺度河流干扰度可以分为 5 个级别，即潜在的自然流淌河流、低干扰河流、中等干扰河流、强干扰河流、严重干扰河流，分别约占中国河流长度的 6.85%、5.37%、24.39%、19.89%、43.5%。其中 63.39% 的河流受到了强干扰以及严重干扰。受到较强干扰的河流段落主要位于长江（占全国总河流长度的 22.76%）、黄河（6.88%）、珠江（6.61%）、松花江（4.34%）等大江大河的中下游流域，大致与水利工程建设、城建开发相关。[12]

**3. 中国湿地生态系统的退化**

湿地面临严重退化和消失的威胁。我国是世界上湿地分布较广、面积较大、类型较多的国家之一，总面积达 $65 \times 10^4 km^2$，位居世界第四、亚洲第一，据国家林业和草原局的数据显示，中国在过去的 50 年至少损失了 23.0% 的淡水沼泽，16.1% 的湖泊，5.3% 的河流及 51.2% 的滨海湿地。[①] 在过去的几十年里，全国围垦湖泊的面积达到 $1.3 \times 10^4 km^2$ 以上，超过了我国现今五大淡水湖总面积之和，而因围垦造成约有 1000 个天然湖泊消失。[②] 湿地中各种经济鱼类的年捕获量也明显下降且种类变得单一、种群结构趋于低龄化。此外，一些天然湿地已经成为生活污水和工农业废水的受纳体，我国近岸海域的水体因油类和污水排入造成的污染情况也非常严重。

## 3.1.3　蓝色空间的退化机制

**1. 河流生态系统退化的主要原因**

河流生态系统的退化会引发泄洪安全、阻断水文过程完整性、降低生物生境多样性、威胁生态系统健康、丧失滨水景观与亲水游憩等功能。退化的主要原因包括：①城市化：主要表现在水资源的巨大消耗、污染程度加重以及河段河流断面的硬质化、工农业及生活污水排放；②农业活动：对河岸带和河流阶地上天然植物的开采，将其变为可耕地、毁林、垦殖、养殖；同时，使用化肥和农药等有毒有害物质会对河流造成面源污染；③水利工程建设：人工绿化、硬质护岸、垫底；④自然干扰与外来物种入侵等。

**2. 湿地生态系统退化的主要原因**

湿地生态系统退化是指由于自然环境变化，或人类对湿地自然资源过度利用或不合理利用而造成的生态系统结构破坏、功能衰退、生物多样性丧失、生物生产力下降，以及生产力潜力衰退、湿地资源丧失等一系列生态环境恶化现象。主要是由于城市建设、农业开垦、水利工程和道路交通工程建设、采矿、生物收割和捕捞、旅游活动等人类活动所致。此外，气候变迁、泥沙沉积等外力作用过程也是引起湿地退化的重要自然因素。

## 3.1.4　蓝色空间生态修复的发展历程与研究进展

**1. 河流生态系统修复**

1）发展历程

第二次世界大战后，河流大规模开发与严重水质污染带来的环境危机日益严峻，西方国家逐步认识到河流对人类不仅仅存在实用价值，还有生态、风景、文化等价值，并逐渐从对河流的单一开发利用转向对河流的综合保护。将

---

① 数据来源：国家节水灌溉杨凌工程技术研究中心．朱小卫，鲍达明．安树青：我国湿地保护与恢复迫在眉睫 [OL]．中国园林网，2006-07-12[2022-11-03].

② 数据来源：湖泊流域管理学 [OL]．中国科普博览 [2022-11-03].

生态研究和恢复联系起来对河流修复至关重要，河流生态系统修复主要经历了 3 个发展阶段。

20 世纪 50 年代，河流污染治理与水质恢复阶段。在这个阶段对河流生态修复研究仅限于受工程控制干扰的河流[13]或受污染影响的河流。主要实践包括：1968 年，美国颁布了《野生与风景河流法》（Wild & Scenic River Act），这是世界上第一部保护河流自然与风景的法案，其主要目的是保障河流的自然流淌状态，维持其突出非凡价值，使其免受因发展而造成破坏。

20 世纪 80 年代，河流生态修复集中于小型溪流阶段。河川生态工程及相应技术规范以恢复单个物种为主要目标，但实践经验表明，小规模的河流修复对生态系统状态和生物多样性改善是有限的。如德国"对类似天然河流进行整治工程"、日本"近自然工事"或"多自然型建设工法"、美国"自然河道设计技术"、美国密苏里河的自然化工程、加拿大"遗产河流"（Heritage River System）、欧洲国家莱茵河"鲑鱼—2000 计划"等，研究人员在种群恢复方面积累了丰富的经验。

20 世纪 90 年代以来，随着生态技术的成熟，河流生态修复技术逐步应用于大江大河，流域尺度的生态修复工程逐渐增多。在流域尺度上进行河流修复，这是河流生态系统和陆地生态系统相结合的复杂系统。河流生态修复工程需要改善整个生态系统，而不是仅仅关注改善水质。如欧文斯河峡谷修复项目，该项目经过 5 年的自然生态修复，欧文斯河峡谷生境改善良好，脉冲流量是原计划的 2 倍。修复后的生态系统能够维持多产的渔业和河岸生物群落。自最初放养以来，褐鳟鱼的数量每年都在增加，1996 年至 1997 年间增加了 40%。捕获率从 1991 年的 0 条鱼/小时增加到 1996 年的 5.8～7.1 条鱼/小时。[14] 随着"人与自然和谐相处"理念的不断落实，水环境管理正在加速从水质管理向水生生态系统管理转变，河流的综合保护与修复已是国际性趋势，并且愈加注重重建河流廊道生态及景观的连通性。21 世纪初河流流域尺度的整体生态修复阶段，如欧盟《生命计划和框架计划 IV.V》希望增进人类活动对于生物多样性冲击的认知，并在丹麦及英国的主要河流上开展示范修复工程。

中国在河流生态修复领域的学术研究起步较晚，但理论起点较高。对于河道生态治理思想和技术（如"值柳六法"等）早在明代已出现，并广泛运用于城市建设之中。[15] 有关河流生态修复的实践，2010 年全国开始大范围开展河流生态治理，2020 年提出《全国重要生态系统保护和修复重大工程总体规划（2021—2035 年)》（发改农经〔2020〕837）号，重点推动黄河重点生态区（含黄土高原生态屏障）和长江重点生态区（含川滇生态屏障）生态保护和修复重大工程。

2）资金来源

在欧洲，河流改善和修复的支出很大，通常由国家或地方当局支付，最终由纳税人承担。目前，英国的年支出最低为 6 万～1000 万英镑（770 万美元至 1280 万美元），而德国则高达 42 亿美元。随着将研究重点从小型河流转移到对大型河流的修复，对大型河流修复项目所产生的经济成本的合理性同样值得被讨论，这使得涉及成本效益分析和当地支付意愿的研究增多。相关研究表明，河流修复的收益可以补偿修复项目的成本，从而证明对大型河流生态系统修复的投资是合理的。

3）研究进展

对自然流淌河流的研究得到重视。河流的流量是决定河流结构和功能的关键因素，不仅决定水生和河岸生物的行为和形态，而且影响着河道和洪泛区的生态系统过程，对其提供生态系统服务的能力至关重要。流量的改变是会触发造成河流生物多样性丧失的生物或非生物的途径，如山洪暴发会减少捕食者，浮游生物的增加会减少河流的初级生产力，过度取水导致流速变慢从而增加水温和污染物。修复河流生态系统与"联合国生态系统恢复十年"的倡议契合，修复河流和溪流的科学理论方法与技术是十分必要的。但目前大多数修复措施集中在改善河道形态学或栖息地方面，较少研究涉及生物多样性或相关物种的恢复。基于生态学原理，设计出模仿河流生态系统自然流态的关键方面（如定期脉冲流）或创造非自然的流态，是可以在社会经济的限制下实现利益最大化的结果。[16]

基于过程的河流生态修复受到关注。河流生态过程主要包括，水文过程、物理和化学过程、地貌过程和生物过程。其中，水文过程作为河流生境条件的重要组成部分，对生物过程和其他生境过程，如水温、溶解氧、营养盐等物理化学过程，以及河流的地貌过程起主导作用。水文生态科学试图了解河流流态对生物群和生态系统过程的影响，以及它们之间的相互作用。目前有关河流生态修复的研究，从静态模式逐渐转移到对河流网络动态过程的研究。在时间序列数据和建模技术的推动下，有关河流与流域流量周期性及其变化，以及河网结构、流量与水化学空间变化等研究逐渐成为主流，主要研究内容是为了解河流流动过程的模式和驱动因素，进而催生了基于修复过程的河流生态修复研究。

**2. 湿地生态系统修复**

湿地被认为是一个有机的生态网络，确定了湿地不同组成部分之间的相互作用，包括湿地功能的完整性，就可以阐明导致关键组成部分退化的机制。湿地生态系统修复是指通过生态技术或生态工程，修复其物理、化学和生物学特性，恢复到接近退化前的结构和功能使其发挥应有的作用。

1）发展历程

中国对湿地的认识与利用历史悠久。早在春秋战国时期，齐、吴、越等沿海诸国就认识到滩涂湿地的"鱼盐之利"。公元 46 年欧洲因大量开采泥炭而认识沼泽湿地，后来欧洲率先对沼泽分布、来源、形成和演变等进行研究，逐步建立了较为系统的湿地科学理论和应用体系。[17]20世纪初湿地科学基本形成独立学科，并逐渐被全世界所关注。

在国际湿地研究与保护方面，起领导作用的是3年一次的"《湿地公约》缔约国大会"和4年一次的"世界湿地大会"，不少学术组织也围绕湿地功能、价值、恢复与重建等定期举行国际学术研讨会。很多国际科学研究计划，如20世纪70年代人与生物圈计划（Man and Biosphere Programme，MBA）、20世纪80年代国际地圈—生物圈计划（International Geosphere-Biosphere Programme，IGBP）、国际全球环境变化人文因素计划（International Human Dimensions Programme on Global Environmental Change，IHDP）、国际水文计划（International Hydrological Programme，IHP）、2001年新千年生态系统评估项目（The Millennium Ecosystem Assessment，MA）等，也从不同角度推动着湿地研究的发展。

西方发达国家，如美国、加拿大、英国、澳大利亚和德国的湿地研究一直走在世界前列，美国地质调查局、路易斯安那州立大学、佛罗里达大学、佐治亚大学等都是知名的湿地科研权威机构。国外研究集中在美国佛罗里达大沼泽、欧洲莱茵河流域、北美五大湖、东非维多利亚湖等重要湿地，其中以美国佛罗里达大沼泽退化过程和机理研究最深入。欧洲、德国、瑞典、奥地利等国家的研究领域侧重于人类对湿地水文的干扰，以及导致湿地退化的过程与机理；非洲的研究人员主要分析了工业排水和农业对湿地的威胁；而英国、挪威和东南亚地区主要研究了湿地面积的退化、水质、农业肥料污染等方面。

我国的湿地研究起步较晚，开始于20世纪50年代，于1992年加入《湿地公约》，成为公约第67个缔约方。自我国加入公约以来，中国政府与国际社会共同努力，在全球环境基金、世界银行、世界自然基金会和联合国环境保护署等国际组织的支持下，开展了一系列提高履约能力的全国性工作。

编制了《中国湿地保护行动计划》、成立湿地国际—中国项目办公室、组织申报国际重要湿地等。根据《全国重要生态系统保护和修复重大工程总体规划（2021—2035年）》（发改农经〔2020〕837号）可知，我国大力推行河长制、湖长制、湿地保护修复制度，着力实施湿地保护、退耕还湿、退田（圩）还湖、生态补水等保护和修复工程，积极保障河湖生态流量，初步形成了湿地自然保护区、湿地公园等多种形式的保护体系，改善了河湖、湿地生态状况。

2018年底，我国有国际重要湿地57处、国家级湿地类型自然保护区156处、国家湿地公园896处（表3-2）。2021年全国绿化委员会办公室发布的《2020年中国国土绿化状况公报》显示，2020年全国湿地保护率达50%以上。根据第三次全国国土调查及2020年度国土变更调查结果显示，全国湿地面积约5635万 $hm^2$，通过《全国湿地保护规划（2022—2030年）》，到2025年我国湿地保护率将达到 55%。[①]

国内湿地生态系统恢复重建的研究和实践至今已经取得了相当多成果，总体来说，主要集中于我国东南沿海湿地（尤其红树林湿地生态系统）、内陆湖泊湿地（如鄱阳湖、洞庭湖）、高寒湿地（如三江源湿地）、河口湿地（如长江三角洲湿地、黄河三角洲湿地、鸭绿江口湿地）的修复。根据自然资源部公布的第三次全国国土调查主要数据成果显示，全国湿地约 35203.99 万亩（约 2346.93 万 hm²），10 年间，生态功能较强的林地、草地、湿地河流水面、湖泊水面等地类合计增加了 2.6 亿亩（约 1733.33 万 hm²）。

中国湿地生态系统的主要分布　　　　　　表 3-2

| 湿地类型 | 主要分类 | 主要分布 |
| --- | --- | --- |
| 浅海和近岸湿地 | 海域沿岸有 1500 多条大中河流入海，形成浅海滩涂生态系统、河口湾生态系统、海岸湿地生态系统、红树林生态系统、珊瑚礁生态系统、海岛生态系统等 6 大类、30 多个类型 | 主要分布于沿海 11 个省区和港、澳、台地区 |
| 河流湿地 | 中国流域面积在 100km² 以上的河流有 50000 多条，流域面积在 1000km² 以上的河流约 1500 条 | 因受地形、气候影响，河流在地域上的分布很不均匀；绝大多数河流在东部气候湿润多雨的季风区，西北内陆气候干旱少雨，河流较少，并有大面积的无流区 |
| 湖泊湿地 | 有大于 1km² 的天然湖泊 2711 个 | 中国湖泊划分成 5 个自然区域：①东部平原地区湖泊；②蒙新高原地区湖泊；③云贵高原地区湖泊；④青藏高原地区湖泊；⑤东北平原地区与山区湖泊 |
| 沼泽湿地 | 中国的沼泽约 117hm² | 主要分布在东北的三江平原、大小兴安岭、若尔盖高原及海滨、湖滨、河流沿岸等，山区多木本沼泽，平原为草本沼泽 |
| 人工湿地 | 水库、水田、渠道、塘堰、精养鱼池等 11 类；全国现有大中型水库 2903 座，蓄水总量 1805 亿 m³ | 稻田广布于亚热带与热带地区，淮河以南广大地区的稻田约占全国稻田总面积的 90%；近年来北方稻区不断发展，稻田面积有所扩大 |

（表格来源：作者自绘）

同时，我国发布了《湿地分类》GB/T 24708、《重要湿地监测指标体系》GB/T 27648、《国家重要湿地确定指标》GB/T 26535、《湿地生态风险评估技术规范》GB/T 27647 等国家标准和《河湖生态保护与修复规划导则》SL 709 等行业标准。2020 年，我国推进红树林保护修复专项行动，开展国际重要湿地生态状况监测，印发《中国国际重要湿地生态状况》白皮书。2021 年 12 月 24日，《中华人民共和国湿地保护法》经十三届全国人大常委会第三十二次会议

---

① 中国绿色时报.《全国湿地保护规划（2022—2030 年）》印发：到 2050 年，我国湿地保护率将达到 55%[OL]. 国家林业和草原局政府网，2022-10-19[2022-10-21].

通过，这是我国为了强化湿地保护和修复，首次专门针对湿地保护进行立法。

2）资金来源

湿地生态系统修复的基金组织。湿地国际联盟（The Wetlands International Union，WIUN）、联合国教科文组织（United Nations Educational，Scientific and Cultural Organization，UNESCO）、联合国环境署（United Nations Environment Programme，UNEP）、联合国开发计划署（The United Nations Development Programme，UNDP）、国际湖泊环境委员会（International Lake Environment Committee，ILEC）、联合国基金会、全球环境基金、世界遗产基金会等多个国际组织及公益基金与中国湿地协会（湿地联盟公益保护组织）、中湿绿联国际循环经济研究中心等在全球开展了湿地生态保护、世界遗产保护及环境教育等。湿地联盟（The Wetlands Auiance Programme，WAP 组织）已经在中国及亚太地区受理和评估所需保护规划的湿地项目，社会个人及当地湿地都可向湿地联盟提出"公益保护"。该保护联盟正在对多个"受威胁"和"正在消失"的湿地开展公益投融资服务、负责旅游、生态人居、环境教育、国际生态经济圈计划、数字低碳旅游经济（电子低碳门票系统）等保护研究与规划工作。同时建立湿地补偿银行其中以美国为代表，截至 2013 年，已有 1800 个湿地补偿银行纳入美国湿地替代费和银行管理跟踪系统中。

3）研究进展

（1）湿地退化机制的定量研究。研究内容主要包括湿地退化过程与机理，退化特征，退化评价，退化湿地恢复、重建和保护等。

（2）湿地的生态化学计量学修复。侧重于通过研究多种营养元素及其比例的变化来研究多种营养元素的质量平衡。碳、氮和磷是土壤最重要的养分，土壤碳、氮、磷的化学计量特征具有良好的标志作用。

（3）湿地与农业发展冲突的研究。农业发展与湿地恢复的冲突与协调，可通过建立系统的网络模型来评价流域尺度的水资源结构和功能属性，平衡水资源利用和湿地保护。农业回水是湿地重要的补水来源，但补水的持续时间和补水量不能可靠地满足湿地的生态需要。[18]此外，国家湿地公园的建设有利于湿地保护。

（4）湿地修复的监测与绩效评价。研究所选择的监测与评估指标涉及非生物和生物因素，包括对水质、植物群落、土壤盐分、土壤有机质，以及鸟类群落等进行监测以反映生态系统修复活动的效果。[19]

### 3.1.5 蓝色空间生态修复的主要理论

**1. 洪水脉冲理论**

洪水脉冲是河流—洪泛区系统生物生存、生产力和交互作用的主要驱动力。洪水水位涨落引起的生态过程，直接或间接影响河流—洪泛区系统的水生或陆生生物群落的组成和种群密度，也会引发不同的行为特点，如鸟类迁徙、鱼类洄游、涉禽的繁殖以及陆生无脊椎动物的繁殖和迁徙。同时，洪水冲积湿地的生物和物理功能依赖于江河进入湿地的水的动态。被洪水冲过的湿地上植物种子的传播和萌发，幼苗定居，营养物质的循环，分解过程及沉积过程均受到影响。在湿地修复时，一方面应考虑洪水的影响，另一方面可利用洪水的作用，加速修复退化湿地或维持湿地的动态。

**2. 生物操纵理论**

1975 年沙博理（Shapiro）等在水域生态学研究领域最先提出经典生物操纵理论，即通过人工清除水体中滤食鱼类或直接投放肉食性鱼类，促进大型浮游动物（特别是枝角类动物）和底栖动物的发展，以控制浮游植物的大量发生。最终，浮游动物对浮游植物的放牧效率提高，浮游植物生物量减少。这种方法也称为食物网操作。经典生物操纵的核心是通过大型浮游动物对藻类的摄食及其种群的建立。而生物操纵的非经典理论是直接添加鱼类（如鲢鱼、鳙鱼和鲤鱼）以控制浮游植物。

**3. 河岸边缘带连续体理论**

河流连续体概念（River Continuum Concept，RCC）于 1980 年被提出。河流连续体是预测沿温带河流长度而发生的自然结构、优势生物和生态系统过程变化的一种模式，即在源头或近岸边，生物多样性较高；在河中间或中游因生境异质性高，因而生物多样性最高，在下游因生境缺少变化而生物多样性最低。河流连续体概念为河流网络作为一开放生态系统提供了概念化支持，河流网络的特征是物理变化和相关生态响应的连续体，其中有机物质的类型和可用性、无脊椎动物群落的结构和分区资源量是沿纵向梯度逐渐移动。[20]

## 3.1.6 蓝色空间生态修复的目标与原则

**1. 修复目标**

蓝色空间生态修复的总体目标是采用恰当的物理、化学和生物工程手段，逐步恢复退化蓝色空间生态系统的结构和功能，旨在维持蓝色空间生态系统的完整性，使其回归或接近未受干扰的状态。但是，根据不同的社会、经济、文化和历史背景要求，蓝色空间的目标也有所不同，同时蓝色空间生态修复的目标因各个领域和研究以及管理目标的不同也有所区别。

具体目标包括：①防洪和恢复健康的水循环系统，包括河流生态系统和湿地生态系统地貌特征的改善、水质、水文条件的改善；②提升河流生态系统和湿地生态系自净能力保护水质；③恢复河流廊道生态及景观的连通性，河流连通性是搭建保护生物多样性的桥梁，联合国环境署指出人口增长、城市扩张、农业、污染与基础设施建设等人类干扰因素造成全球 75% 的土地破碎化，其中大坝建设是导致自然流淌河流破碎度严重的主要因素，大尺度水坝造成 59% 的全球河流截断，干扰了 93% 河流的自然流动状态，并有接近 28% 河流在严重的流量控制之下，因此"生态连通度"（Ecological Connectivity）是 5 个全球重要新兴环境问题之一；④增加河流生态系统和湿地生态系的服务功能；⑤丰富景观与游憩功能等。

**2. 修复原则**

制订全周期的蓝色空间的修复行动计划，需遵循系统原则、自然原则、资源保护原则、社会经济原则和景观游憩原则等（图 3-3）。

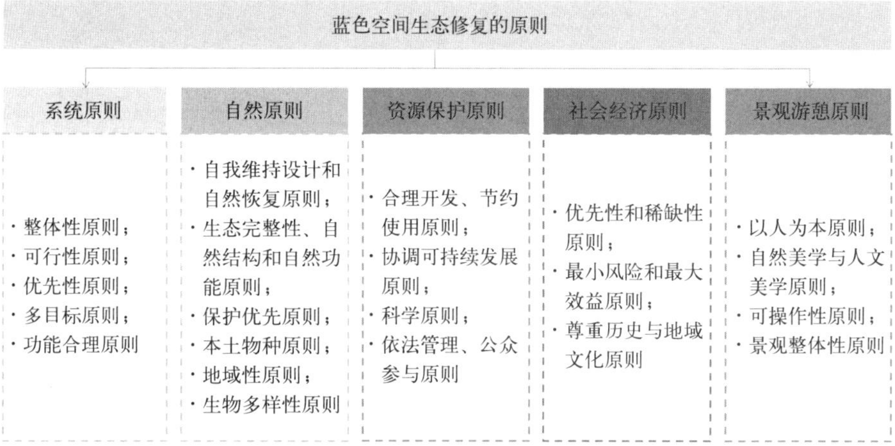

图 3-3　蓝色空间生态修复的原则
（图片来源：作者自绘）

蓝色空间生态修复的原则

| 系统原则 | 自然原则 | 资源保护原则 | 社会经济原则 | 景观游憩原则 |
|---|---|---|---|---|
| ·整体性原则；<br>·可行性原则；<br>·优先性原则；<br>·多目标原则；<br>·功能合理原则 | ·自我维持设计和自然恢复原则；<br>·生态完整性、自然结构和自然功能原则；<br>·保护优先原则；<br>·本土物种原则；<br>·地域性原则；<br>·生物多样性原则 | ·合理开发、节约使用原则；<br>·协调可持续发展原则；<br>·科学原则；<br>·依法管理、公众参与原则 | ·优先性和稀缺性原则；<br>·最小风险和最大效益原则；<br>·尊重历史与地域文化原则 | ·以人为本原则；<br>·自然美学与人文美学原则；<br>·可操作性原则；<br>·景观整体性原则 |

# 3.2　河流与流域生态修复

## 3.2.1　河流与流域生态修复的研究概述

河流与流域水资源系统是一个涉及社会、经济和生态系统的复杂系统，子系统与系统之间的关系是相互依存的，但社会环境限制了自然过程的完全修复（图 3-4）。河流修复是水资源可持续性管理的一部分，应采用适应性方法进行河流恢复。[21]

基于过程的修复（Process-based）可能是实现河流可持续性的主要途径，由于工程控制（水利设施建设）受损的河流修复的主要内容包括自然水文状况修复和地貌特征修复两个方面，其核心是更新主河道、回水和洪泛区之间的水文连通性。基于自然水文过程的修复主要应用于三种情景，①通过将废弃渠道与主流重新连接起来，生物多样性、成活作物和水生生物群的产量将增加；②大坝建设阻碍了纵向水文连通性，生态水库在一定程度上改变了温度和流态；③恢复地表水和地下水流之间的连通，地下水和河流水的混合提供了驱动生物地球化学反应的养分和基质。此外，河流地貌修复包括河岸带修复和河道修复两部分。[22]

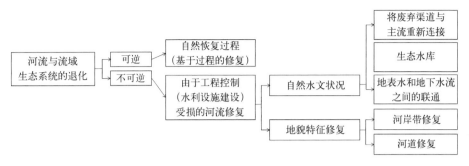

图3-4　河流与流域生态修复的主要内容
（图片来源：作者自绘）

## 3.2.2　河流与流域生态修复的规划流程

### 1. 资料调查

1）对修复区域进行本底调查和评估。了解修复区域过去和现在的状况，明确修复区域在过去是否属于河流与流域范畴，如果属于，需确定是哪些因素导致了退化或者丧失，特别是修复区域过去的水文要素、植被的分布格局、地形地貌、物种对栖息地的需求，修复区域现在的状况等。

2）对退化状况的调查及评价。对河流与流域的退化状况进行调查和评价，以明确退化原因、退化程度、修复潜力等。

### 2. 修复方案的设计

1）确定修复区域。要选择一个修复区域，首先要确定该修复区属于地方、省级还是国家级优先修复区域，要在一系列的修复地点中选择最佳的修复区域，需要考虑水文条件、地形地貌条件、土壤条件、生物因素等因素。

2）划分修复的优先等级。通过退化现状、修复目标、资金来源与成本效益等方面的分析，帮助河流管理人员、决策者、资助者和其他参与人员，明确修复活动和基于自然的解决方案（Nature-based Solutions，NbS）行动开展的优先性。

3）确定修复的原则与目标。根据河流与流域生态系统退化的分析结果，确定修复原则，制订修复目标，包括愿景、总体目标、最终目标、具体目标和指标等类型。选取退化生态系统修复的参照系，指用于对照生态系统恢复过程与结果的参照体系。一般是按自然演替的过程，将不同演替阶段的代表性群落及其种类组成作为参照。对自然生态修复的意义包括理解生态系统的发生与演替，是生态系统修复的基础，也是自然生态修复管理的依据，同时自然生态修复过程可以依据生态修复参照系进行生态系统组分改造，或种类组成改造，加速自然修复的进程。

### 3. 修复方案的技术与实施

1）选择修复的方法与技术。最佳方法就是尽可能地选用最简单的修复方法，因为越复杂的修复方法，越容易在某个环节出现偏差。在实施更多的人为干预之前应考虑采用自然恢复方法，如果不能采用自然恢复方法，应更多地考虑采用生物工程，而不是传统的工程措施。同时，为了应对气候变化，基于自然的解决方案（NbS）也应该被考虑。

2）实施修复工作。按照生态系统修复的目标原则，对恢复河流与流域生态系统的功能、风险评价、修复与重建指标体系等方法进行全面规划和研究，并且需要考虑修复的资金支持等方面内容。

**4. 监测与管理**

1）长期监测。河流与流域修复不仅包括生态要素的修复，而且包括不同层次、不同尺度规模、不同类型的生态系统修复。因此，河流与流域修复的长期监测是必要的，包括监测方法、监测指标、实施路线、采样频率和强度等均需合理地安排。

2）适应性管理。河流与流域生态系统是一个不断与周边环境发生响应的生态系统，需要对修复的河流进行长期管理，以便使其发挥预期的生态功能，并使人为影响达到最小化，长期管理通常需要维护现有的各种设施，如水利设施、监测设施等，对生物群落和植被类型的长期管理，解决入侵物种或沉积物过量的问题，解决一些非预期的事件。

**5. 宣传与参与**

对全部利益相关者的宣传，使其认识和理解，对有效执行生态修复项目至关重要。更多地了解、认识和领会生态修复和生态系统完整性的价值，建立宣传、教育和研究平台，用以促进监测活动，以及分享生态修复行动的成功信息和经验教训（图3-5）。

### 3.2.3 河流与流域生态修复的方法与技术

**1. 生态系统结构与功能的修复**

河流与流域生态系统结构与功能的修复主要包括：①水质、水文条件的改善；②水文连通性增加；③生物群落多样性的提高。

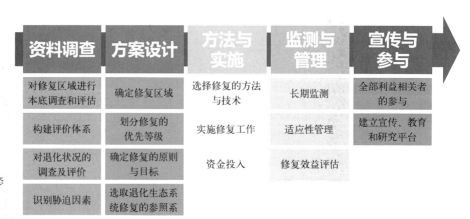

图3-5 河流与流域生态修复的规划流程
（图片来源：作者自绘）

1）水文水质条件的改善

改善水文水质条件。河流中的水污染物主要包括营养物质（即氮、磷等）、有机污染物、重金属污染物等，被污染的河流修复技术主要有三种：①物理方法，包括截污疏浚、覆盖、机械除藻、引水等；②化学方法，包括化学絮凝、添加化学除藻剂、投加石灰、原位化学反应技术；③生物生态方法，包括水生植物修复、生物操纵技术、曝气、微生物增强技术、生物膜技术、活性污泥技术、土地处理技术等。

物理方法。物理方法包括人工曝气技术、污染底泥疏浚、截污疏浚、机械除藻以及调水等技术方法。其中，人工曝气技术被认为是强化微生物降解水环境污染的一项有效措施，特别适用于黑臭河流。受污染的河流缺乏溶解氧，人工曝气技术可用于修复河段内水体的臭味，并控制藻类的过量繁殖，已应用于美国的密西西比河和霍姆伍德（Homewood）运河、英国的泰晤士河和特伦特河、北京的清河、上海市的新港河等。河流外部污染物可分为点源污染和面源污染，与点源污染相比，面源污染量大、污染范围广，难以控制，通常点源污染主要通过截污疏浚工程来控制，该方法曾是美国、日本和欧洲等发达国家修复河道的重要措施之一，但底泥疏浚修复过程中和修复后产生的物质其无害化处理其投入成本偏高。

此外，还可以通过覆盖沉积物方式，在沉积物表面覆盖塑料薄膜或渗透性小的鹅卵石，将减少由于波浪扰动引起的沉积物翻滚，从而有效抑制底泥中养分的释放，提高水体透明度，促进沉水植物的生长。但这种方法具有不能解决污染根源、成本高、不能大面积应用等缺点。调水是通过水利设施的调控引入污染河道上游或附近的清洁水源，从而改善下游河道的水质，采用治水和优化调度水资源相结合的方式，通过调整水量、水流形态等水力特性，在引水后保持河流流动状态，可保持较高水平的溶解氧浓度和自净能力。在蓝藻丰富的地区，可以采用机械技术（即气浮法、Plocher 系统、超声波、固定机械设备或移动容器）有效去除藻类。[23]

化学方法。化学法包括化学絮凝（Chemical Oxidation–Flocculation Technology, COF）、添加化学除藻剂、投加石灰、原位化学反应技术。通过添加化学物质和吸附剂改变水中的 pH 值、氧化还原电位、吸附沉降的悬浮物质和有机物，使得污染物从底泥中分离或降解转化为低毒甚至无毒的状态。

生物方法修复。生物方法是通过特定的生物（包括微生物、植物等）吸收、转化、降解或者清除环境污染物，以实现环境净化以及生态恢复的生物技术，主要的方法包括微生物修复技术、植物修复法、生态浮岛及人工湿地等。水中污染物的降解主要依靠微生物的作用，当水体受到严重污染且没有微生物存在时，将微生物加入水中可以促进污染物的降解。此外，生物膜上的微生物通过附着在受污染的水中，可以吸收和同化有机物，从而净化污水。活性污泥具有很强的吸附和降解能力，可用于处理和净化污水，活性污泥可分为好氧活性污泥和厌氧颗粒活性污泥，无论属于哪一种，活性污泥都是可见的絮状微生物共生体，由多种微生物、有机和无机胶体、悬浮物组成。人工浮桥浮岛技术，用轻质材料搭建成人工浮桥或浮岛，应用水培法，在浮桥、浮岛上种植一些陆生的观赏植物，如美人蕉、风车草、金银木等，或种植一些蔬菜，如蕹菜、芹菜等。利用悬浮于上层水层中的根系附着其上的微生物分解水中有机质，还可在浮桥下部悬挂生物纤维作为培养微生物的载体，提高河道的自净能力。生态沟渠是根据水生植物的耐污能力及生理特征，在不同渠段选择不同措施，逐级净化水质，将净化设施与地表景观融为一体。

技术集成。综合集成使用沉水植物优选与改良技术、食物链构建技术（水生动物群落、水生植物群落）。通过水资源合理配置以维持河流河道最小生态需水量，以控制污染物流入，或增加水量稀释污染物，采用人工曝气复氧，或底泥疏浚，并提倡多目标水库生态调度。在满足社会经济需求的基础上，模拟自然河流的丰枯变化的水文模式，采用恢复下游的生境等物理、化学和生物修复技术，以实现河流与流域水文水质的提升。

2）增加连通性

修复河流流动路径和连通性是很必要的，通常采用河床结构、景观储存能力和地下水连通性等方法进行修复。修复水文连通性也是实现生物多样性的关键。在大坝区域，通过建造鱼道和复杂的通道设施，可以加强河流中鱼类栖息地的纵向连通性。总之，工程和管理相结合的解决方案，可能是修复被大坝改变的河流生态系统功能连接性的最佳选择。水文连通性和生态恢复之间的联系，也是考虑在哪里建造、拆除和重新启用水文基础设施的核心。

3）栖息地修复

河流自然的纵向剖面，通常由交替的水池和浅滩组成，创建水池—浅滩序列通常被认为是恢复河流高异质性生境的主要方法之一。水池和浅滩的大小和组合应根据水的力学原理确定，水池和浅滩根据弯道发生频率成对设计，即在每个河道弯道处设置一对水池和浅滩，水池和浅滩之间的距离为下游河道宽度的 5 ~ 7 倍。[24]

通过改善河道内部的微地形强化河道栖息地功能，主要采用的生态修复方法包括丁坝、溢流堰、生态跌水和人工岛等方式，其中，①丁坝可采用木桩、石块、活柳枝等自然材料建造多孔隙透水丁坝；② U 形溢流堰可采用松木桩、石块、碎石、沙土和无纺布等材料进行构建；③生态跌水也可通过木桩、巨型石块、碎石等材料进行堆叠。也可通过改善河流局部的地貌特征修复栖息地，如增加堰、引水结构、凸缘板等结构，增加河流流动特征的多样性，从而为不同种类的生物群落提供适宜的生境。

### 2. 河岸带修复

河岸带是水生生态系统与陆地生态系统的过渡带，是指从水边到第一个阶地的狭长地带，也是地表径流进入河流的唯一通道，具有较高的地下水位。河岸地带通常由几个河流边缘组成，包括河道岛和河坝、河道两岸和洪泛区，作为水生和陆地生态系统之间物质、能量和信息交换的重要交错带，它们提供多种生态功能，例如过滤农业污染物、保护生物多样性和调节洪水[25]等。传统护坡材料主要是石头和混凝土，但阻隔了水流与土壤之间的物质交换，[26]随着人们生态保护意识的提高，为满足如防洪、生态健康、景观等多重要求，新型的生态修复方法逐渐被采用。

1）自然式的河岸带修复

自然式的河岸带修复常用于河岸带防洪要求不高的地方，选择合适的植物种植在河岸顶部、岸坡和水边，通过植物的根、茎和叶来保护河岸带，也可采用土壤生物工程等方法（图3-6）。在这种方法中，无论是植物枝条结合木桩，还是乔灌草植被，都可以防止水土流失，为生物群提供稳定的栖息地，如2003年上海市浦东新区进行河道修复，植物护坡技术是其中的重要组成部分。[27]

以陆生植被和湿生植被构建的缓冲带主要包括4种主要的类型，包括：①绿篱隔离带，主要是为了隔绝一些人为干扰、阻止牲畜进入；②自然乔草带，主要由乔木和草本植物构成，用来固土、保水、减少水土流失；③灌草复合带，以灌木为主、草本植物为辅，具有速生、高产的特点，有很强的环境适应能力，形成低矮密集的灌草层，对地表径流有较强的净化作用；④生态透水植被带，一般采用下凹式绿地、生态碎石床、生态拦截带等多种生态透水净化技术，植被一般以草本为主，灌木为辅，主要用于增强缓冲带对地表径流面源污染的截留、过滤和净化作用。

2）生态工程型河岸带修复

生态工程型河岸带修复通常用于侵蚀严重、防洪要求较高的河岸带。应使用高透水性的非生物亲水材料，如天然材料（木桩、竹笼、鹅卵石）、生态塑料、种植混凝土、三维植被网、石笼网、非细混凝土等。这些材料既能满足过

图3-6 自然式的河岸带修复措施示意图
（图片来源：作者自绘）

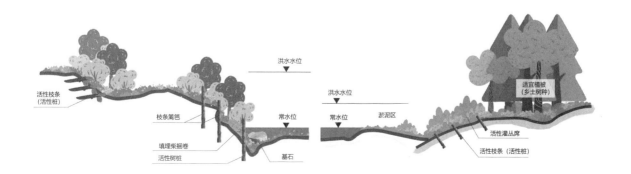

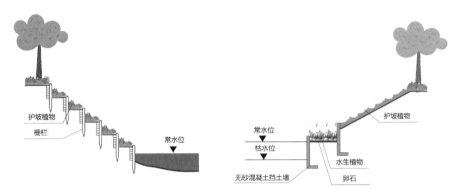

图 3-7 生态工程型河岸
带修复措施示意图
（图片来源：作者自绘）

滤和防冲刷的要求，又能为植物生长和无脊椎动物和鱼类的发育提供栖息条件，如美国伊利诺伊州"Crow Creek"保护计划，在土壤侵蚀最为严重的区域使用块状护堤的形式，同时在河岸和附近的山上种植了多种植被，在保护河堤的同时增加了生物多样性。生态岸坡修建技术主要包括构筑植物型护坡、土工材料复合植物护坡、生态袋护坡、木材护坡、抛石护坡、石笼护坡、连接混凝土块体护坡、组合材质护坡等，以确保较大的抗洪能力，单项措施如图 3-7 所示。

**3. 河道修复**

河流自然蜿蜒曲折性的修复，不仅可以增加河流曲流、降低坡度，从而降低流速和输沙能力，而且也能够提高栖息地的质量和数量，[28] 如果弯曲的流河不能满足防洪要求，可设置导流渠作为防洪设施。[29] 目前，水动力学数值模型如 MIKE、HEC-RAS、HEF-RT 等越来越多地用于模拟水流过程，基于高精度数字高程模型等数据优化河道断面的研究也逐渐增加。[30]

## 3.2.4 河流与流域生态修复的典型案例

经典的河流与流域生态修复案例，包括模拟自然水利的美国查尔斯河生态修复、修复自然形态的日本土生川河流修复、河流与公园相结合的新加坡加冷河修复、新西兰流域综合管理、田纳西河流域健康评价等。国内的典型案例如杭州市拱墅区河流生态修复、成都市府南河综合治理、东莞市水乡中小河流综合治理、东江源头区生态清洁小流域建设、内蒙古自治区巴彦淖尔市乌梁素海山水林田湖草沙综合治理等。

**1. 首尔清溪川生态修复**①

1）项目背景

清溪川是韩国首尔市中心的一条河流，全长 10.84km，总流域面积 59.83km²，汇入中郎川后流向双江。2003 年 7 月，首尔政府启动清溪川修复

———————————

① 上海君瑶环境．案例盘点：韩国清溪川黑臭水治理启示 [OL]．搜狐网，2020-06-13[2022-03-14]．

工程，历时 2 年竣工，之后经过多年治理，清溪川已经还清，成为黑臭河流治理的典型案例。清溪川的改造被认为是首尔建都 600 年以来最大的市政工程，被世界城市规划界认为是"21 世纪城市革命真正的开端"。

2）问题分析

河流生态系统面临的主要威胁：①旱涝交替：清溪川春秋季节大部分成为干川，而夏季时有洪水泛滥；②河床淤积：大量污泥和垃圾填充，河水污染严重；③污染严重：韩国在 20 世纪 50 至 60 年代，由于经济增长及都市发展，清溪川被覆盖成为暗渠，清溪川的水质亦因工业和生活污水的排放而变得恶劣；④河流面积减少，清溪川被混凝土路面覆盖，成为城市主干道之下的暗渠。1970 年，清溪川岸边建起高架桥。进入 21 世纪，清溪川高架路已经有 40 余年历史，年久失修给市民和环境都带来安全隐患，很显然复原河道是对人和环境最安全的保护办法。

3）规划设计与实施[①]

（1）修复理念

2003 年 7 月至 2005 年 9 月，拆除了老旧残破的清溪高架桥，开始了河流的恢复工作。河流治理中，将防洪、生态、景观、文化、游憩等功能很好地结合，在保证防洪的前提下，河道设计为复式断面，分 2 ~ 3 个台阶，人们可以通过台阶接近水面，开展亲水活动。在河流的不同位置，采用不同的设计手法，强调自然和生态恢复理念，使人们有置身大自然的感觉，同时，河岸带以护坡块石和植被为主，并将人文、时尚等元素融入河岸带的设计中。

（2）修复方法与技术

①生态护岸。清溪川部分的河岸带为抛石＋柳树＋水生植物护岸的形式，创造了栖息地环境；部分河岸带为不规则的堆石和泥沙形成了蜿蜒的河流形态，恢复和创造了水流的多样性，也确保植物的茂盛生长。

②水动力的恢复。恢复水流活力以及水动力的生态修复过程，是清溪川河流生态修复的关键，不同流量和流态的水流可以促进河流生态系统结构和功能的完整性，采用的生态修复方法包括丁坝、透水堰和凸凹的水际结构等。

③生物多样性保护。河底防渗层采用黏土和砾石混合物，在清溪川河道治理过程中注重生物保护，如湿地、鸟类栖息地等，增加生物多样性。

④亲水景观营造。清溪川的河道修复中增加了瀑布、喷泉、壁泉、跌水等滨水景观设计理念，通过视、听、触觉等体验方式丰富了水体景观。同时，在景观水景旁边设置亲水设施，如亲水台阶、平台、护岸等，市民可以充分体验与河流相关的休闲活动。

⑤文化传承。清溪川修复工程重建了具有重要历史文化代表性的两座桥

① 生态之河—生命之河——韩国清溪川调研报告（组图）[OL]. 景观中国，2006-12-21[2022-03-14].

梁，连接 4 个城门和其他重要的历史文化遗迹。同时在拆除旧高架桥时，建设者在河的下游段特意保留了部分高架桥墩，给后人以启示。

4）修复效果[①]

恢复水文水质，修复后清溪川水源地达到 II 级标准；恢复生物多样性，清溪川下游地区的动植物由原来的 98 种迅速上升为 314 种，其中清溪川水中和两岸能观察到的鸟类达 32 种，还有鱼类 15 种、植物 156 种，形成了新的自然生态系统；改善环境，增加城市宜居环境，包括噪声下降、气温下降、风速增加、空气质量提高（图 3-8）。

**2. 成都府南河生态修复[②]**

1）项目背景

近年来，成都市以"河畅、水清、岸绿、景美"四位一体的现代水利建设理念为指导，重点结合沿岸产业布局、交通旅游、生态保护、环境治理、水源涵养等功能对全域河湖水系进行综合治理，水生态治理工作稳步推进，在积累了丰富经验的同时也取得了显著成效。[③]府南河是府河和南河的统称，古称"濯锦之江"，府河和南河同起源岷江水系，两河汇合于合江亭，再合并为一条江，2005 年经四川省政府批准，成都市区段的府、南河统称为锦江，两河流经城区段全长 29km，流域面积占全成都的 14%，是流经市区的主要河流，

图 3-8 首尔清溪川生态修复
（图片来源：韩国首尔清溪川景观改造项目 [OL].土木在线，2015-04-29.）

---

① 范益民. 首尔清溪川生态恢复工程的启示 [EB].
② 四川成都：河湖"守护者"守出生态宜居城 [OL].新华网，2021-11-01.
③ 成都市水务局. 成都市河湖水生态综合治理技术导则 [EB/OL]. 成都市水务局，2022-01-19[2022-03-14].

承载了成都约 45% 的人口，作为成都的护城河，与人们生活有着密切的关系，具有灌溉、供水、航运、排水、泄洪、娱乐等多种功能，对成都的经济文化发展起着巨大的作用。

2）问题分析

河流生态系统面临的主要威胁：①水量减少，都江堰上游补给水水量减少使府南河断流；②常年水患严重，洪涝灾害频繁；③多年生活、工业废水随意排泄，水质污染加剧；④府南河泥沙淤积严重，河堤风化，河岸垮塌的风险较高；⑤府南河两岸缺乏有效连通，居民生活不便，更无法满足人居亲水的需要。

3）规划设计与实施

（1）修复历程

1993 年府南河综合整治工程正式启动，投资预算总额相当于 1993 年全市的财政收入，被命名为"一号工程"。1997 年府南河综合整治工程中心段完工，工程包括了河道整治、安居、治污、绿化、道路管网和文化工程等六大子工程，城区防洪标准由原来不及 10 年一遇提高到 200 年一遇；完成 26km 排污干管铺设，截堵 599 个排污口，搬迁工厂作坊 640 余家。1998—2002 年，府南河综合整治工程进入了整治新阶段，以府南河综合整治工程理念为基础，成都市水环境治理进一步铺开。2013 年初，成都市又锁定 413 条黑臭中小河渠，用 3 年时间完成了治理任务，到 2016 年基本实现了"全线截污，水质明显改变"的目标。

（2）修复方法与技术[①]

①河道整治新建河堤，加固河堤，疏浚河道，新建桥梁，将 10 年一遇的防洪标准提高到 200 年一遇的标准。

②截流污水沿府南河两侧铺设排污干管，将两岸污水截流纳入南郊污水处理厂处理后，将其处理达标后再排入府河。

③建设道路沿府南河的内侧建成 14.79km 长的内环路，道路面积约 32 万 $m^2$。此外沿河有宽 16m 防洪通道，沿府南河外侧形成 8.6km 长的道路。

④修建旁路湿地系统结合人工湿地污水处理系统，水景设计追求生态化和自然化，修建了成都活水湿地公园。用水车取府南河污水，泵入厌氧池，在厌氧池中设置尼龙填料，以提高处理效果。污水经厌氧微生物消化和处理后，除去大部分悬浮物和有机物，出水经卵石曝气沟流入兼氧塘。在兼氧塘中种植风眼莲、浮萍等漂浮植物和少量鱼草，并养殖少量耐污鱼类。经兼氧塘水生生物净化处理后，出水通过暗管流入设有三级稳定塘和二级植物床的人工湿地处理系统。

⑤改造旧城将河道两侧污染严重工厂迁至规划工业区。

---

① ［案例分享］成都府南河综合治理经验与问题 [OL]. 北极星环境修复网，2015–11–24.

⑥绿化滨河形成以巴蜀文化为内涵的滨河绿化带，呈现不同地段，各具特色的滨河绿化圈。

4）修复效果

修复后城市河道的水质从劣Ⅴ类（水质严重恶化）提升到Ⅲ类水（可作为饮用水源）；让市民在生态中享受生活、感知幸福，成为四川探索生态产品价值实现机制的积极实践。该工程包括截污、治污等环保工程、道路管网工程和安居工程。首先，将河道两侧污染严重的工厂迁至规划工业区，并对河道两侧占全市60%的低洼棚户和破旧危房进行拆除，减轻了工业废水和生活污水，对府南河水体的污染。

其次，沿府南河两侧及西安路、北巷子、王爷庙、红星路等处铺设排污干管，将两岸污水截流纳入南郊污水处理厂，经处理后达到国家Ⅲ类水质标准，再排入府河，府南河水质有所改善。再次，借府南河改造之际，改善了市区交通、建设热水、供水、供气管、供电、通信线等基础设施，提高市政设施水平。但该工程并没有充分考虑自然河流的有机结构及其生态功能。由于改造工程采用各个击破的方法来解决府南河存在的众多问题，使得整个治理工程缺少有机结合，治理后期又出现很多其他的问题，致使至今府南河污染问题依旧存在。

### 3. 江西赣江新区儒乐 S 湾景观规划设计

1）项目背景

新城河岸带城市公园设计是新城沿江公园全面的生态修复和景观提升方案。[31]

2）问题分析

（1）河流演变过程分析：河床地形（不同水位下水岸边界的变化）；水岸线形态；水位变化。

（2）人工干预河流事件梳理。

3）规划设计与实施

（1）设计目标：①恢复独特的"S"形河流地貌；②通过生态技术和符合河流地貌自然发育规律的整地策略对新增的坑塘流槽进行管理，以减缓、遏制侵蚀过程；③利用河水自然冲淤作用，修复边滩和江心洲等"S"形河流地貌单元；④打破原有防洪堤的平行线式断面设计，在满足防洪需要的前提下提升河岸生态效益和景观品质。

（2）修复方法与技术：①模拟不同水位下的边滩边界，确定防洪堤外受损边滩的修复范围；②增设符合生态学原理的新型丁坝群，以利用河流自然发育规律整合现状破碎坑塘（是采砂活动集中区）；③建立弧形条状沙洲，稳固沙洲间不同高程的流路河槽，促进边滩的自我修复，从而恢复河流自然蜿蜒的形态及生态群落；④创造具有景观美学价值的水岸空间；⑤在防洪堤内新增雨水花园等绿色基础设施；⑥利用高差设计丰富的滨水景观空间；⑦河流堤岸是重要的水陆过渡地带。

（3）丁坝设计：坝群和生态护岸技术建立高程分别为 16m、15m、14m 的人造河槽，利用洪水漫滩和回落，引导包括现状江心洲在内的三组弧形沙洲的修复或形成，周期性的水位涨落可将营养物质输送到沙洲表面，帮助建立水生植物栖息地，以稳固沙洲边滩。

（4）断面设计：①在岸线横剖面的设计中，通过地形缓坡、植栽退台、石笼阶梯等形式，满足 50 年一遇的防洪需求；②在防洪大堤的断面设计中，打造绿道。

（5）材料选择：①在岸线材料：运用多孔隙的自然材料创造可渗透的多样化水陆交界面；②根据水冲刷的强度选择固岸材料，例如净水石笼砌块、椰棕纤维生态垫、柳条和沉水木桩、挺水植物种植笼等；③软化硬质铺装。

# 3.3　湖泊与湿地生态修复

## 3.3.1　湖泊与湿地生态修复的研究概述

### 1. 湖泊与湿地

湖泊与湿地景观的美学特征结合了生态环境之美、自然景观之美和人文之美。湿地景观呈现出的多样性和原生自然性满足了人们回归自然的生理和情感需求，体现出湖泊与湿地的生态环境和自然景观特征。对于湿地的人文之美是指其背后蕴含的丰厚的非物质文化遗产，兼具湖泊、农田、鱼塘和土地的湿地景观与自然崇拜，如湖南省岳阳市汨罗市河湖湿地与屈原密不可分，人们据此创作了许多精彩的故事。

我国湿地植物以温带成分为主，其属数和种数及所占比例均居首位，这些植物广泛分布在我国东北地区和青藏高原地区。湿地最富有生物的多样性，仅中国有记载的湿地植物就有 2760 余种，其中湿地高等植物 156 科、437 属、1380 多种。湿地植物从生长环境看，可分为水生、沼生、湿生三类；从植物生活类型看，有挺水型、浮叶型、沉水型和漂浮型等；从植物种类看，有的是细弱小草，有的是粗大草本，有的是矮小灌木，有的是高大乔木。湿地动物的种类也异常丰富，中国已记录到的湿地动物有 1500 种左右（不含昆虫、无脊椎动物、真菌和微生物），鱼类约 1040 种。鱼类中淡水鱼有 500 种左右，占世界上淡水鱼类总数的 80% 以上。[①]

### 2. 湖泊与湿地的退化现状

湖泊与湿地的退化包括面积减少，水体污染严重，土壤退化和生物多样性锐减等方面问题。中国湖泊面积达 78000km$^2$，根据第二次湖泊调查，近 50 年来

---

① 数据来源：国新办举行第二次全国湿地资源调查结果等情况发布会 [OL]. 中华人民共和国国务院新闻办公室，2014-01-13.

我国湖泊数量减少 243 个，面积减少 9606km²，约占湖泊总面积的 12%；[①] 新一轮湿地调查结果表明，近 10 年来全国湿地面积减少 3.4 万 km²，减少率达到 8.82%，储水量锐减，其中天然湿地丧失最严重的地区为东北和长江中下游地区。

湖泊与湿地面积持续减少，已经成为我国近期面积丧失速度最快的自然生态系统。同时，我国东部、东北和云贵高原湖泊中 85.4% 的湖泊超过了富营养化标准，五大淡水湖，除洞庭湖尚处于中富营养化水平外，鄱阳湖、太湖、洪泽湖和巢湖整体均处于富营养化水平，且西北部湖泊普遍盐碱化，水质呈下降趋势。而且湖泊与湿地的鱼类资源种类减少、数量大幅下降，水生植物与底栖生物分布范围缩小，生物多样性下降，随着富营养化加重藻类等浮游植物大量繁殖与聚集，造成湖泊与湿地的生态系统服务功能进一步下降。

### 3. 湖泊与湿地的退化机制

主要的退化机制包括环境污染、水利建设、过度放养、富营养化、外来种的侵入、围湖造田等活动。因此，营造林地提高湖泊周围整个流域的植被覆盖率、减少面源污染的危害、增强水源涵养能力、加大人为调控湖泊水位和湿地水量的力度，尽量防止水位频繁地剧烈变化，维持湖泊的最低水位，防止湖泊的干枯，实现周期换水，清淤等修复措施需积极开展。

### 4. 湖泊与湿地生态修复的研究进展

欧洲国家从 20 世纪 70 年代开始了对水环境的治理与修复工作，德国率先在其境内推行了重新自然化的水环境保护策略，[32] 日本从 20 世纪 80 年代开始恢复湖泊等水环境的自然状态，[33]20 世纪 90 年代美国水域生态系统修复委员会在美国境内开展了水域生态系统修复情况及其形式的总体评价工作，以解决点源和面源的污染问题、遏制生物物种和群落多样性的下降、修复各种类型的生境为切入点制定了具体计划。[34]

自 20 世纪 80 年代以来，中国开始建立具有湿地生态系统的自然保护区。中国湿地保护与开发的实践工作开展迅速，截至 2017 年，已建成湿地自然保护区 602 个，国家湿地公园试点 898 个，拥有"国际重要湿地"57 个，湿地保护率达 49.03%。[②] 2000 年，国务院 17 个部门颁布了《中国湿地保护行动计划》，明确了湿地保护的指导思想和战略任务。此后，颁布并批准了一系列湿地保护和管理计划，例如《国家湿地保护工程计划》（2002—2030 年）、《国家湿地保护项目实施计划》（2005—2010 年）等。2017 年，《中国湿地保护实施"十三五"规划》发布，预示着湿地保护进入从"应急保护"开始转变为"综合保护"新阶段，划定并严格遵守生态红线，实行等级管理，实现湿地全面保护。保障湿地水环境的"质"与"量"是湿地生态系统可持续发展的关键所在，也是湿地资源开发利用的前提。主要包括对东湖、太湖、滇池、洪湖等湖

---

① 数据来源：《长江保护与发展报告 2011》。
② 数据来源：中国湿地科学数据库。

泊湿地的生态修复。与此同时，也有许多地区展开了对城市湿地的修复研究，主要包括黄河流域的济南和海河流域的天津，长江中下游地区的杭州、上海等，均采取了一系列生态工程对城市湿地进行修复。

湖泊与湿地修复技术的研究。对湖泊型湿地面积大小、水文条件、污染程度等特性的水环境修复技术也在不断研发之中，如中国科学院生态环境研究中心、地理研究所和动物研究所，在不同地区开展了水环境治理和修复的研究，集中在内源污染控制、水动力学控制、生态调控和外源污染控制等几个方面。[34] 目前实践中广泛应用的水环境修复技术有底泥覆盖、底泥疏浚、营养盐固定、机械调控法、水力调控法、鱼类控制技术、水生植被修复、城市面源污染控制和农业面源污染控制等。[35]

湖泊与湿地生态系统服务（Lake-Wetland Ecosystem Services，LWES）的研究。目前，评估湖泊与湿地生态系统服务的生物物理模型和经济评估方法可量化不同时空尺度上的需求权衡，可提供湖泊与湿地管理替代方案的制定依据。相关研究还包括湖泊与湿地的监测保护、生态系统服务的综合评估模型、财政激励措施（如生态补偿计划）等方面的内容。[36]

## 3.3.2　湖泊与湿地生态修复的要素组成

### 1. 结构梯度

天然形成并发育良好的湖泊都呈现出中间深，四周浅的特点，湖泊湿地位于湖泊与陆地的交界处，也具有独特的梯度性。在水平方向上，由湖面到陆地的可以一次划分为多个景观区，包括深水区、湖沼区和滨岸区。

1）深水区。深水区主要包括湖泊水体及水生动植物，尤其是种类丰富的鱼类，是湿地生态系统食物链中的重要组成部分，为湿地生态系统的循环提供能量和营养物质。

2）湖沼区。湖沼区位于湖泊边缘，也称作浅水区，包括部分湖泊水体和陆地沼泽带，具有由湿生植物、水生植物和陆生植物构成的丰富植物群落，也为各类动物提供了栖息地，是湿地生态系统主要的有机物生产场所。

3）滨岸区。滨岸区紧邻陆地与城市建成区，最大限度地受到人类活动的干扰。主要包括湖泊滨岸、坑塘、水库、水渠、滩涂等。植物群落以陆生植物为主。滨岸区是湖泊湿地系统的缓冲带，为维护湖泊湿地系统的生态功能与生物多样性，应具备一定宽度。并且滨岸区的宽度对湿地系统的功效起了决定性作用。

### 2. 物种群落

水生演替：以淡水湖中群落演替为例，过程包括自由漂浮植物阶段、沉水植物群落阶段、浮叶根生植物群落阶段、挺水植物群落阶段、湿生草本植物群落阶段、木本植物群落阶段。湖泊湿地生态系统处于生态交错带，景观异质性和边缘效应突出，其物种群落包括了生产者、消费者和分解者。以生产者为主，包括陆生植物群落和水生植物群落，且遵循一定的群落结构。由陆地到水体依次为陆生植物群落、湿生植物群落和水生植物群落。消费者主要包括各类浮游生物、昆虫、鸟类、两栖动物、爬行动物、鱼类及低级哺乳动物等。

陆生植物—湿生植物—水生植物格局。植物是湖泊湿地生态系统中的关键要素。对于湖泊湿地植物群落的修复方法主要为植物群落结构配置方法，对于植物群落的生态修复要充分考虑到其过渡性和水陆相兼性。湖泊湿地植物群落的配置包括水平空间的配置和垂直空间的配置，水平空间的配置体现在总体应遵循陆生植物—湿生植物—水生植物的格局。垂直空间的配置体现在陆生植物为乔灌草的复合结构，水生植物为挺水植物—浮水植物—沉水植物的梯度变化（表 3-3）。

湿地植物类型                                    表 3-3

| 植物类型 | | 适合水深（cm） | 生长特点 | 代表植物 |
|---|---|---|---|---|
| 挺水植物 | 湿地型 | ≤ 20 | 指植物的大部分露在水面以上 | 荷花、碗莲、菖蒲、香蒲等 |
| | 浅水型 | 20 ~ 80 | | |
| | 深水型 | ≥ 80 | | |
| 浮水植物 | 浮叶植物 | ≤ 240 | 指植物生于浅水中，叶浮于水面 | 浮萍、凤眼蓝、大藻等 |
| | 漂浮植物 | ≤ 240 | | |
| 沉水植物 | | ≤ 240 | 指植物体全部位于水层下面营固着生存的大型水生植物 | 苦草、金鱼藻、狐尾藻、黑藻等 |

（表格来源：作者自绘）

### 3. 功能特征

调蓄功能。湿地能在短时间内阻滞、蓄积洪水，然后在较长时间内慢慢向下游释放，可有效降低洪峰。控制沉积、改善水质和护岸功能。进入湿地的水流，流速降低、沉积增加，使吸附于沉积物上的污染物质从水中去除，并在湿地中沉积下来；湿地中的厌氧、好氧过程有促进水体中的化学物质沉淀或挥发的功能；湿地特征之一的有机泥炭积累，最终成为许多化学物质的汇；湿地很高的生产力将通过植物个体的吸收、累积，并最终埋藏在底泥中而产生很高的矿化率；浅水区会产生具有重要意义的底泥—植物—水之间的交换；湖泊湿地周期性的水位变化导致氧化还原电位的周期性变化，有利于促进有机物和氮化合物的气体循环。

湖泊与湿地是多种生物重要的栖息地。湿地是鱼类和贝类重要的孵化和哺育场所，在湿地生态系统中，形成了有利于水禽和野生动物的食物链，其独特的栖息环境，造就了丰富的生物多样性。为人类提供丰富的生物量。湖泊湿地的沉淀功能以及湿生植物的吸收功能使湿地蓄积来自水陆两相的营养物质，有较高的肥力,又具有与陆地相似的光、温和气体交换,因而有很高的初级生产力。湿地景观独特而秀丽,生物多样性很高。鱼类、鸟类和各种植物资源丰富,融娱乐、休闲、美学、教育和科研功能于一体,湖泊与湿地是重要的旅游资源,具有娱乐、美学、教育和科研价值。

### 3.3.3 湖泊与湿地生态修复的方法与技术

基于生态系统结构、功能和生态过程的修复方法(表3-4)。湿地生态系统修复是指通过生态技术或生态工程对退化或消失的湿地进行修复或重建,包括生态系统的组成、结构、过程与功能。修复评价指标体系的构建以及长期的监测,都关系着湿地水文连通性生态修复的成败。积极的恢复需要人类定期控制和干预,以恢复、重建或改善湿地的群落结构和生态系统过程,通常采用重塑湿地地形,通过有关水的控制设施(例如,分区堤坝)重新引导水流,土壤移植和人工种植植被。自然再生方法侧重于增强生态水文过程,以重建湿地自我恢复的水文地貌。由开垦引起的湿地退化可以通过将农田转化为沼泽和草地来缓解。

湿地生态系统修复主要的技术方法　　　　　　　表3-4

| 分类 | 技术分类 | 具体措施 | 描述 |
| --- | --- | --- | --- |
| 结构与功能 | 非生物技术 | 生态补水 | 包括将不同的修复目标和阶段与湿地生态需水量相结合的多尺度、多阶段的综合修复方法;主要方法包括直接输水、减少湿地排水和重建湿地系统的原始供水机制 |
| | 非生物技术 | 增加水的流动性 | 利用分水闸、水坝或地形高差来调节水位,增加水的流动性 |
| | 非生物技术 | 增加调蓄功能 | 增加陆域水面的深度和广度;恢复泛溢平原的结构和功能以调蓄洪水 |
| | 非生物技术 | 净化水质 | 采用化学药剂、复合药剂等净化水质,去富营养化 |
| | 非生物技术 | 生态拦截 | 设置生态沉隔池、生态坝、生态隔离带和投放生物制剂等方法,在入水口处安置生物膜 |
| | 非生物技术 | 土壤污染物处理 | 分离或去除土壤中污染物,降低土壤中污染物的含量 |
| 结构与功能 | 生物技术 | 分解土壤中残留的富营养物质 | 采用微生物修复菌剂 |
| | 生物技术 | 通过植物净化水质 | 基于对植被与种子库相互作用分析;利用植物的超积累功能、代谢功能、转化功能和根系的吸附功能等,降低水体和土壤污染物含量 |
| | 生物技术 | 植被缓冲带 | 在入水口处种植吸收污染物较强的水生植物,建立滨水植物隔离带,通过植物的截留和纳污等功能,建立生态屏障,阻断或减少污染源输入 |
| | 生物技术 | 生态浮床 | 模拟自然界的规律,运用无土栽培技术,以混凝土、高分子材料等作为载体和基质,种植水生植物而建立的去除水体中污染物的人工生态系统 |
| | 非生物技术 | 营建栖息地 | 进行地表塑形,通过水位调控措施,营建深水区、浅水区、泥滩沼泽、草甸、陆地等不同生境 |

续表

| 分类 | 技术分类 | 具体措施 | 描述 |
|---|---|---|---|
| 基于生态过程 | 非生物技术 | 控制木本植物入侵 | 通过收割与放牧、火烧、去除泥炭层等方法对木本植物的入侵进行控制 |
| | 生物技术 | 促进湿地演替 | 根据地带性规律、生态演替及生态位原理选择适宜的先锋植物种，构造种群和生态系统，实行土壤、植被与生物同步分级修复 |
| | 生物技术 | 生物操纵技术 | 利用生态系统食物链关系，通过调整生物群落结构的方法控制并改善水质 |
| | 生物技术＋非生物技术 | 人工湿地 | 利用基质—微生物—植物复合生态系统构建人工湿地 |

（表格来源：作者自绘）

水文过程与景观干预耦合的修复方法。[37] 景观是一种多尺度、具有"过程—格局—功能"特征的地域生态与文化综合系统，[38] 而湖泊与湿地水文过程通常被认为是控制湿地发生、类型分异和维持湿地存在的最重要因素。[39] 要以景观途径介入调控湿地的水文循环，就必须明确景观系统对于湿地水文过程的影响因素与关键过程。湖泊湿地自然水环境基本过程涵盖了3个基本要素：水文、物理和化学环境、生物区系，三者处于动态的相互反馈作用中。湖泊湿地的景观系统由若干实体要素构成，既包括地形、水、植物、动物等自然要素，也包括道路、堤岸、建筑物、设施等人工要素。景观系统构成密切影响着湖泊湿地水环境的理化性质、空间格局和生物组成，能够为湿地水文过程、格局演化及系统生产力的改变提供支撑。

**1. 水质改善**

物理技术。①直接物理法：机械清除、吸附、曝气和气浮、超声波和电磁波除藻、遮光、过滤、人工打捞等多种方法。高能物理直接氧化蓝藻处理系统：将蓝藻捕捞、氧化分解、脱磷脱氮、水体消毒等功能集于一体，不添加任何化学药剂，藻类总数去除率可达99%，藻毒素、总氮、总磷去除率可达90%。②工程处理：严禁围湖造田、营造林地；加大人为调节湖泊水位的力度；清淤；增加水体冲刷。

化学技术。采用化学药剂、复合药剂、混凝剂、改良絮凝剂等作为除藻剂，将蓝藻杀灭或下沉。目前常用的杀藻剂主要有硫酸铜（$CuSO_4$）、高锰酸盐、硫酸铝[$Al_2(SO_4)_3$]、高铁酸盐复合药剂、液氯、二氧化氯（$ClO_2$）、臭氧（$O_3$）和过氧化氢（$H_2O_2$）等，天然矿物絮凝剂——黏土（如蒙脱土、伊利土、高岭土），海泡石、滑石等氮磷藻移出技术。中科院合肥物质科学院离子束生物工程学重点实验室研发，以粉煤灰等几种无毒无害的工业废料与壳聚糖等材料复配，加上磁粉等制成，与富营养化湖水混凝，产生絮凝物，再用磁铁即可吸附移出氮、磷和藻类。

生物操纵技术。在湖泊水库生态系统中，水体中的藻类除受营养物质的控制外，也受到浮游动物和鱼类的控制。因此，可以通过调控食物链的环节来达到改善湖泊水库水质的目的。

生态拦截。设置生态沉降池、生态坝、生态隔离带和投放生物制剂等方法，在入水口处安置生物膜，或种植吸收污染物较强的水生植物，建立滨水植物隔离带，通过植物的截留和纳污等功能，建立生态屏障，阻断或减少污染源输入。

湿地植物净化技术。沉水植物，如眼子菜科，黑藻，水车前，茨藻等经济植物；具食用价值的水培蔬菜和药材；具有观赏价值的绿化苗木和观赏花卉等，如慈姑、空心菜、水芹等藻类，利用其与好氧菌形成的藻菌共生系统，对水中氮、磷等进行吸收、吸附和络合，以及与其他生物协同作用去除污染物。

水生动物净化技术。重建菌→藻类→浮游生物→鱼类的食物链；富集重金属螺蛳能够摄食藻类，配合分泌促絮凝物质的河蟹，可以控制水葫芦生长。

### 2. 生态补水

生态需水量的计算方法。湿地生态系统的生态用水需求一般来自降水，但由于气候、地形和人为活动的影响，不同地区水资源的时空分布通常不平衡，因此生态补水是维持湿地生态系统的关键先决条件。湿地修复的生态用水需求可以用水文均衡法、生态法、生态水文法计算（表 3-5），许多学者进一步扩展了生态用水需求的传统计算方法。[39] 生态补水要通过选择合适的方式和时间段，考虑流域内水资源的实际情况，优先实现局部再生水的持续供应，上游水库的合理放行，甚至实现长距离调水。

湿地生态需水量的计算方法　　　　　　　表 3-5

| 方法 | 具体技术 | 优点与局限性 |
|---|---|---|
| 水文均衡法 | 将生态用水需求计算为蒸发量加上地下水流量减去多年平均降雨量<br><br>综合考虑土壤需水量、植物蒸散量、水面蒸发量、湿地面积等（可通过遥感解译获得）；根据实际情况模拟不同概率的降水 | 优点：操作简单，所需信息量小；局限性：缺乏对生态系统价值和功能的考虑 |
| 生态法 | 通过生态服务价值与水位的定量关系分析最优水位<br>以某一物种为指标物种，结合湿地面积、生物水、植物生长水等因素 | 优点：能够响应生物体的用水需求；局限性：耗时且需要物种选择 |
| 生态水文法 | 利用水位表示水文参数，计算生态需水量，同时考虑长期水位和生态系统健康 | 优势：整合水文法和生态法的优势，实现数据的最大化利用，全面反映生态用水需求；局限性：需要大量数据，计算复杂 |

（表格来源：作者自绘）

当水量超过生态用水需求时，储存的水资源可以通过改善水系统的连通性或创造其他接近自然的环境来进一步补充其他河流，合理利用供水不仅增加了湿地和流域的用水量，还有效缓解了水资源分布不均的问题，如：①直接输水；②减少湿地排水；③重建湿地系统的原始供水机制等方法。湿地的合理水资源配置和湿地的水资源保护功能，对于维护区域生态系统稳定，确保人类社会和谐发展具有重要意义。

**3. 土壤修复**

土壤作为湿地生态系统中的重要因子，是植物生长的能量来源。营养物质是土壤的重要组成部分。城市湖泊湿地由于受到过度的填湖围垦，使得土壤肥力下降。应用于湖泊湿地污染土壤的修复方法主要包括物理修复法和生物修复法。

1）物理修复法。其是指通过各种物理过程，分离或去除土壤中污染物的技术，如挖掘填埋法、客土换土法、深耕翻土法等，降低土壤中污染物的含量，使得土质达到植物生长的标准。这类方法对设备和操作要求低，并且修复方法简单，但是会破坏湖泊湿地的土体结构，使土壤肥力下降，并且对于土壤中的污染物质不能完全除去。

2）生物修复法。其所涵盖的内容主要涉及生物修复法、植物修复法以及联合修复法等相关内容。植物修复法的原理与湖泊湿地水体植物修复法的原理相同，都是利用植物的超积累功能、代谢功能、转化功能和根系的吸附功能等，降低土壤污染物含量。微生物修复法是在湿地垦田污染修复中常见的修复方法。微生物在代谢过程中可以充分地利用土壤中残留的富营养物质，从而分解产生自然无害的无机物。

**4. 人工湿地**

人工湿地是利用基质—微生物—植物复合生态系统，通过过滤、吸附、共沉淀、离子交换、植物吸收和微生物分解来实现水中有害物质的去除，主要包括：①表流湿地：污染水体在湿地的表面流动，水位较浅，多在 $0.1 \sim 0.9m$；主要通过植物茎叶的拦截、填料的吸附过滤和污染物的自然沉降，以及通过植物的吸收和茎、秆上的生物膜作用去除污染物；②水平潜流湿地：污水在湿地床的内部流动，主要利用基质表面生长的生物膜、丰富的植物根系、表层土和基质截留的作用来净化污水，对有机物和重金属去除效果好；③垂直流湿地：综合了表流湿地和潜流湿地的特性，水流在基质床中基本由上向下垂直流动，床体处于不饱和状态，氧气可通过大气扩散和植物传输进入人工湿地系统，对氮、磷吸收效果好；④复合人工湿地：不同类型湿地（表流湿地、水平潜流湿地和垂直潜流湿地）构成的复合系统以及湿地与其他工艺（塘、生态沟渠、土壤渗滤和传统二级污水处理工艺及其改良工艺等）构成的复合系统。对各污染物去除效果优于单一的湿地系统，更具有稳定性和耐负荷力。

**5. 生物多样性保护**

湿地生物多样性恢复主要针对湿地中的动植物和菌类，通过植物群落的科学配置，积极营造适宜当地生物种群的栖息环境，充分发挥动植物群落的自我演替对自身发展的促进作用。利用选种和培育技术、优良物种引进技术、生物保护技术、种群动态调节技术、群落结构优化理论等措施，进一步构建湿地生态系统的绿色生态基底。[40]

生物生境修复技术包括种植水生植物，放养水生动物，生物物种恢复，濒危、珍稀、特有生物物种的保护，河湖水库水陆交错带植被修复等方面。湿地生境的修复主要针对湿地生态系统中的无机环境的修复，包括对水体、土壤、小气候、地形地势等环境因子。运用生态、生物工程措施，改善并处理水体污染、土壤盐碱、土壤肥力等问题，增强湿地生境的基础稳定性。目前，在对污染土壤的生态修复过程中，通过对物理技术和生物技术的结合运用取得了一定成效。

同时，大量研究表明，水深、水域面积、植被和湿地大小是影响水鸟利用湖泊与湿地作为栖息地的重要变量。[41] 水能够维持水鸟需要的食物，如水生植物、鱼类和昆虫，水的数量和质量决定了植被的状态和水鸟组合的结构，水深直接决定了水鸟觅食和中途停留栖息地的可达性，湿地的食物供应和植被结构影响鸟类群落的物种组成、物种多样性和结构。因此，根据不同水鸟的生境偏好创造多样化的适宜生境，从而改善生境质量，吸引更多和多样化的水鸟种群，对于湖泊与湿地恢复至关重要。

湖泊与湿地生境修复的主要技术包括：①污染物消减与控制；②湿地自然特征的修复：恢复"自然"湿地几乎不可能，但经过人类改造后的湿地可以被恢复到一种类似早期自然湿地的替代状态；③目标物种和群落的恢复；④设置特别保护区：如河湖水库水陆交错带的植被修复以及对濒危、珍稀、特有生物物种的保护；⑤底栖动物的修复：大型底栖动物因其处于沉积物与水界面的位置，被视为生态系统健康的有力象征，大型底栖动物功能组（如食草动物和食肉动物）代表具有相似特征或使用相同资源的大型底栖动物亚类；这些功能群对环境变化的反应比个体或分类的反应更全面；因此，许多研究已经检查了大型底栖动物功能群及其分布作为生态系统健康的象征；⑥控制木本植物入侵和湿地演替：可以通过收割与放牧、火烧、去除泥炭层等方法进行控制；⑦恢复湿地乡土植被：一是利用湿地自身种源进行天然植被恢复，二是从湿地系统外，引种进行人工植被恢复。

## 3.3.4　湖泊与湿地生态修复的典型案例

国外典型湿地修复案例，如加拿大不列颠哥伦比亚省伯恩斯沼泽的生态水文修复、尼泊尔费瓦湖修复等。国内典型案例如华北河湖生态补水、厦门筼筜湖生态修复、杭州西湖区双浦镇全域土地综合整治与生态修复、大理洱海湖滨湿地生态修复、杭州西溪国家湿地公园、上海崇明东滩国际湿地公园、香港湿地公园、北海滨海国家湿地公园、海口美舍河凤翔公园、哈尔滨文化中心湿地公园、郑州黄河滩地公园等。

### 1. 内蒙古自治区乌梁素海流域生态保护修复 [①②③]

#### 1）项目背景

乌梁素海流域地处内蒙古自治区西部巴彦淖尔市境内，是我国第八大淡水湖，也是黄河流域最大的功能性湿地，在荒漠半荒漠地区实属罕见，同时拥有近200种鸟类和20多种鱼类繁衍生息，在海堤施工中随处可观赏到很多鸿雁、白鹭等候鸟，营造了人与自然和谐共处的氛围。乌梁素海流域总面积约1.63万km²，处于国家"两屏三带"生态安全战略格局中"北方防沙带"的关键地区。同时，流域腹地的河套灌区是中国三大灌区之一和重要的商品粮油生产基地，是引领国家实施质量兴农战略的重点区域。

近年来，内蒙古自治区、巴彦淖尔市两级政府，在持续推进乌梁素海流域山水林田湖草沙一体化保护修复的基础上，推动农牧业转型发展，乌梁素海流域生态环境质量逐步改善，生物多样性有效提升。2014年，巴彦淖尔市被列入国家首批生态文明建设先行示范区。2018年，内蒙古乌梁素海流域山水林田湖草生态保护修复工程总投资57.46亿元，被纳入到国家第三批山水林田湖草生态保护修复工程试点。

#### 2）问题分析

20世纪80年代以来，由于过度开垦、过度放牧、围湖造田、矿山开采，加上污水大量排放，流域内沙漠化、草原退化、水土流失、土壤盐碱化、水环境质量恶化、物种入侵、生物多样性降低等生态环境问题严峻，流域生态系统结构和功能破坏严重、退化趋势明显，作为重要生态屏障的功能不断下降。

#### 3）生态修复规划与方法

①修复理念：将乌梁素海流域生态系统治理与绿色高质量发展紧密结合起来，在消除不当的人类资源开发利用活动、切断点源污染的基础上，创新投融资模式，强化社会资本合作。②划分生态保护单元：根据不同的自然地理单元和主导生态系统类型，分成乌兰布和沙漠、河套灌区农田、乌拉山、阿拉奔草原、环乌梁素海生态保护带和乌梁素海水域6个生态保护修复单元（表3-6）。③推动农牧业转型发展：当地以品牌建设为引领，全力建设河套全域绿色有机高端农畜产品生产加工服务输出基地，创建并全面打响"天赋河套"农产品区域公用品牌，积极发展现代农牧业、清洁能源、数字经济、生态旅游和生态水产养殖。④设立专项产业基金：创新运用"产业基金＋项目公司"模式，采用"设计—建设—投资—运营—移交"具体实施，通过"项目收益＋耕地占补平衡指标收益"方式实现资金自平衡，利用市场化方式化解资金压力，激发市场活力，提升生态修复实力，进而引入社会资金，组建项目公司，实现市场

① 基于自然的解决方案 | 聚焦内蒙古乌梁素海流域生态保护修复 [OL]. 澎湃网，2021-03-03.
② 人民日报海外版."三重治理"修复乌梁素海流域生态 [OL]. 中国治沙暨沙业学会，2020-10-10.
③ 周妍，张丽. 聚焦内蒙古乌梁素海流域生态保护修复 [OL]. 中国自然资源报，2021-03-03.

化运作。专项基金首期规模达 45.2 亿元。⑤开展生态监测与风险防控，以跨学科专业和知识为支撑，便于交流复制和推广。乌梁素海项目开展了生态环境物联网、传输网络和大数据平台建设，动态监测流域各生态要素的状态，建立生态风险管控体系，为流域生态保护修复提供数据支撑和决策支持。

生态保护单元修复的具体措施　　　　　表 3-6

| 生态工程 | 退化问题 | 修复方法 |
|---|---|---|
| 乌兰布和沙漠治理 | 沙区生态系统脆弱、土地沙化极易反弹、防沙带屏障还不牢固 | 实施草方格沙障固沙等防沙治沙和水土保持工程，并开展产业治沙，防止沙漠东进 |
| 河套灌区农田 | 农业面源污染、耕地土壤盐碱化加剧 | 实施排干沟污泥疏浚、建设生态驳岸和生态浮岛等工程，同时开展农田控药、控水、控膜，实施盐碱地综合治理 |
| 乌拉山矿山环境治理 | 环境问题突出、林草植被退化、水土流失严重 | 开展地质环境、地质灾害整治和植被恢复 |
| 阿拉奔草原 | 草原退化加速甚至沙化、水土流失 | 采取撒播草籽、围栏封育、禁牧等措施 |
| 环乌梁素海生态保护带 | 保护带的功能退化 | 在湖滨带建设水源涵养林，对生态脆弱的固定、半固定沙丘进行撒播草籽、围栏封育，建设鸟类繁殖保护区，实施湖区河口自然湿地修复与人工湿地构建工程 |
| 乌梁素海水域治理 | 内源污染严重、水面萎缩 | 加大生态补水力度，增加湖区库容，提高水体自净能力，同时开展芦苇、沉水植物收割及资源化利用，开展湖区立体化养殖 |

（表格来源：作者自绘）

4）修复效果

（1）乌梁素海流域生态环境质量改善明显，生物多样性也得到了有效提升。截至 2020 年底，依托乌梁素海流域山水林田湖草生态保护修复工程，该流域已完成乌兰布和沙漠综合治理面积 4 万余亩（约 2700hm²），有效遏制了沙漠东侵，阻挡了泥沙流入黄河侵蚀河套平原。受损山体得到了修复，矿山地形地貌景观恢复了 60% 以上。项目区内河道水动力、水循环水质持续改善。2019 年，乌梁素海整体水质达到 V 类，栖息鸟类的物种和数量明显增多，目前共有鱼类 20 多种，鸟类 260 多种 600 多万只，包括国家一级保护动物斑嘴鹈鹕，以及国家二级保护动物疣鼻天鹅、白琵鹭等，其中疣鼻天鹅的数量从 2000 年的 200 余只增加到现在的近千只。

（2）"天赋河套"品牌也开启了绿色高质量发展的新引擎。依托"天赋河套"品牌影响，巴彦淖尔农业高新技术产业示范区核心区现有高新技术企业 10 家，引领形成以各龙头企业为代表的肉羊、小麦、向日葵、生物育种等高新技术产业集群，产值达 105 亿元。试点实施带动了区域农、林、牧、渔等第

海堤综合整治工程

网格水道整治工程

图 3-9 内蒙古乌梁素海流域生态保护修复
(图片来源: 巴彦淖尔: 践行绿水青山就是金山银山理念推动高质量发展 [N/OL]. 内蒙古日报, 2019-01-26.)

一产业和生态旅游、农家乐等第三产业发展, 促进区域生态、经济价值提升, 逐步构建经济社会发展与生态环境保护相互协调、相互促进的新型绿色产业发展格局。

(3) 乌梁素海流域生态保护修复工程围绕 "山、水、林、田、湖、草、沙" 等生态要素, 对流域内 1.63 万 km² 范围实施全流域、系统化治理, 形成 "一带 (环乌梁素海生态保护带)、一网 (河套灌区水系网)、四区 (乌兰布和沙漠、乌梁素海、阿拉奔草原、乌拉山)" 的生态安全格局, 优化了自然生态系统要素的空间结构, 提升了重要生态要素的生态功能 (图 3-9)。

### 2. 大沼泽地国家公园

1) 项目背景

大沼泽地综合修复计划 (Comprehensive Everglades Restoration Plan, CERP)[①] 是美国南佛罗里达生态系统进行的最大的单一恢复计划, 由 2000 年《水资源开发法》(Water Resources Development Act, WRDA) 授权, 由联邦—州伙伴关系实施, 修复工作覆盖了超过 46619.7km², 涉及联邦、州、部落和地方政府正在实施的数百个项目 (表 3-7), 主要通过解决水的数量、质量、时间和分配 (Quantity, Quality, Timing, and Distribution, QQTD), 保护和维护该地区的水资源。

主要的修复计划 表 3-7

| 时间 / 计划 | 修复项目 |
| --- | --- |
| 第 1 代 (WRDA 2007) | 印第安河泻湖—南部 (C-44 Reservoir & STA)<br>清除外来植物<br>皮卡尤恩链修复<br>站点 1 蓄水工程 |
| 第 2 代 (WRRDA 2014) | 比斯坎湾沿海湿地—第一期<br>布劳沃德县保水区<br>C-111 撒布机运河西部项目<br>卡卢萨哈奇河 (C-43) 西盆地储存 |
| 中央大沼泽地规划项目 | 奥基乔比湖流域修复项目<br>大沼泽地农业区水库计划 |

① Comprehensive Everglades Restoration Plan (CERP) —Everglades Restoration Initiatives.

续表

| 时间/计划 | 修复项目 |
| --- | --- |
| 处于规划阶段的项目 | 比斯坎湾南部大沼泽地生态系统修复<br>奥基乔比湖流域修复项目<br>洛克萨哈奇河流域修复项目<br>西部大沼泽地修复项目 |

（表格来源：作者自绘）

本节主要介绍中央大沼泽地规划项目（Central Everglades Planning Project, CEPP），该计划是为了修复大沼泽地生态系统的中部，并捕获因潮汐流失的水，将捕获的水资源重新向南输送，流经大沼泽地中部、大沼泽地国家公园和佛罗里达湾（图 3-10）。

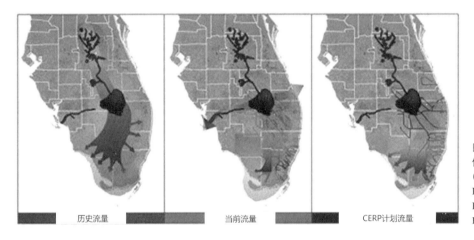

图 3-10 大沼泽地综合修复计划
（图片来源：Comprehensive Everglades Restoration Plan（CERP）— Everglades Restoration Initiatives.）

2）问题分析

①人口增长和农业活动，造成的水源污染；②雨水冲刷带来的污染；③大沼泽水体减少；④非本地鱼类的入侵，本地物种的丧失。

3）规划设计与实施

（1）综合交付计划（Integrated Delivery Schedule, IDS）根据生态系统修复需求，考虑收益、成本和可用资金，为 CERP 项目规划、设计和施工提供了总体战略（图 3-10）。该时间表有助于修复规划者、利益相关者和公众，关注优先事项、机遇和挑战。主要内容包括：①尽早使区域系统的整体利益最大化；②确保其他项目准备就绪，以继续在修复方面取得进展；③保持与项目依赖和约束的一致性。

（2）水资源管理计划。1985—1993 年，进行了实验性供水测试，以增加东北河流的水流量。1993—1995 年，公园东部边界的运河阶段增加。1993 年，监管局开启第一次现场规模的雨水处理区测试，在接下来的 10 年中，建造了 161.87km² 的雨水处理区（Stormwater Treatment Areas, STAs）。在管理中侧重于本地物种，同时限制非本地鱼类的引进。

（3）生态补水。中央大沼泽地规划项目涵盖了大沼泽地剩余的绝大部分自然区域，这些区域的生态健康状况持续下降，该项目计划每年输送 0.46km³ 的水量。重点恢复进入和通过沼泽地中部和南部的更多自然流量，采用包括：①通过增加奥基乔比湖以南水的储存、处理和输送；②拆除沼泽地中部的运河和堤坝；③将水保留在大沼泽地国家公园内，并保护东部的城市和农业地区免受洪水的影响等方式，恢复进入沼泽地中部水流的自然流动、深度和持续时间。

（4）改善水质。包括：①通过流量均衡池（Flow Equalization Basin，FEB）创建超过 26.3km² 新雨水处理区（STAs）和 0.143km³ 额外储水量。FEB 是一种具有存储功能的结构，用于捕获和存储峰值雨水流量，流量均衡池为雨水处理区提供更稳定的水流，有助于保持最佳水质处理所需的水位。②在大沼泽地东部的农业区进行源头控制，以减少磷的污染，大沼泽地是一个天然的低营养系统，即使是少量的额外营养物质也会破坏历史悠久的"草河"中本地植物和动物所需的生态平衡。③强有力的科学计划将确保研究和监测的继续进行，以改善和优化水质处理技术的性能。

（5）储水策略。自 2005 年以来，南佛罗里达水管理区一直与机构、环保组织、牧场主和研究人员的联盟合作，以增加在私人和公共土地上储存多余地表水的机会。多年来，这些合作伙伴关系为整个大沼泽地系统提供了数千英亩、英尺的保水和水储量。策略包括：①分散水管理：鼓励私人财产所有者保留其土地上的水，而不是将其排干，接受和扣留区域径流。②为北大沼泽地的环境服务付费：是水资源管理者和私人土地所有者之间的合作伙伴关系，旨在实现北大沼泽地的储水，水质和栖息地改善的效益。③签订水务农业、水养殖试点项目合同：测试在私人拥有的休耕柑橘地上储存多余地表水的效益。④实施私人土地上的合作项目：是与私人实体达成的协议，以分担设计、许可和建造对区域水管理系统具有成本效益的水资源项目的费用。

（6）生物多样性保护。包括：①推进重点优先项目：为了确保佛罗里达州自然资源的保护，2019 年州长通过行政命令，加速了 29 个关键的优先项目，这些项目的重点是大沼泽地的恢复以及改善和维持佛罗里达州的水质。②全面实施 CERP 所需的联邦支持：截至 2018 年 6 月，佛罗里达州和南佛罗里达州水域管理区（South Florida Water Managment District，SFWMD）已在 CERP 相关项目设计、工程、建设和土地收购方面投资超过 23 亿美元，联邦资金落后近 10 亿美元，而项目成本继续上升。③推动大沼泽地农业区水库修复计划：SFWMD 正在继续加快推动沼泽地农业区水库修复计划，该项目主要包括两方面的主要功能，一方面通过湿地净化水，另一方面通过水库储存来自奥基乔比湖的多余的水。SFWMD 负责处理 26.3km² 的湿地，该湿地被称为雨水处理区，工程实施时间为 2020—2023 年；美国陆军工程兵团正在建设水库部分，该水库将容纳 0.29km³ 的水。

（7）清除运河植被和蓝藻计划。SFWMD 分两个阶段进行了树木清除工作，以确保区域运河在风暴或飓风事件期间发挥最佳功能。通过解决有害蓝藻问题，可以更好地定位自然系统，以便更快地从有毒藻类的影响中恢复过来。

**3. 云南省抚仙湖生态修复** [1][2][3]

1）项目背景

云南省抚仙湖流域山水林田湖草生态修复工程试点是基于自然的解决方案（NbS）在实施中取得显著成效的又一个典型案例。云南省聚焦水生态安全的重大挑战，利用基于自然的解决方案，扭转了生态系统退化趋势，逐步恢复生物多样性，构建了生态服务功能良好的社会—经济—自然复合生态系统，成为山水林田湖草生命共同体的活样板。

抚仙湖地处云贵高原，位于全国重要生态功能区中的"无量山—哀牢山"生物多样性保护重要区，是维系珠江源头及西南生态安全的重要屏障，也是区域协调发展和滇中城市群建设的重要保障。作为我国蓄水量最大、水质最好的贫营养深水型淡水湖泊，抚仙湖水资源总量占全国湖泊淡水资源总量的 9.16%，长期保持 I 类水质，是我国重要的战略备用水源。抚仙湖国家湿地公园及其周边分布维管植物 464 种，2017—2019 年度监测共记录的鱼类物种 32 种，记录鸟类有 196 种。另外，抚仙湖周边还有世界自然保护联盟物种名录收录的极危物种 1 种，濒危物种 4 种，易危物种 8 种；国家一级保护动物 7 种，二级保护动物 46 种，被列入《国家保护的有重要生态、科学、社会价值的陆生野生动物名录》的动物 186 种。

2）问题分析

①抚仙湖由于其独特的低纬高原构造，动态水流少，其换水周期理论值超过 200 年，生态系统十分脆弱，湖水一旦污染，极难恢复；②抚仙湖曾大面积暴发蓝藻，水质由 I 类降为 II 类；③矿山开采、高坡耕种等人类活动，造成山区森林植被覆盖率下降，以及磷矿山的污染及水土流失；④在坝区，农业生产过程中过量用水和使用化肥造成污染严重；⑤在环湖带，鱼塘、耕地等挤占湖滨缓冲带，湿地过滤功能降低；⑥外来物种入侵及天然产卵场所遭到人为活动影响，抚仙湖土著鱼类资源枯竭，威胁其生物多样性。

3）规划设计与实施

（1）优化国土空间。在优化流域生态、农业、城镇空间布局的基础上，开展农村居民点和工矿企业搬迁、畜禽养殖场关停、污水管网污水处理厂建设、入湖河流污染治理等先导工程。

① 中国自然资源报.抚仙湖：留一湾碧水还自然生态 [OL].澎湃网，2021-01-27.
② 基于自然的解决方案典型案例之三：云南抚仙湖流域生态修复工程 [OL].搜狐网，2021-02-01.
③ 自然资源部.抚仙湖生态保护与修复 [OL].国家林业和草原局政府网，2020-10-15.

（2）控制污染源。在山上、坝区、湖滨带和水体分别采取"修山扩林"、水污染防控、污染过滤以及保护治理措施。

（3）修复山体扩大林地面积。为强化山区水源涵养与水土保持功能，因地制宜采取必要措施。在退耕还林方面，按照适地适树、乡土树种优先原则，开展退耕还林 4.05 万亩（约 2700hm²）。在石漠化治理方面，对 6.3 万亩（约 4200hm²）石漠化区进行恢复治理，种植适宜类型的植被，在林下间种植适宜石漠化地区生长且有经济价值的作物。在矿山生态修复方面，流域内主要矿山类型有磷矿、黏土砖石场、石灰岩采石场等。对 44 个约 6000 亩（约 400hm²）矿山废弃地进行生态恢复。

（4）调整坝区农业产业结构。为有效削减农业面源污染，开展抚仙湖径流区耕地休耕轮作和产业结构调整，流转大水大肥的蔬菜种植，种植烤烟等节肥节药型作物以及水稻等具有湿地净化功能的水生作物，发展绿色农业。对抚仙湖坝区常年种植蔬菜的 5.8 万亩（约 3866.67hm²）耕地全部进行了土地流转；星云湖径流区 2019 年调减蔬菜种植面积 6100 余亩（约 406.67hm²）。通过项目实施，每年纯氮减少 78.9%，纯磷减少 63.63%，每年节水率达到 41%。

（5）湖滨缓冲带建设。为提升湖滨缓冲带的污染过滤功能，在完成缓冲带内 8400 亩（约 560hm²）退田还湖和村庄搬迁的基础上，开展缓冲带规模化生态修复工程、环湖低污染水体净化工程和已建河口湿地与湖滨带优化工程。其中，缓冲带规模化生态修复工程根据不同区域湖岸坡度、土地利用方式等差异，在湖滨宽 100m 不等的范围内种植当地基础树种以及灌木与草本植物，构建乔、灌、草复合系统，并开展鱼类保护区及鸟类栖息地建设、缓冲带功能展示区及宣传教育基地建设工程、湖滨清理及沙滩保护等工程。

（6）湖体的保护治理。抚仙湖流域土著鱼种类数不断减少，外来鱼种类数不断增加。据调查，1983—2015 年间土著鱼减少了 11 种，降幅 44%；外来鱼类增加了 17 种，增幅 167%。为此，抚仙湖流域的湖体保护治理工作主要是生境保护与土著鱼类增殖放流。在这项工作中重点保护栖息地沉水植物，对栖息地遭到破坏的区域采用本土物种的沉水植物进行恢复；同时，通过设置碎石堆、沙砾区等方法模拟鱼类偏好的活动场所来恢复底质，并对鱼类产卵场的溶洞出水口进行保护，对底质破坏处进行底质修复。此外，在抚仙湖特有鱼类国家级水产种质资源保护区内划分的小水域中每年投放一定数量的种鱼。

4）修复效果

降低污染风险，确保 I 类水质；林业植被恢复、水土流失得到治理、森林覆盖率增加；生物多样性逐步恢复，"两湖"流域已成为鸟类的栖息地和越冬场，区域动物种群丰富，生物多样性得到明显提升；增殖放流也一定程度上抑制蓝藻水华，氮磷污染物通过固态方式被带走，进而实现削减湖内污染物的效果；促进了第一、二、三产业融合，实现绿色高质量发展，工矿企业全部退出

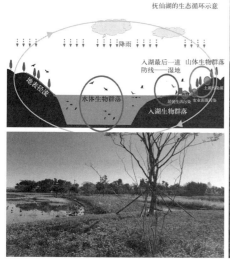

抚仙湖径流区，稳定发展特色食品加工业和物流产业，推动生态文化旅游产业持续发展（图3-11）。

图3-11 云南抚仙湖生态修复
（图片来源：基于自然的解决方案典型案例之三：云南抚仙湖流域生态修复工程[OL].搜狐网，2021-02-01.)

# 3.4 海岸带生态修复

## 3.4.1 海岸带生态修复的研究概述

### 1. 海岸带

海岸带是指海洋与陆地的交界地带，是海岸线向海洋和陆地延伸一定范围的地区，包括陆域和海域。海岸带不仅是海洋向陆地的过渡地带，也是海洋资源开发利用的前沿阵地和海洋经济发展的重要载体，还是海洋生态环境保护的重要屏障。根据海岸带地貌形态、景观特征及表层沉积物组成，海岸带类型一般分为砂质海岸带、基岩海岸带、淤泥质海岸带、生物海岸带等，其中砂质海岸带因水浅滩阔、沙质细腻、景色优美成为滨海旅游的重要资源。

海岸带以海岸线为基准，分别向海、陆两个方向辐射扩散一定距离的广阔地带，包括沿海平原、滨海湿地、河口三角洲、潮间带、水下岸坡和浅海大陆架等主要地貌特征，但就海岸线的起算位置和海岸带的空间范围问题，学界尚未达成共识。

海平面上升已经成为影响当今人类社会发展的重要挑战，尤其是全球人口、基础设施与社会财富大都集中于地势低平的海岸地区，如京津冀协同发展、长三角一体化和粤港澳大湾区等国家区域发展战略均涉及海岸带地区。我国大陆海岸线北起中朝交界的鸭绿江口，南至中越交界的北仑河口，穿越辽宁、河北、天津、山东、江苏、上海、浙江、福建、广东、广西、海南 11 个省、自治区、直辖市，南北纬距跨度大，总长度约 3.2 万 km，其中大陆岸线约

1.8 万 km。[42] 我国的海岸带一般可分为河口岸、基岩岸、沙砾质岸、淤泥质岸、珊瑚礁岸和红树林岸 6 种基本类型。① 我国海岸在海面变化和河流共同作用下，发生了多次海侵海退，在辽东湾、渤海湾、苏北平原、长三角和珠三角等地的地层中记录了多期海侵地层。[43] 目前，我国海岸正处在类似地质历史时期曾经经历过的海侵阶段，海岸侵蚀将是海岸生态修复面临的核心地质问题。[44]

根据《全国重要生态系统保护和修复重大工程总体规划（2021—2035 年)》（发改农经〔2020〕837 号）我国海洋生态保护和修复已取得积极成效，陆续开展了沿海防护林、滨海湿地修复、红树林保护、岸线整治修复、海岛保护、海湾综合整治等工作，局部海域生态环境得到改善，红树林、珊瑚礁、海草床、盐沼等典型生境退化趋势初步遏制，近岸海域生态状况总体呈现趋稳向好态势。截至 2018 年底，累计修复岸线约 1000km、滨海湿地 9600hm²、海岛 20 个。②

**2. 海岸带的退化现状**

中国已经失去面积约 106hm² 的沿海湿地，非本地物种互花米草 [*Spartina alterniflora*（Loisel）] 已入侵 10hm² 以上的沿海湿地，资源占用和环境破坏威胁着沿海湿地生态系统。同时，红树林面积与 20 世纪 50 年代相比减少了 40%，珊瑚礁覆盖率下降、海草床盖度降低等问题较为突出，自然岸线缩减的现象依然普遍，防灾减灾功能退化，近岸海域生态系统整体形势不容乐观。[45]

海岸带的生态问题主要包括：①近海地区的水污染和富营养化；②河口生态安全多重威胁；③重要海洋生态系统（红树林、珊瑚、海草和沿海湿地）退化，生态系统结构和功能严重受损；④重要海洋生境破碎甚至丧失，自然生态空间严重萎缩，生物多样性下降；⑤破坏重要生境（产卵场、饵料养殖场），降低海洋水产品的数量和质量；⑥自然海岸线的破坏、自然海岸线的萎缩、海岸保护能力的损害；⑦生态灾害（红潮、绿潮）频发，非本地物种，特别是互花米草入侵；⑧我国海岸带地区诸如围填海、港口建设和重化工业布局等高强度的人类活动，导致海水污染、渔业资源衰退等原生性的生态灾害出现，同时也加剧了海岸带的海岸侵蚀、土壤盐化和地质沉降等次生性的生态风险，严重损害群众的生命健康与财产安全。

**3. 海岸带的退化机制**

海岸带地区不仅面临台风、赤潮、海浪侵蚀和海平面上升等诸多突发型和缓发型的自然风险，同时也面临建设活动、污染排放、突发事件和社会压力等诸多人类风险的威胁，并且各类风险作用存在交互叠加效应。

**4. 海岸带生态修复的研究进展**

近年来，全球很多沿海国家在制订策略和行动方案时，更多地采用基于自然的解决方案（NbS），旨在对自然或变化的海岸带生态系统进行保护、持续

---

① 科技外事处. 我国海岸带生态保护和修复策略研究 [OL]. 河北省自然资源厅（海洋局），2021-08-25.
② 科技外事处. 我国海岸带生态保护和修复策略研究 [OL]. 河北省自然资源厅（海洋局），2021-08-25.

性管理和修复。我国开展了大规模海洋生态保护修复工程，扩展了海岸带基于自然的解决方案（NbS）的相关行动（表 3-8）。2021 年，我国海洋生态保护修复资金支持了 15 个海洋生态修复工程，2022 年，我国将继续支持 16 个海洋生态修复工程。其中，很多工程项目应用了自然的解决方案（NbS）的理念方法，抵御了台风、风暴潮和其他海洋灾害的风险，并实现生物多样性保护、气候变化适应等的协同效益。2020 年，自然资源部、国家林业和草原局共同印发了《红树林保护修复专项行动计划（2020—2025 年）》（以下简称《行动计划》）。目前，我国已建立 52 处有红树林分布的自然保护地，大力推进了红树林保护和修复，成为世界上少数红树林面积净增加的国家之一。[46]

中国海岸带相关政策法规　　　　　　　　　　　　　　　表 3-8

|  | 名称 | 备注 |
|---|---|---|
| 政策法规 | 《中华人民共和国海域使用管理法》《中华人民共和国海洋环境保护法》 | 国家大法中涉及海岸带生态保护的相关法规 |
|  | 《中共中央国务院关于加快推进生态文明建设的意见》 | 海洋生态修复的总体纲领 |
|  | 《关于开展海域海岛海岸带整治修复保护工作的若干意见》 | 2010 年印发，有效规范和指导了海岸带生态修复工作 |
|  | 《海岸线保护与利用管理办法》《关于加强滨海湿地保护严格管控围填海的通知》 | 2015 年以来，海岸带生态保护和修复工作进一步加强 |
|  | 《关于进一步明确围填海历史遗留问题处理有关要求的通知》《关于贯彻落实〈国务院关于加强滨海湿地保护严格管控围填海的通知〉的实施意见》 | 自然资源部印发；自然资源部与国家发展改革委共同印发 |
| 技术标准 | 截至 2018 年底，已发布 32 项海岸带调查监测、保护区管理、生态评价和沿海湿地修复等技术标准和规范 | — |
| 规划编制 | 《山东省海岸带规划》（2007） | 全国第一个省域海岸带规划，率先提出了海岸带空间管制分区 |
|  | 《辽宁海岸带保护和利用规划》（2013） | 将辽宁沿海经济带国土空间划分为重点保护功能区和重点建设功能区 |
|  | 《关于开展编制省级海岸带综合保护与利用总体规划试点工作指导意见的通知》（2017） | 对省级海岸带的修复提供指导 |
|  | 《广东省海岸带综合保护与利用总体规划》（2017） | 全国首个省级海岸带综合保护与利用总体规划 |

（表格来源：作者自绘）

　　有关海岸带的研究内容主要包括以下几个方面：

　　海岸带受损评估与修复。1992 年，美国国家海洋和大气管理局（National Oceanic and Atmospheric Administration，NOAA）实施损害评估及修复计划（Damage Assessment，Remediation，and Restoration Program，DARRP），由州、

部落和联邦机构组成的团队联合开展工作，并吸引企业和社会公众参与。澳大利亚和韩国通过制订和实施政策与规划、立法与执法、协调和监督等一系列行为，建立海岸带的综合管理体制，以达到海洋可持续发展的目标。其中，澳大利亚设立大堡礁海洋公园管理局，而韩国先后两次对海岸带展开调查，并成立海岸带法律制订小组。此外，英国、日本、加拿大也建立了完备的海岸带管理体制。

基于社区的海岸带管理，以菲律宾为代表，基于社区的管理模式是以充分利用资源、提高决策合理性和效率为基础的海岸带管理模式。基于全流域的珊瑚礁保护修复，以牙买加为代表，在全流域设立独立的部门，对整个流域规划进行统筹协调。牙买加提出的全流域珊瑚礁管理，是把珊瑚礁与其生存的流域作为统一的单元加以管理，更广泛地保护受损珊瑚礁生态环境。

中国黄河三角洲生态修复的进展。滨海湿地是拥有最高的生物多样性的生态系统之一，也是人类活动最多的区域。作为世界上最完整、最广阔、最年轻的湿地生态系统之一，黄河三角洲是东亚非常著名的鸟类迁徙栖息地。[47] 目前，黄河三角洲国家级自然保护地已经实施了一系列生态修复工程，例如恢复淡水湿地的生态流量、治理入侵物种互花米草和修复潮间带湿地，以创建丰富的鸟类栖息地。[48] 其中，小浪底大坝调水调沙工程自 2002 年以来，以年均约 2600$m^3$/s 的速度释放淡水，但这种方法不能模拟河流的自然流量。因此，通过淡水释放来综合评估湿地生态系统对生态修复的响应似乎迫在眉睫，主要是由于相关研究为管理淡水释放策略提供了基础信息，从而优化湿地生态系统的修复或保护。同时，淡水释放后大型底栖动物功能群的丰度、生物量和生物多样性普遍得到改善。当地水资源部门希望制订一项长期的淡水释放计划，以实现对湿地生态系统的可持续管理，提升水文连通性，并减少由水资源释放造成的干扰程度。

## 3.4.2 海岸带生态系统的要素组成

### 1. 结构梯度

为了缓解海岸带面临的生态问题，研究陆地—海洋相互作用（Land–Ocean Interactions in the Coastal Zone，LOICZ）的国际联盟，提出流域—海湾—陆架连续体理论（图 3–12），长期评估不同时间和季节沿海系统的物理和生物地球化学动态，分析由以上变化引起的对人类福祉的影响，[49] 对海岸带的修复具有重要意义。[50]

### 2. 物种群落

海岸带内部生物个体、群落和种群等不同层级的生态系统之间以及珊瑚、海草、沙滩、盐沼和湿地等不同类型的生态系统之间，存在密切的交互胁迫作用和嵌套耦合过程。此外，水体、土壤、大气和生物群落等系统要素普遍存在生态连通性。

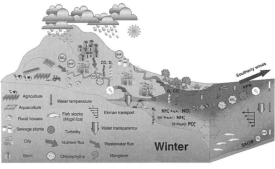

图3-12 流域—海湾—陆架连续体中物理和生物地球化学季节性的概念模型

(图片来源：本章参考文献[50])

### 3. 功能特征

海岸带生态修复更加注重提升海岸带的生态系统功能和结构。海岸带生态系统处于海洋与城市陆地交汇区域，在潮汐水文条件作用下，演化形成了盐沼湿地、光滩、近岸低潮海域等生态系统空间序列以及多样性极高的滨海生物群落。海岸带生态修复应坚持海洋特色和生态属性，注重保护海岸带生态系统结构与功能的完整性，修复与维持独特的水文条件和基底特征，复壮与保育滨海建群种和关键种，诱导形成相互连接的食物网络，并进一步促进营养物质的内生循环与能量流动。完整的海岸带生态系统具有极高的生态价值，可为当地提供抗风消浪、渔业资源、清洁水质、大气调节等生态系统服务。

## 3.4.3 海岸带生态修复的方法与技术

### 1. 珊瑚礁生态系统修复技术

珊瑚礁多位于大陆架和岛架上，在全世界约110个国家的热带、亚热带海岸沿线有分布。珊瑚礁与周围海水物质交换活跃，并频繁受到海水或陆源物质的影响，尽管珊瑚礁生态系统具有极高的初级生产力和生物多样性，但它仍是个较脆弱的生态系统，容易受外界环境的影响而导致其衰退甚至消亡。随着提供自然防御的珊瑚礁退化，以及随之而来的海滩侵蚀增加，灰色基础设施（例如防波堤、海堤、舱壁）已经广泛用于海岸保护，这些结构可以通过制订参数测量实现对波浪的衰减和风险的降低。灰色基础设施可以承受低频高能量的情景（如风暴潮），同时可以改善波浪日常的侵蚀，但是灰色基础设施也具有建造和维护成本高、改变场地自然特性和弹性较低等方面的问题。[51]

依据基于自然的解决方案（NbS）的要求，可通过修复珊瑚礁生态系统的方式，构建绿色基础设施，以适应性应对以上风险。珊瑚礁得到修复的主要指标是：①珊瑚礁生长，由正的碳酸盐指示；②波浪衰减增加（短期或长期）由浅水深度表明。修复步骤包括：识别提供海岸保护的边缘珊瑚礁，评估需要被恢复的珊瑚礁在风暴潮和海平面上升情景下衰减波浪的能力，在海岸线上实施修复等。[52]

### 2. 潮间带生态系统的修复技术

种植米草属植物，耐盐耐淹，生命力很强，不受地域影响，能够较快地恢复植被，从而为野生动植物提供生境。但该类植物的生物入侵性极强，需要控制。

1）红树林生态系统修复技术

红树林生长在热带亚热带隐蔽海岸的潮间带，由于处于海陆交界的敏感区域，易受自然和人为活动的干扰。由于其具有较高的初级生产力和有效的净化能力，在红树林内栖息和繁育了很多重要的经济物种。

①水文状况。设计一个成功的红树林修复项目最为重要的是确定现存自然的红树林植物群落，即参照地点的水文状态，包括水深、潮水淹没的时间和频率。由于每个红树种都有适合自己的不同的底质高度，因此涉及底质的斜坡、地形和沉积物性质格外重要，潮位、淹没区、淡水的可达性、暴露在强浪和强流的程度等决定了种植的红树林幼苗是否能够抵御外界环境的干扰。潮汐淹没带来的流、浪和沉积物输送对控制红树林幼苗的定居有关键作用，因而需重建模拟自然弯曲的潮汐通道。②红树林移植。在确定红树林生境的基础上，进行科学移植。

2）海草床生态系统修复技术

海草床通常位于浅海和河口水域，生产力高，为海洋生物提供重要的食物来源和栖息环境，而且参与到全球的碳、氮和磷的循环。然而海草床也属于较为脆弱的海洋生态系统，对外界条件的要求较高。

### 3. 堤外基底修复和海滩养护技术

基底修复和海滩养护是修复侵蚀海岸带的关键步骤之一。欧美国家常用海洋工程产生的疏浚泥作为修复湿地基底的材料。[53] 目前国内主要将疏浚泥用于修复湖滨带湿地，而滨海湿地仍处于理论阶段。[54] 海滩养护利用机械或水力手段将泥沙抛填至受损海滩的特定位置，根据泥沙抛填位置的不同，分为剖面补沙、沙丘补沙、滩肩补沙和近岸补沙。[55]

### 4. 堤内湿地修复技术

水文调控技术应用于修复因水文交换被破坏而造成退化的湿地，以及需要重新构建的新湿地。面对海平面上升和风暴潮等问题，部分地区在原有堤防基础上建设水文调控系统，控制进、出水量，形成人工潮汐以修复湿地。保护区利用围堤和涵闸维持治理区域的水位，淹死刈割后残根，近期针对围堤带来的生态问题，正在研究利用涵闸调控潮汐来水，以进一步提升生态功能。[56]

### 5. 低潮滩牡蛎礁保育技术

在低潮滩布设牡蛎礁是欧美国家海岸带保护的重要组成部分。欧美国家新兴的活生命海岸（Living Shorelines）是利用牡蛎礁、岩床等设施来保护、修复、增强和创建盐沼等滨海生态系统，保护岸线免受侵蚀，在风浪较大的地区可以加入障壁岛，形成"障壁岛—牡蛎礁—盐沼"体系来削减风浪对岸线的影响。[57] 东海水产所在长江口南北导堤附近水域进行巨牡蛎的增殖放流，促进了周围底栖动物的物种、密度和生物量增长。[58] 牡蛎礁的构造会增加潮间带的空间异质性，聚集大量的浮游生物，促进以浮游生物为食的鱼类和大型底栖无脊椎动物生长，提升了海岸带的生物多样性。[47]

**6. 集成研发人工干预与自然演替相结合的复合技术体系**

研发人工干预与自然演替相结合的复合技术体系是海岸带修复的技术发展趋势。海岸带的基底长期受到侵蚀，而且受到较大的外源污染，因此，须通过人工干预的方法才能确保在较短时间恢复岸线植被，为生态系统恢复创造条件。基于自然的解决方案可以为海岸带的生态修复预留更多自然演替的时间和空间，[51] 即依靠生态系统自设计、自组织，逐渐形成生物多样性较高、生态系统结构与功能完整、能量冗余很少、物质循环通畅高效的海岸带生态系统。[59]

相关研究如杭州湾北岸奉贤岸段整治修复项目，结合碧海金沙保滩工程在大堤外侧恢复复合湿地。通过修复基底并利用内部土方平衡，构建标高相对较高的盐沼湿地和标高相对较低的浅塘，在浅塘外侧设置生态堤以减少波浪侵蚀，在生态堤下部设置涵管连通浅塘和外侧海域，形成"大型复合生态斑块"（Large Composite Patch）。在湿地植物生长期，调控低水位，为种苗提供适宜的非淹水生境，使其快速生长，待湿地植被成熟后，引入自然潮汐，利用潮汐水位变化促进湿地生态系统结构和功能的修复。[60]

## 3.4.4 海岸带生态修复的典型案例

国外典型案例如美国国家海洋和大气管理局提供的保护和修复"美国之美"的 10 年计划、① 加拿大蓝色经济战略、② 田纳西州纳什维尔河滨公园 ③ 等。国内的典型案例如广州南沙区的海岸线修复、三亚红树林生态公园、秦皇岛滨海景观带、广东湛江红树林造林项目等，还包括减少滩涂湿地流失的项目，如辽河三角洲和黄河三角洲沿海湿地的修复。此外，与碳储存相关的修复实践逐渐增加，如上海鹦鹉洲湿地生态修复，该项目主要采取工程保滩、基底修复、植被恢复以及潮汐调控技术，重构与修复海岸带的盐沼湿地生态系统。修复后的湿地通过植物、微生物、基质的复合作用，有效地去除水中氮、磷营养元素和悬浮物，同时利用水文调控技术，促进植物对二氧化碳的吸收和减少甲烷（$CH_4$）的排放，发挥了"蓝碳"作用。

---

① Coastal restoration | National Oceanic and Atmospheric Administration.

② Coastal Restoration Society.

③ Riverfront Park，Nashville，Tennessee—Naturally Resilient Communities.

### 1. 墨西哥坎佩切应对气候变化的海岸带修复 [①]

1）项目背景

拉丁美洲和加勒比地区具有得天独厚的自然资产，不仅拥有全球重要的生物多样性和宝贵的农作物，而且拥有世界上最大的"碳汇"亚马逊热带雨林。该区域应对气候变化采取的措施，包括制订秘鲁燃料和空气质量标准、墨西哥碳减排计划、哥斯达黎加生态系统服务付费、巴西参与式综合水资源管理以及墨西哥灌溉管理新方法等。

可持续管理方法涉及水资源管理、环境健康、自然资源管理、生物多样性保护、环境政策、污染管理、环境机构和治理、生态系统服务、环境融资、灌溉和气候变化以及它们与发展和增长的联系。墨西哥坎佩切（Campeche，Mexico）是墨西哥的一个沿海州，海岸线长度超过404km，对当前和未来的气候变化应对方面具有高度的脆弱性，该地区的气候应对策略是适应性规划的具体成果，这些成果可以为海岸带的修复提供参考（图3-13）。

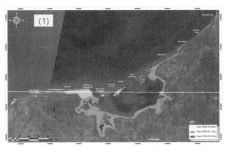 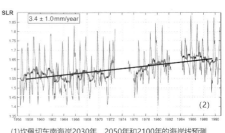

(1)坎佩切东南海岸2030年、2050年和2100年的海岸线预测
(2)1956—1991年坎佩切平均海平面的时间序列

图3-13 以100年和500年为周期的风暴潮（图片来源：本章参考文献[61]）

2）问题分析

①海平面上升（如沿海土地被淹没和洪水增加，以及盐水侵入地表水）：从内陆流入海洋的自然排水模式、泻湖和河道制度以及地下水流，扩大了易受洪水影响的土地面积；②在许多地区人类活动，正在加剧河流三角洲的沉降；③风暴潮、飓风、洪水、淡水井盐渍化以及其他与气候有关的威胁；④海岸侵蚀，不同空间和时间尺度上的自然和人为因素共同作用的结果。

3）规划设计与实施

（1）修复理念与修复目标

修复理念是将气候变化修复策略纳入到国家的决策过程中。具体目标是：更好地理解当前气候变化、预测其包含的不确定性，并利用现有的科学知识估计该州海岸线上升对未来造成的可能影响；测试使用替代和互补方法达成共识的可行性，并将权衡和不确定性纳入决策过程；最后，实施这些方法，以商定一个优先行动清单。

① International Bank for Reconstruction and Development[M]//The World Bank. Uncertain Future，Robust Decisions；The Case of Climate Change Adaptation in Campeche，Mexico. Washington；The World Bank，2013.

（2）修复方法与技术

①战略环境评估（Strategic Environmental Assessment，SEA）（以大多数利益相关者达成的妥协协议为标准）是一个有效的、被广泛应用的工具，用于确定和发展气候变化减缓和适应方案、政策和项目，该评估提供了一个平台，系统地分析一些选定变量的变化，可能对该州的关键领域和服务产生的预期影响，如海平面上升、降水、温度、飓风和风暴潮以及海洋流体动力学（波浪和水流的变化）。

②通过风险矩阵确保较高优先级的风险被识别和得到更有效地管理。气候风险矩阵方法的基本步骤包括：确定与特定时间段内相关的重要气候变化因素；根据发生的可能性对这些因素进行评级；确定可能受到这些因素影响的变量；确定与这些变量相关的影响和机会；确定降低气候脆弱性的适应方案；从而确定适当的优先事项，同时审查他们对气候变化结果的稳健性。

③环境评估。坎佩奇州的 SEA 重点关注该州沿海地区的气候变化影响，选择了两个方面进行评估，一方面对城市住区和沿海基础设施的影响；另一方面对生态系统、生物多样性和旅游业的影响。城市住区和沿海基础设施方面又分为对水源、人类住区、通信基础设施和服务、健康和粮食安全的影响。生态系统方面又分为对海龟保护、海草、珊瑚礁、红树林、沿海泻湖、海岸侵蚀、渔业、旅游景点和旅游基础设施的影响。并结合成本分析，确定修复计划的优先性。

④分析结果。为了提高海岸线的修复效率，项目选择了 3 个替代方案：海墙、红树林修复和实施综合沿海地区管理（Integrated Coastal Zone Management，ICZM）。该项目认为，海墙建设不适用于长期的海岸线修复，而红树林和湿地的生长能够维护海岸线的适应性，主要原因在于这些栖息地可以为海岸提供保护，使其免受侵蚀和极端水文气象事件影响，如洪水和飓风。其次，红树林和相关的生境不仅孕育着具有经济价值的资源，而且还建立了生态系统的内在的恢复力。最后，实施 ICZM 是一种全面的沿海规划方法，旨在整合和平衡规划过程中的多个目标，该管理方法是应对气候变化和海平面上升最为被广泛认可和应用的协议，其效益主要来自加强生境保护，对当地基础设施、商业以及旅游业等综合项目的开发。

**2. 温州洞头蓝色海湾整治行动**[①②]

1）项目背景

洞头位于浙江东南沿海，是全国 14 个海岛区（县）之一。洞头拥有 302 个岛屿和 351km 的海岸线，总面积 2862km²，其中海域面积占了近 95%，拥有得天独厚的海洋资源。蓝色海湾一期项目落在洞头国家级海洋公园，总投

---

① 自然资源部.中国生态修复典型案例（7）| 温州洞头蓝色海湾整治行动 [OL].澎湃网，2021−10−18.
② 中国生态修复典型案例 | 温州洞头蓝色海湾整治行动 [OL].浙江省自然资源厅，2021−10−19.

资 4.76 亿元，规划面积 15km²，涉及 17 个村 2.5 万人。通过蓝色海湾整治，洞头完成清淤疏浚 157 万 m²，修复沙滩面积 10.51 万 m²，建设海洋生态廊道 23km，种植红树林 419 亩（约 27.93hm²），修复污水管网 5.69km。

2）问题分析

①海洋资源开发与保护的矛盾日趋突出，近岸海域污染趋势尚未得到有效遏制；②滨海景观沙滩受台风、风暴潮等灾害频发影响；③非法挖砂、采砂以及其他人为干扰损害程度日益加剧；④海岸线景观破碎化严重，景观风貌较差。

3）规划设计与实施

（1）修复历程

2016 年，浙江省温州市洞头区成为全国首批 8 个蓝色海湾整治试点单位之一，通过实施蓝色海湾整治项目，利用生态"杠杆"撬动了产业崛起、海岛振兴，让海岛群众换了一种方式"靠海吃海"，走出一条既彰显海韵、又留得住乡愁的绿色发展道路。2018 年洞头成功入选全国第二批"绿水青山就是金山银山"实践创新基地，成为获此荣誉的首个海岛地区，蓝色海湾行动助力打通了"两山"转化通道，为践行"两山"理论提供了海岛经验。2019 年 4 月，洞头再次成功入围新一轮蓝色海湾整治项目。

（2）修复方法与技术

①增加连通性。实施"破堤通海"，破开曾经让洞头实现陆海相连的灵霓大堤，为瓯江流域的鲈鱼、凤尾鱼"让路"，恢复了繁衍栖息地。②构筑潮间带。在霓屿种植千亩红树林、百亩柽柳林，形成了全国唯一的"南红北柳"生态交错区，增加了生物多样性。③生态海堤。将 15km 硬化海堤修复成为"堤前"湿地带、"堤身"结构带、"堤后"缓冲带，形成了滨海绿色生态走廊。④"退养还海"。洞头在三盘港全面清退了污染严重、效益低下的传统网箱 6000 口，推动传统渔业向都市休闲渔业转型。⑤工程清淤。洞头国家中心渔港、东沙国家一级渔港，这两大渔港共清淤 157 万 m³，港内水深平均提升 2.7m，不仅改善了渔港水质和通航能力，更激发了渔港经济活力。⑥恢复沙滩海岸线。共修复了 10 个被过度挖掘、侵蚀退化的砂砾滩，面积达 15 万 m²，累计修复岸线 22.76km，恢复了岸线亲水功能。⑦生物多样性保护。洞头筑巢引鸟、保护鸟类，采用假鸟模型和鸟叫声回放招引鸟类，修复鸟类栖息地，吸引了黄嘴白鹭等 79 种鸟类栖息繁衍。⑧洞头率先出台了蓝色海湾整治修复评价指数体系，构建了 8 个方面 16 个指标。同时，通过海上生态浮标、碳通量观测塔、海洋牧场水下监控系统等监测平台，实时监控蓝色海湾指数，实现生态系统数字化。

（3）探索社会资本共建模式

洞头发挥温州民营经济优势，按照"谁修复、谁受益"的原则，吸引十多家民企参与，实现社会资本参与的深刻转变，如韭菜岙沙滩修复采用"村企共建"模式，村民通过参与陆域配套设施建设、后续运营等方式获取收益。东沙渔港沙滩，由边上的阳光 100 业主修复，政府 5 年回购，实现了政企双赢。

（4）构建全民参与体制机制

洞头构建蓝湾生态司法保护机制，联动三地法检两院，发布浙江省首个海湾生态司法保护协作机制，扩大了海湾保护圈。落实湾滩长制度，68 个湾滩全面覆盖，两代表一委员参评"最美最脏"湾滩，海霞妈妈等志愿者队伍参与生态治理，保护美丽蓝湾成为全民自觉行动。

4）修复效果

基于自然的海洋生态修复工作是一项很好的创新载体，不仅带来生态效益、经济效益和社会效益，更激发了洞头对海洋生态文明建设的思考。修复效果包括：①蓝湾工程实施后，红树林、盐沼湿地新增常驻候鸟 20 余种，海藻场自然恢复了 3000m², 周边海域一类、二类海水水质截至 2020 年 8 月达到了 94.8%。"南红北柳"年固碳近 200t，紫菜羊栖菜年吸碳近 14000t。②近 5 年来，洞头落地开工亿元项目 30 个、百亿项目 2 个，总投资达 449 亿元，29 个烂尾项目被激活；GDP 年均增长 8.2%，增速居温州第一（图 3-14）。③海洋经济乘势崛起，洞头用科技赋能"两菜一鱼"，比如黄鱼岛公司正在探索声波养

修复前

修复后

修复后

仙叠岩生态廊道

环东沙渔港生态廊道

图 3-14 温州洞头蓝色海湾整治行动[61]
（图片来源：温州网．入选国家蓝色海湾整治项目—洞头"破堤通海"修复海洋生态 [OL]．温州新闻网，2019-05-06．）

殖黄鱼的新模式，现代渔业向深海养殖、装备式养殖转型；滨海旅游做特做精，近 5 年接待游客超过 3000 万人，年均增长 20%。④成为旅游目的地，形成 13 个民宿村集群，共有民宿 447 家、床位 4777 张，民宿村户均年收入超 15 万元；一个沙滩带火一方经济，帆船帆板、邮轮游艇、休闲海钓等海上运动业态不断涌现，铁三世界杯等国际赛事落户，打响了洞头国内外知名度；每年有千名大学生回乡创业，常住人口比十年前增长了 22%，老百姓工资性、财产性、经营性收入大幅增长，城乡收入比缩小至 1.62 ：1，均衡度排在浙江前列。

## 思考题

1. 蓝色空间的生态修复面临哪些挑战？

2. 蓝色空间的生态系统修复对自然环境和人类福祉具有哪些重要意义？

3. 河流与流域的生态系统退化主要表现有哪些方面？主要修复措施有哪些？

4. 湖泊与湿地生态系统有哪些具体的生态修复方法和技术？

5. 海岸带生态系统的修复理念、方法和技术有哪些？

## 拓展阅读书目

[1] 杨海军，李永祥. 河流生态修复的理论与技术 [M]. 长春：吉林科学技术出版社，2005.

[2] 杨海军. 河流生态修复工程案例研究 [M]. 长春：吉林科学技术出版社，2010.

[3] 董哲仁，等. 河流生态修复 [M]. 北京：中国水利水电出版社，2013.

[4] 何彤慧，周楠，李学明. 吴忠湿地生态修复中的芦苇建植实践 [M]. 银川：中国水利水电阳光出版社，2020.

[5] 马春，张光玉，等. 湿地可持续管理：生态恢复途径 [M]. 北京：化学工业出版社，2013.

## 本章参考文献

[1] WHO and UN-Habitat（World Health Organization & UN-Habitat）. Global Report on Urban Health：Equitable Healthier Cities for Sustainable Development [R]. World Health Organization，Geneva，2016.

[2] Veerkamp C. J，Schipper A. M，Hedlund K，et al. A Review of Studies Assessing Ecosystem Services Provided by Urban Green and Blue Infrastructure[J]. Ecosystem Services，2021，52.

[3] EC（European Commission）. Green Infrastructure（GI）– Enhancing Europe's Natural Capital. Communication from the Commission to the European Parliament, the Council，the European Economic and Social Committee and the Committee of the Regions，COM，249 final [R]. Brussels，2013.

[4] Smith N，Georgiou M，King A. C，et al. Urban Blue Spaces and Human Health：A Systematic Review and Meta-analysis of Quantitative Studies[J]. Cities，2021，119.

[5] 董哲仁，等. 河流生态修复 [M]. 北京：中国水利水电出版社，2013.

[6] Badamfirooz J，Mousazadeh R，Sarkheil H. A Proposed Framework for Economic Valuation and Assessment of Damages Cost to National Wetlands Ecosystem Services Using the Benefit-transfer Approach[J]. Environmental Challenges，2021，5.

[7] Grill G，Lehner B，Thieme M，et al. Mapping the World's Free-Flowing Rivers[J]. Nature，2019，569（7755）：215-221.

[8] Palmer M. A，Liermann C. A. R，Nilsson C，et al. Climate Change and the World's River Basins：Anticipating Management Options[J]. Frontiers in Ecology and the Environment，2008，6（2）：81-89.

[9] Bridgewater P，Kim R. E. The Ramsar Convention on Wetlands at 50 [J]. Nature Ecology & Evolution，2021，5：268-270.

[10] Mcleod E，Chmura G. L，Bouillon S，et al. A Blueprint for Blue Carbon：Toward an Improved Understanding of the Role of Vegetated Coastal Habitats in Sequestering $CO_2$[J]. Frontiers in Ecology and the Environment，2011，9（10）：552-560.

[11] Mitsch W. J，Bernal B，Nahlik A. M，et al. Wetlands，Carbon，and Climate Change[J]. Landscape Ecology，2013，28：583-597.

[12] 张益章，周语夏，刘海龙. 国土尺度河流干扰度评价与空间分布制图研究 [J]. 风景园林，2020，27（8）：10-17.

[13] Boon P. J. Channeling Scientific Information for the Conservation and Management of Rivers[J]. Aquatic Conservation-Marien and Freshwater Ecosystems，1992，2（1）：115-123.

[14] Hill M. T，Platts W. S. Ecosystem Restoration：A Case Study in the Owens River Gorge，California[J]. Fisheries，1998，23（11）：18-27.

[15] 贾乃谦. 明代名臣刘天和的"植柳六法"[J]. 北京林业大学学报（社会科学版），2002（Z1）：76-79.

[16] Palmer M，Ruhi A. Linkages between Flow Regime，Biota，and Ecosystem Processes：Implications for River Restoration[J]. Science，2019，365（6459）：1-13.

[17] 刘婧. 中国湿地资源研究综述 [J]. 资源与产业，2007（4）：21-23.

[18] Meng B，Liu J. L，Bao K，Sun B. Water Fluxes of Nenjiang River Basin with Ecological Network Analysis：Conflict and Coordination between Agricultural Development and Wetland Restoration[J]. Journal of Cleaner Production，2019，213：933-943.

[19] Cui B，Yang Q，Yang Z，Zhang K. Evaluating the Ecological Performance of Wetland Restoration in the Yellow River Delta，China[J]. Ecological Engineering，2009，35（7）：1090-1103.

[20] Larsen S，Bruno M. C，Vaughan I. P，et al. Testing the River Continuum Concept with Geostatistical Stream-network Models[J]. Ecological Complexity，2019，39.

[21] Laub B. G，Palmer M. A. Restoration Ecology of Rivers[J]. Reference Module in Earth Systems and Environmental Sciences，2021.

[22] Pan B，Yuan J，Zhang X，et al. International Journal of Sediment Research[J]. International Journal of Sediment Research，2016，31（2）：110-119.

[23] Pan G，Zhang M. M，Chen H，Zou H，Yan H. Removal of Cyanobacterial

Blooms in Taihu Lake Using Local Soils. I. Equilibrium and Kinetic Screening on the Flocculation of Microcystis Aeruginosa Using Commercially Available Clays and Minerals[J]. Environmental Pollution, 2006, 141: 195-200.

[24] Boon P. J, Calow P, Petts G. E. River Conservation and Management[M]. New York: John Wiley & Sons, Chichester, 1992.

[25] Yang G, Li Y, Huang T, et al. Multi-scale Evaluation of Ecological Restoration Effects in the Riparian Zone Using Landsat Series Images from 1980 to 2019[J]. Ecological Indicators, 2021, 132.

[26] Hufford K. M, Mazer S. J. Plant Ecotypes: Genetic Differentiation in the Age of Ecological Restoration[J]. Trends in Ecology and Evolution, 2003, 18 (3): 147-155.

[27] Zhao G, Cui X, Feng S, Shao F, Bi H. Study on Plant Slope Protection Techniques and its Ecological Effect[J]. Journal of Soil and Water Conservation, 2007, 21: 60-64.

[28] Wang Z. Y, Lee J. H. W, Melching S. River Dynamics and Integrated River Management[M]. Berlin: Springer Verlag, Beijing: Tsinghua Press, 2012.

[29] Brookes A, Shields F. D. River Channel Restoration-guiding Principles for Sustainable Projects[M]. Chichester: John Wiley & Sons, 1996.

[30] 张文婷, 李祉璇, 张行南, 刘永志. 基于 DEM 的河道断面构造改进方法及洪水演进精度评估 [J]. 南水北调与水利科技 (中英文), 2022, 20 (3): 563-572.

[31] 张楚晗. 赣江"S 湾"活水岸公园: 自然驱动的河流景观生态修复实践 [J]. 景观设计学, 2020, 8 (3): 114-129.

[32] Claassen T. H. L, Maasdam R. Restoration of the Broads-area Alde Feanen, The Netherlands: Measures and Results[J]. Water Science & Technology, 1995, 31 (8): 229-233.

[33] Osugi T, Tate S. I, Takemura K, et al. Ecological Research for the Restoration and Management of Rivers and Reservoirs in Japan[J]. Landscape & Ecological Engineering, 2007, 3 (2): 159-170.

[34] 张维昊, 张锡辉, 肖邦定. 内陆水环境修复技术进展 [J]. 上海环境科学, 2003, 22 (11): 811-816.

[35] 李胜男, 崔丽娟, 赵欣胜, 等. 湿地水环境生态恢复及研究展望 [J]. 水生态学杂志, 2011, 32 (2): 1-5.

[36] Xu X, Jiang B, Tan Y, Costanza R, Yang G. Lake-wetland Ecosystem Services Modeling and Valuation: Progress, Gaps and Future Directions[J]. Ecosystem Services, 2018, 33 (Part A): 19-28.

[37] 苟翡翠, 王雪原, 田亮, 周燕. 郊野湖泊型湿地水环境修复与保育策略研究——以荆州崇湖湿地公园规划为例 [J]. 中国园林, 2019, 35 (4): 107-111.

[38] 韩毅, 刘海龙, 杨冬冬. 基于景观水文理论的城市河道景观规划设计实践 [J]. 中国园林, 2014, 30 (1): 23-28.

[39] 李胜男, 王根绪, 邓伟. 湿地景观格局与水文过程研究进展 [J]. 生态学杂志, 2008, 27 (6): 1012-1020.

[40] Cai Y, Liang J, Zhang P, et al. Review on Strategies of Close-to-natural Wetland Restoration and a Brief Case Plan for a Typical Wetland in Northern China[J]. Chemosphere, 2021.

[41] Elphick C. S, Oring L. W. Winter Management of Californian Rice Fields for Waterbirds [J]. Journal of Applied Ecology, 2010, 35 (1): 95-108.

[42] Chen X, Jia L, Jia T. Overview and Characteristics of China's Islands: Based on "Statistical Communique on China's Survey in 2017" [J]. China Geology, 2021, 4: 756-758.

[43] 黄镇国, 李平日, 张仲英, 等. 珠江三角洲: 形成　发育　演变 [M]. 广州: 科学普及出版社广州分社, 1982.

[44] 王福, 王宏, 李建芬, 等. 我国海岸 2 万年以来的演替过程及趋势分析: 对现代海岸生态保护修复的启示 [J/OL]. 中国地质: 1-22[2023-03-31].

[45] Liu L, Wang H, Yue Q. China's Coastal Wetlands: Ecological Challenges, Restoration, and Management Suggestions[J]. Regional Studies in Marine Science, 2020, 37.

[46] 罗明, 杨崇曜, 孙雨芹. 我国海岸带生态保护修复实践的 NbS 路径 [J]. 中国土地, 2022 (3): 4-7.

[47] Lv W, Huang Y, Liu Z, et al. Application of Macrobenthic Diversity to Estimate Ecological Health of Artificial Oyster Reef in Yangtze Estuary, China[J]. Marine Pollution Bulletin, 2016, 103 (1–2): 137-143.

[48] Jiang Y, Wang Y, Zhou D, et al. The Impact Assessment of Hydro-biological Connectivity Changes on the Estuary Wetland through the Ecological Restoration Project in the Yellow River Delta, China[J]. Science of the Total Environment, 2021, 758.

[49] Ramesh R, Chen Z, Cummins V, et al. Land–Ocean Interactions in the Coastal Zone: Past, Present & Future[J]. Anthropocene, 2015, 12: 85-98.

[50] Cabral A, Bonetti C. H. C, Garbossa L. H. P, et al. Water Masses Seasonality and Meteorological Patterns Drive the Biogeochemical Processes of a Subtropical and Urbanized Watershed–bay–shelf Continuum[J]. Science of the Total Environment, 2020, 749.

[51] Sutton-Grier A. E, Wowk K, Bamford H. Future of Our Coasts: The Potential for Natural and Hybrid Infrastructure to Enhance the Resilience of Our Coastal Communities, Economies and Ecosystems[J]. Environmental Science & Policy, 2015, 51: 137-148.

[52] Brathwaite A, Clua E, Roach R, et al. Coral Reef Restoration for Coastal Protection: Crafting Technical and Financial Solutions[J]. Journal of Environmental Management, 2022, 310.

[53] 陈雪初, 高如峰, 黄晓琛, 等. 欧美国家盐沼湿地生态恢复的基本观点、技术手段与工程实践进展 [J]. 海洋环境科学, 2016, 35 (3): 467-472.

[54] 黄华梅, 高杨, 王银霞, 等. 疏浚泥用于滨海湿地生态工程现状及在我国应用潜力 [J]. 生态学报, 2012, 32 (8): 2571-2580.

[55] Board M. Beach Nourishment and Protection[M]. Washington: National Academies Press, 1995.

[56] 陈雪初, 戴禹杭, 孙彦伟, 等. 大都市海岸带生态整治修复技术研究进展与展望 [J]. 海洋环境科学, 2021, 40 (3): 477-484.

[57] Morris R. L, Bilkovic D. M, Boswell M. K, et al. The Application of Oyster Reefs in Shoreline Protection: Are We Over-engineering for an Ecosystem Engineer？ [J].

Journal of Applied Ecology, 2019, 56（7）：1703-1711.

[58] 全为民，沈新强，罗民波，等 . 河口地区牡蛎礁的生态功能及恢复措施 [J]. 生态学杂志，2006，25（10）：1234-1239.

[59] Schoonees T，Mancheño A. G，Scheres B，et al. Hard Structures for Coastal Protection，Towards Greener Designs[J]. Estuaries and Coasts，2019，42（7）：1709-1729.

[60] Cheng X，Huang Y，Yang H，et al. Restoring Wetlands Outside of the Seawalls and to Provide Clean Water Habitat[J]. Science of the Total Environment，2020，721.

[61] Durán Valdez G. Análisis del Peligro por Marea de Tormenta en el Golfo de México[D]. México City：Universidad Nacional Autonom a de México，2011.

第 4 章

棕色空间生态修复方法、技术与案例

# 4.1 棕色空间生态修复概述

改革开放以来，社会经济快速发展，但由于长期对区域资源的开采和利用，产生了各种类型的废弃地，成为区域可持续发展的阻碍因素产并产生了一系列生态、社会和经济等问题。

根据自然资源部土地整治重点实验室统计（2015 年），截至 2014 年，我国累计损毁土地面积 14184.35 万亩（约 945.62 万 hm²），待复垦土地面积 8783.72 万亩（约 585.58 万 hm²）。

根据《2015 年中国国土资源统计年鉴》显示，截至 2014 年末，我国仅工矿废弃地面积为 264.5 万 hm²，累计复垦土地面积为 55.26 万 hm²，待复垦工矿废弃地面积为 209.24 万 hm²。

我国城市废弃地污染情况比较严重，据我国 2014 年公布的《全国土壤污染状况调查公报》显示，仅在调查的 81 块废弃地的 775 个土壤点位中，超标点位就占 34.9%。城市废弃地的典型危害和环境影响体现在生态环境的污染、土地资源的占用、地表景观的破坏和其他社会问题上。

废弃地存在着多样的现实环境污染或潜在的环境威胁，场地中的废弃物经过雨水的淋溶和侵蚀等，有毒有害物质会侵蚀土壤，形成酸碱污染、有机物污染、重金属污染等。当污染超过土壤的自净能力和吸收能力时，它会沉积在土壤中，从而改变土壤的结构和功能。废弃地场地中的废水排放携带的有毒物质和污染物质，会对地表水、地下水造成污染；废弃物的堆放会在风力作用下产生风蚀扬尘污染，扩散有毒气体和微尘，造成城市空气污染；废弃地土壤侵蚀和土壤污染将导致动植物的死亡或减少、微生物群落的丧失、生物系统的退化和生物多样性的减少；有些废弃地的生态环境污染问题还具有隐蔽性和延迟性。

## 4.1.1 棕色空间概念辨析

棕色空间[1] 是一种综合性的复杂问题，涉及地理、生态、环境、社会人文等多个学科领域。比较"棕色空间"与"废弃地"两个词，前者的优点主要体现在如下三个方面。

第一，"棕色空间"同时涵盖了"污染场地"与"潜在污染场地"两个概念。当"怀疑"一块场地可能"具有污染时"，若想对其进行再利用，就必须进行相应的污染勘测与风险评估工作，已经不同于普通项目的开发程序，因此即使最终确定该场地没有污染，这一过程也令其属于"棕色空间"的范畴。[1]

第二，"棕色空间"的概念同时强调了场地的污染特征与再生意向，而不像"污染场地"那样单纯地强调场地中污染物质的危害与风险。例如，美国棕色空间定义以"地产的扩展、再开发或再利用"为关注的范围；加拿大国家环境与经济圆桌报告给出的棕色空间定义中指出，"棕色空间……展示出适应于其他用途的良好潜力，并往往提供经济上可行的商业机会"；欧盟"棕色空间与经济再生协同行动网络"在其棕色空间定义中亦强调，棕色空间"需要通过人为干预使其重新具有有益的用途"。[2]

第三，"棕色空间"是一个中性词，负面暗示相较"污染场地"一词较少。当然，其缺点是不如后者一目了然，需要通过教育科普的过程帮助民众理解其含义。[3] 棕色空间泛指因人类活动而存在已知或潜在污染的场地，其再利用需要建立在基于目标用途的场地风险评估与修复基础之上。该定义借鉴了美国、加拿大、日本及欧盟"棕色空间"定义中对于场地污染（已知的或潜在的）与再利用意向的描述，同时明确地将再利用的"目标用途"与环境工程风险评估及修复措施并置，强调棕色空间再生过程中规划设计与场地修复的强关联性，二者相辅相成。[3]

## 4.1.2 棕色空间类型

### 1. 矿业废弃地

矿业废弃地，又称为工矿废弃地，矿业开采过程中形成的挖损区、塌陷区、压占区和加工作业区，以及受开采废弃物污染而需要修复治理的场地，都属于矿业废弃地的范畴。美国矿务局（United States Bureau of Mines，USBM）对矿业废弃地的定义为未经改造的矿业开采或者勘探活动区域，包括废弃矿区和损毁土地。倪彭年编译的《工业废弃地上的植物定居》（*Colonization of Industrial Wasteland*）中，矿业废弃地被定义为采矿活动所破坏的，不经治理无法使用的土地。高怀军认为，采矿废弃地是人类在获得矿产资源的过程中，人为的对土地及地下资源进行改造的区域，是高强度采矿活动后被破坏无法利用的土地。[4]

矿山开采造成的占用或破坏土地的情况主要有：露天开采挖损土地，尾矿场、废石场（排土场）压占土地，矿山的工业建筑、民用建筑和道路等占用土地。根据矿山类型不同，矿业废弃地主要有以下类型：①煤矿废弃地：排土场、沉陷区、煤矸石堆放场、开采坑、道路等。②金属矿区废弃地：尾矿库、低品位废弃矿石的堆放场、开采坑等。③非金属矿废弃地：贫瘠废弃场地、道路砖瓦厂等取土后的场地等。[5]

近年来，"退二进三""腾笼换鸟""产能优化"等政策的实施，使得大量城市对地处城市中心或周边，但污染严重、效益低下、资源枯竭或占有文物古迹的工业企业采取向城市外延搬迁、疏散甚至停产的调整措施。这些工业企业或被迫停产，或向外转移，减轻了城市内部的污染源，城市人居环境和生态环境得到了一定程度的改善。这一举措在城市内部留下了大片的废弃工业用地，为城市发展房地产、商业和服务业等第三产业，以及增加绿地和开放空间提供了契机。中国是矿产资源丰富的国家，作为工业用地的一种，矿业废弃地大量存在于矿业城市和其他职能类型城市中。在可以挖潜的城市存量空间中，矿业废弃地再生利用是城市存量空间更新的重要领域。[6]

### 2. 污染废弃地

污染废弃地指因受到采矿、工业废弃物、农用化学物质以及生活垃圾等侵蚀、污染而废弃的区域。主要有重金属污染废弃地、有机物污染废弃地和固废物污染废弃地三种类型。

重金属污染废弃地形成的主要原因是矿山被开采后失去了以后的利用价值，例如露天采场、尾矿库、废石场、塌陷区等，都是被损坏和污染了的场所。这些被重金属污染了的废地给土壤带来了四个特征：普遍性、隐蔽性、表聚性和不可逆性。除此之外，重金属污染废弃地对环境造成的影响不只是污染土壤，还会对地表地貌、水环境、大气环境和生物多样性造成影响。矿山周围的硫化物，通过氧化呈现酸性废水，污染水资源，造成植物动物的死亡，自然景观无法恢复原貌，土壤丧失稳定性。因此，要贯彻"预防为主、防治结合、综合治理"方针，控制并消除污染源，对于遭受污染的土壤，控制有害物质在土壤中的溶解速度，避免渗入作物中而误进食物链，影响身体健康等。[7]

有机物污染废弃地是指受到由碳水化合物、蛋白质、氨基酸以及脂肪等形式存在的天然有机物质及某些其他可生物降解的人工合成有机物质组成的污染物的污染，可分为天然有机污染和人工合成有机污染两大类。天然有机污染，是由生物体的代谢活动及其他生物过程产生的，如萜烯类、黄曲霉毒素、氨基甲酸乙酯、麦角、细辛脑、黄樟脑等。人工合成有机污染，是随着现代合成化学工业的兴起产生的，如塑料、合成纤维、合成橡胶、洗涤剂、染料、溶剂、涂料、农药、食品添加剂、药品等人工合成有机物的生产，一方面满足人类生活需要，另一方面在生产和使用过程中进入环境，达到一定浓度，造成污染，危害人类健康。

固废物污染废弃地即垃圾填埋堆放的场地。随着社会发展进程的加快，生活垃圾填埋场的使用改变了周边场地生态系统的连续性，破坏了多样性，影响了水环境。随着城市每天垃圾数量的不断增加，各个垃圾填埋场的可以填埋的容量也在不断减少，许多填埋场都提前迎来了填埋饱和，并提前封场。场地的长期使用，致使周边水质受到污染，生态系统退化、破坏严重，封场后的景观再造成了主要问题。生活垃圾清运量随着城市的发展在逐年增加，伴随着垃圾分类的实施，以及垃圾填埋场数量的增加，使得生活垃圾的无害化处理率也在逐年增加。垃圾填埋场是指使用以集中填埋方式的垃圾堆放场地。而现阶段，我国最主要的填埋方式是卫生填埋和垃圾堆场。卫生填埋的特点是填埋成本低，处理程度高，因此我国以卫生填埋为主。根据填埋物不同，垃圾填埋场又分为建筑和生活填垃圾埋场。建筑垃圾填埋场中主要是混凝土、废石、金属废料、废塑料等，这类填埋场具有成分稳定、少量沉降、无填埋气体产生的特点；而生活垃圾中主要以厨余垃圾、纤维、废纸等为主，具有有机物含量高、沉降严重、污染严重等特点。相比较这两种垃圾填埋场，建筑垃圾填埋在我国的处理还不够规范，缺少分类和利用，更多的是直接堆放和简易填埋来处理。

### 3. 工业遗址废弃地

#### 1）工业废弃地概念

广义上来讲工业废弃地指的是原有场地内的工业生产活动停止后从而导致直接影响其失去原有功能而被闲置废弃的场地或者是其场地内部的工业设施。工业废弃场地包括废弃的工业生产用地、废弃的仓储用地、废弃的交通道路用地和废弃的市政公共用地，以及废弃的露天矿产用地、闲置的工业废弃物堆放场地等等。最早有关于工业废弃地的概念也就是"棕色空间"，于1980年就被提出。[1]棕色空间是指被闲置或者是不再被使用的曾经被用于工业和商业活动的用地及其相关设施，这些土地的环境由于遭到污染的原因使得场地变得很复杂。[2]欧洲相关组织也有类似定义：棕色空间是由于之前被使用时所带来负面影响，被污染或将要被污染的土地，包括被废弃、闲置或不再使用的前工业和商业用地及设施。但是这些定义仅仅强调了棕色空间是遭受到污染的土地，稍微显得有一些狭隘。[1~3, 8]

棕色空间一词依据英国规划法的相关法规内容，是一种绿地规划中的学术名词。[2]而棕色空间则指的是不管是不是被污染，只要是之前被建设开发过的，但是后来又被废弃的土地。包括：工业用地、商业用地、机场、码头等被废弃的土地以及建筑。2003年之后，"棕色空间"的相关概念在加拿大被定义为被遗弃的、闲置的或者未充分利用的工业或商业用地。[9]北京林业大学王向荣教授认为：工业废弃地，指曾为工业生产用地和与工业生产中的交通、运输、仓储等相关的，后来废置不用的地段，如废弃的矿山、采石场、工厂、铁路站场、码头、工业废料倾倒场等，在城市的发展历史中，这些工业设施具有功不可没的历史地位，它们往往见证着一个城市和地区的经济发展和历史进程。[1, 10]

联合国统计署表示，工业废弃地是由相关工业造成损害而又被废弃的土地。美国国家环保局认为，棕色空间是指被废弃或是未获得有效使用的工业、商业用地。[11]英国政府认为，只要是出现严重工业污染的、没有通过治理并且不能够使用的土地均为工业废弃地，其中不包含通过计划批准可以确保复原的土地，也不包含依旧使用的土地或等待建设的土地。[11]在我国的相关研究中，工业废弃地是指在废弃前的工业生产用地或与工业生产相关的运输、仓储用地，具体包括工业制造场地和工业采掘场地及仓储设施等场地，如矿山和废弃工厂以及工业废料倾倒场等。[11]

#### 2）工业废弃地类型

工业废弃地的类型划分标准可以依据其不同的生产活动来进行，对工业废弃地的类型进行划分，是为了更好地针对不一样的场地以及不一样特点而进行更有针对性的设计策略。[12]

根据工业活动类型将工业废弃地分成下列六类（表4-1）。

工业废弃地类型                                 表4-1

| 废弃地类型 | 具体种类 |
| --- | --- |
| 采掘场 | 矿场、采石场等 |
| 加工制造厂 | 钢铁厂、纺织厂、服装制造厂等 |
| 装备制造厂 | 零件制造厂、汽车制造厂等 |
| 交通运输设施 | 铁路、码头等 |
| 仓储设施 | 仓库、筒仓等 |
| 废物处理设施 | 垃圾处理厂、污水处理厂等 |

（表格来源：作者自绘）

**4. 其他废弃地**

自然灾害损毁地是指因地震、暴雨、山洪、泥石流、滑坡、崩塌、沙尘暴等自然灾害而被损毁的土地。按照土地损毁的外因动力，自然灾害损毁土地包括洪灾损毁地，滑坡、崩塌损毁地，泥石流灾毁地，风沙损毁地，地震灾毁地，其他自然灾害损毁地。又具体分为：气象灾害废弃地，如干旱、暴雨、洪涝、台风等造成的废弃地；[13]地质灾害废弃地，如地震、滑坡、泥石流、崩塌、地面塌陷、地裂缝等造成的废弃地；[14]海洋灾害废弃地，如风暴潮、海啸、海浪、海冰、赤潮等造成的废弃地；[15]生物灾害废弃地，如病害、虫害、草害、鼠害等，森林火灾和草原火灾也属于广义的生物灾害。[16]

按照土地损毁程度，吴树仁等根据滑坡变形过程中土地毁坏程度，将滑坡灾毁土地分为三类，即土地完全毁坏、局部毁坏和拉裂破坏。土地完全毁坏主要是指土质滑坡或岩土混合滑坡发生整体的快速滑动，滑体经历了一定距离的剧烈位移和不均匀运动后，表层岩土发生翻转、倾倒、重新堆积和埋覆，使表层土地完全毁坏，不能耕种；土地局部毁坏主要指斜坡滑体局部变形滑动，使表层土地局部发生倾倒、翻卷和堆积，破坏了原有土层结构，使其当年不能耕种；土地拉裂破坏滑坡在长期变形蠕滑过程中，滑体表层土地局部拉裂、撕开、陷落，使土地结构被破坏，不能灌溉和耕种。

## 4.1.3　棕色空间生态修复理论

棕色空间生态修复理论主要来源于恢复生态学和景观生态学原理及理论，其相关理论的研究主要涉及群落演替理论、限制性因子理论、自我设计和人工设计理论、生态适应性理论、生态位理论、植物入侵理论、生物多样性理论等方面，随着跨学科研究的进一步深入，棕色空间生态修复研究的相关理论也进一步延展至城市规划、设计学以及遗产学等方面，如景观游憩学理论、工业遗产学理论、城市更新理论等。

**1. 景观游憩学理论**

景观游憩学理论广义上是游憩和自然相互关系的学科，狭义上是游憩与景观相互作用的学科，揭示生态系统在游憩作用下发展演变的过程以及自然环境对游憩影响的机制。[17]

随着休闲游憩时代的到来，各地区开始逐渐发展游憩旅游产业，创造闲暇空间，引导社会健康发展。而景观游憩学理论在郊野公园中的运用则是结合区域特征的游憩场所进行组织，合理规划游憩区域、游赏路线、活动场地，构建高效、协调的游憩体系，在保证游客安全的同时还能使用并享受完善的休闲设施和游憩体验。[17]

**2. 工业遗产学理论**

工业遗产泛指工业文明后的遗存和遗址，具有历史性、科学性以及社会性等价值。通常包括工业生产后遗留下的工厂、机械、车床、矿区，以及与工业生产开采相关的一切活动的场所。[18]

煤矿废弃地中的工业遗产可以见证区域及城市的发展历程，是历史性地标建筑物，具有传承场所精神延续城市文脉的作用。通过整体保留或者部分保留珍贵的且具有历史资源的工业遗产，加以人文化、性格化展现，对工业废弃地更新与改造是尤为重要的。

**3. 景观重塑理论**

景观重塑即运用景观规划设计的手段对场地内的要素进行改造，从而赋予场地新的活动功能与使用价值。从广义上来讲，其包括对人文景观的再设计及自然景观再利用。对工业废弃场地进行景观重塑设计时，优先要尊重原有的地形地貌、原有构筑物及自然环境等要素，保护场地的历史文化；其次，运用科学合理的手段将其改造成适应当下的景观空间。[19]

**4. 景观再生理论**

再生理论在生物学领域指生命机体对于生命场所再栖居的过程，景观再生理论最早可追溯于 20 世纪 60—70 年代，风景园林师马尔科姆·威尔斯（Malcolm Wells）进行了覆土建筑的生态实践。近年来，景观再生理论在废弃地景观修复设计领域的理论与实践方面引起了广泛的重视，尤其是具有生态退化特征的废弃地，例如采石场废弃地、工业废弃地、垃圾填埋场、污染河道、棕色空间等。例如比利时北灵恩煤渣山在 60m 的场地尺度之间赋予冒险游乐景观，以木桩森林、多面坡地、山顶煤矿广场三种空间，保留工业遗迹作为连续的脉络，串联起矿区过去和未来。在这一案例中，设计师抓住废弃地的工业特色与地形高差进行景观再生设计，成功改造成了一个充满童趣的冒险主题公园。[20]

景观再生理论源于西方，1994 年在（约翰·蒂尔曼·莱尔）（John Tillman

Lyle）著写的《可持续发展的再生设计》一书中，再生设计理论被第一次系统地提出。虽然景观界现阶段对于这一理论仍没有达成具体的共识，但是诸多学者从人文生态系统、重建生境、仿生亲生态设计、绿色建筑等不同领域提出了景观再生设计的方法论与策略。迄今为止，一些规划设计师明确提出了这一理论，并在个人研究领域中开展了一系列实践研究，提出了再生设计的策略与技术上的应用。[20]

### 4.1.4　棕色空间生态修复研究进展

**1. 棕色空间研究的发展历程**

西方国家工业化和城市化起步较早，由废弃地所引发的环境、社会、经济问题出现得也较早，因此对废弃地的改造利用和相关研究也开始较早。其相关研究已经形成相对成熟的理论，也出现了很多成功实例。国外废弃地的最早改造是在 1863 设计的巴黎肖蒙山丘公园（Buttes-Chaumont Park），是在废弃的石灰石采石场和垃圾填埋场的结构上建立的景观，首次展现了人类对废弃地寻求发展空间的诉求和能力。中国废弃地生态修复与景观重建研究起步较晚。[21] 20 世纪 80 年代以前，我国对于废弃地的处理通常仅是做单一的生态修复，将其恢复到受污染和破坏前的原始生态环境状态，然后再进行造林、复垦等一些基础性生产活动，主要以改善环境质量、维护环境安全、缓解土地压力为目的，而对废弃地景观和文化的关注较少，且几乎没有太多景观理论研究的介入。[22] 直到 20 世纪 80 年代，废弃地的生态修复和景观重建理论才开始起步。我国废弃地改造利用中还存在着缺乏公众参与的问题，而且后期维护管理和运营尚有潜力待挖掘。[22]

**2. 棕色空间的理论与实践研究进展**

中国的棕色空间再生研究始于近十余年，属于一个新兴的领域，还不具备雄厚的研究积累。各相关专业对该课题的关注度升温很快，尤其从 2007 年开始相关文章大量涌现，使棕色空间再生成为一个热点研究问题。[1] 但到目前为止，以棕色空间为研究对象的博士论文和学术著作数量并不多，且集中于生态修复和污染土壤修复技术等领域。在风景园林学及相关规划设计学科内，出现一些关注棕色空间再生及相近领域的硕士论文，但博士论文仍凤毛麟角，仅有的少量出版著作也多基于作者之前的博士论文修改而成。在已有成果中，以综述性或介绍性的成果居多，且多为宏观性概述配以某个特定地区或特定项目的案例分析，尚缺乏成体系的风景园林学理论研究，对于实践的指导作用也还很有限。[8]

### 4.1.5　棕色空间生态修复面临的主要问题

当前，中国大量的棕色空间已经或即将处于再生更新的压力之下，棕色空间再生的需求日趋紧迫。然而，中国的棕色空间再生才刚刚起步十几年，还没有形成规范而完善的体系，当前主要面临五个方面的困境，即理论体系缺乏、法规政策不完善、职责部门不明确、场地修复标准不清、全民认知有待提高。

**1. 理论体系缺乏**

2007 年，中国土壤修复市场开启，棕色空间再生需求迅速增加，然而，管理体系的缺失严重阻碍了行业的发展，设计领域内更是缺乏相应理论体系进行指导。中国当前的棕色空间再生项目，基本处于自发的、无序的改造状态，完全没有规律可言。切身参与到棕色空间再生实践中的设计师还很有限，参与其中的也基本处于各自探索的阶段，可资借鉴参考的信息主要为国内外的棕色空间再生案例，缺乏系统性的理论体系。对于再生项目中污染治理的考虑深度，很多情况下依赖于设计师的个人修养、认知水平与责任心。大量棕色空间再生项目的污染问题并未得到妥善处理，仍然对公共健康存有隐患。[23]

**2. 法规政策不完善**

中国与棕色空间相关的法律文件条文分布很分散，彼此之间没有联系，也不成系统，因此很难综合在一起共同起到制约作用。在已有的条文中，概括性喊口号式的条文占了相当的数量，具体的操作性强的条文还很欠缺。对于污染责任人的界定和惩罚制度还不够严格，对于资金来源、激励措施和修复工作中的具体规定还不够清晰。从另一个角度来看，虽然现有法律不够完备，但是如果可以有效地执行，其对于棕色空间再生的控制力应明显好于现实状况。[24]

**3. 空间修复标准不清晰**

棕色空间修复标准不仅对于确保人体健康与安全至关重要，还直接影响到具体污染修复技术的选择及项目的总体资金预算。我国长期以来缺乏统一的标准，在具体实践过程中，一部分项目参照发达国家较为成熟的标准体系，一部分按照地方规定的要求，造成了项目评价与验收的复杂性。2014 年 2 月，生态环境部正式发布了《污染场地风险评估技术导则》HJ 25.3—2014，于同年 7 月开始实施。该导则的附录中提供了部分污染物的毒性参数及风险评估模型参数和推荐值，对棕色空间再生的风险评估工作起到重要的促进与指导作用。然而，中国仍然迫切地需要统一的土壤环境质量标准进行底线控制，各地方政府可以在此基础上制订更为严格的地方标准。

**4. 棕色空间认知不足**

当前，"棕色空间"的概念在中国仍然处于逐渐被接受的过程，政府和学界均未达成对"棕色空间"定义认知的共识，在普通民众中其普及程度则更低。但是通过文献检索也可以明显地看到，在过去的 5 年中，中国大众传媒、学术论文和风景园林专业媒体对于"棕色空间"一词的使用频率显著而且迅速增加。虽然"棕色空间"在中国的认知度正在提高，但是如何在棕色空间项目中正确有效地处理场地问题对于绝大多数专业人员来说仍然是未知的领域。[2]

对于已经实施的棕色空间再生项目，公众更多地关注于场地的"面貌一新"，还未能聚焦于"污染治理"，除非已经涉及公共环境污染事件。尤其对于隐蔽性强且作用慢性而长期的土壤污染危害，中国公众的意识还较薄弱。地方政府、地产开发商、设计人员和当地居民对于棕色空间的严重危害还认识不足，也缺乏相应的渠道获取数据、了解信息和参与决策。随着公众认知水平的提高，相信人们会更为积极有效地参与到棕色空间再生的过程之中，起到监督促进的作用，推动法规、政策与标准的制订，就如同近年来公众在促使空气污染指数 PM$_{2.5}$ 数据公开及推动空气污染治理方面的作用一样。[25]

# 4.2　棕色空间生态修复方法与技术

## 4.2.1　土壤修复技术

### 1. 表土覆盖技术

表土覆盖技术指的是在地表受到扰动破坏前将表层 15 ~ 20cm 和亚层 20 ~ 40cm 厚的土壤取走保存，待工程结束后再回填到原处。这部分表层和亚层土壤结构良好，具有较高含量的养分和水分，还包含许多微生物以及植物种子等，是实现快速生态修复较好的资源。一般认为，为了避免植物根系穿透表土层而扎进有毒的矿土中影响正常生长，覆土应越厚越好。回填表土是一种常用且最为有效的措施，其修复效果虽然较好，但仍然存在较大的局限性。一方面在于土壤采集、堆放、再次覆土过程工程量大；另一方面，我国大多数矿区分布在山区，这些地方土源较少，甚至无土可采，一些矿山企业甚至花费巨资进行异地熟土覆盖，[26]但这并不能解决长期问题，而且还会导致大面积水土流失、石漠化加剧等。对于缺乏土源的矿山，可以考虑利用谷壳、秸秆、稻草等农作物粉碎、发酵后作为土壤替代物进行基质改良，不仅可以改善基质结构，还有利于增加养分含量。[27]

### 2. 物理化学基质改良技术

矿山废弃地修复过程中，物理化学基质改良技术也较为常用。大多数金属矿山废弃地，如煤矸石堆场、铜尾矿废弃地等存在酸污染、重金属污染问题，也有赤泥堆场碱性废弃地产生的碱性废渣、废水等。这些高浓度重金属和极端酸碱污染区域可通过投加改良剂经絮凝、沉淀、中和等作用达到修复目的。在矿山废弃地表面施用化学物质固定表层尾矿有毒有害物质，选用沉淀法、有机质法、抑制剂法等改良措施，根据实际情况向污染土壤投加改良剂，增加其中的有机质、阳离子交换量和黏粒含量，以及改变 pH 值和电导等性质，使土壤中的重金属发生氧化、还原、吸附、沉淀等作用，降低重金属活性，从而使生物能在废渣或污染土壤上存活。当废弃地的 pH 值过低时，可向土壤中施加碳酸氢盐和石灰，使 pH 值升高；当废弃地土壤 pH 值过高时，撒施硫酸亚铁（$FeSO_4$）、硫磺、石膏等物质，使 pH 值下降。该技术的优点是能很快抑制有毒有害物质的释放和迁移，但是该技术的应用要求施工条件比较苛刻，施工水平也较高，实施不当容易造成二次污染，改良后的长效性也有待考证。[28]

## 4.2.2 植被修复技术

### 1. 生物改良技术

生物改良技术是基质改良中常用的方法。生物修复是指运用微生物或植物的生命代谢活动，将土壤环境中的危害性污染物降解成二氧化碳和水或其他无公害物质的工程技术。土壤的物理改良和化学改良成本高、易引起二次污染，且在景观方面的改善作用较小。而生物修复投资小，兼具降解、吸收或富集受污染土壤和水体中污染物质的能力，能够同时改变大气、水体和土壤的环境质量，可有效减轻污染对人体健康的危害，并且还具有一定的经济优势，生物改良技术应用前景将会越来越广。

### 2. 植物修复技术

植物修复是利用植被原位处理污染土壤和沉积物的方法，植物在生态系统中起到不可或缺的作用，在矿山土壤改良中不仅能够固定或修复重金属污染土壤，还能改善土壤理化性质，提高土壤肥力等。植物对土壤改良的原理大致可归纳为：通过植物的吸收、挥发、降解、稳定等作用，从而降低土壤环境中的污染物。[29]

#### 1）超富集植物

超富集植物是指从土壤中超量富集重金属并能将其转移到地上部，对重金属的吸收量超过一般植物 100 倍以上的植物，积累镉（Cd）在 $100\mu g/g$，积累铬（Cr）、钴（Co）、镍（Ni）、铜（Cu）、铅（Pb）含量一般在 $1000\mu g/g$，积累锰（Mn）、锌（Zn）含量一般在 $10mg/g$（干重）以上，且不影响正常生理活动的植物。尽管至今已发现很多重金属超富集植物，但大都是针对单一重金属的超富集植物，而实际环境中土壤一般包含两种或两种以上重金属的复合污染，故筛选出多金属耐性植物以修复多金属复合污染废弃地仍有待进一步研究。[30]

#### 2）先锋植物

先锋植物是指在某种恶劣环境下仍能正常生长的植物。因矿山废弃地土壤物理结构差，植被生长条件极端，故在植被恢复过程中对植被的选择是至关重要的，应本着生长快、适应性强、抗逆性好的原则筛选植物，以达到最好的修复效果。要根据废弃地污染物的性质选择适宜的先锋植物，在高浓度重金属废弃地中，可种植抗重金属较强的植物。

3）绿肥

绿肥是一种养分完全的生物肥源，它多数是豆科植物，也有禾本科、十字花科等非豆科植物，它是一种良好的天然绿色土壤改良剂，对改良土壤环境也有很大作用。豆科植物可以将空气中的氮通过根瘤固定下来，从而增加土壤中氮含量，故目前豆科植物的运用较为广泛。不同的科属绿肥间具有不同的养分作用，因此，根据具体情况实行绿肥混播，能更好地改善土壤理化性质。[31]

4）植物辅助

植物辅助是为了植物可以在不良的土壤环境下正常生长，可以采取一些辅助措施以提高植物修复效率的方法，包括：①可以在土壤中施加有机化合物，阻挡重金属离子的沉淀，增强重金属活性，加快植物对各种重金属元素的吸收；②可以添加螯合剂来促进植物修复，螯合剂可以与金属离子形成可溶性的络合物，从而提高植物修复的效率，但螯合剂本身是一种难分解物质，使用时需注意，以防引发二次污染；③利用植物激素促进植物生长、调剂植物的生理代谢过程，可用来解决目前超富集植物植株矮小的问题；④针对有机污染，可以添加生物碳和黑炭等吸附剂来加速清除干净土壤中有机污染物；⑤将基因工程和现代分子生物技术结合到植物修复技术中，鉴定和克隆抵抗重金属的植物基因，并通过转基因技术创造一批新的植物品种，提高超富集植物的提取能力和生物产量。[32]

### 3. 土壤动物改良

土壤动物在改善土壤物理结构、增加土壤肥力和分解枯枝落叶层促进营养元素在土壤中循环等方面有很大的作用。土壤动物在生态系统中担任着消费者和分解者的角色。如蚯蚓是世界上最有益的土壤动物之一，是土壤中的主要动物类群，土壤动物生物总量中蚯蚓的生物量占 60% 以上，在维持土壤生态系统功能中起着不可替代的作用。蚯蚓活动可疏松板结的土壤，加快植物枯枝落叶的降解和有机物质的分解、矿化，提高土壤中速效钙、速效磷等的含量，增强土壤中硝化细菌的活动，改善土壤的化学成分和物理结构，也可以吸收土壤中的重金属。因此，近年来蚯蚓在环境污染及修复中的应用越来越受人们重视，蚯蚓对重金属均有较强的富集能力。因此，在矿山废弃地生态修复中引入一些有益的土壤动物，能使生态系统功能的重建更快完善。[33]

### 4. 微生物改良

生态修复不仅包含土壤和植被的恢复，还需要土壤微生物实现分解者的功能。微生物改良是指利用微生物的各种代谢活动从而减少土壤中的污染物或使污染物完全无害化，从而降低土壤的污染程度。微生物在促进植物营养吸收、改善土壤结构和降低重金属毒性等方面也具有很大的作用。例如豆科植物能在污染土壤生长并进行有效的固氮作用，使土壤中的氮含量大幅度提高，特别是一些有根瘤和茎瘤的一年生豆科植物，能耐受有毒金属和低营养水平，是理想的先锋植物。[34]

### 4.2.3 水体修复与水体再造技术

#### 1. 水体重塑技术

在废弃地中水体类型主要分为两种，一种是长期积蓄的雨水，另一种是工业遗留水，在山体附近冲沟处，通过拦蓄水坝的设置，将雨季降水形成水面，实现对山体水利状况的有效改善。在自然形成冲沟相对较少的区域内，可通过对道路边沟拦蓄雨水的有效应用，在边沟的最凹点，进行渗水井的开凿，有效改善山体浅层地下水状况，在重塑水体过程中，避免对水资源的过度消耗。[35]

#### 2. 雨水回收利用技术

雨水利用就是将雨水的收集与景观有效地结合在一起，主要包括雨水的积蓄利用和雨水的渗透利用，以达到一种美观、生态、循环、可持续的效果。溢流种植池能依附于建筑周边和建筑立面之上，使截流的雨水通过种植池内的土壤进行初步净化，再将水排向蓄水池，这种处理方式不仅使雨水可以得到初步过滤净化，同时也为建筑立面绿化提供了水源。透水路面和透水铺装的目的是减少雨水的地表径流，将一部分雨水直接回灌地下、涵养地下水源，具体的铺装形式多样，在工业废弃地景观设计中，常使用废弃的建筑材料进行透水铺装，既经济又具有较高的生态价值和文化价值。雨水花园则是将周边不透水地面和建筑收集的雨水汇集于此，在雨季形成各个大小不一的池塘水景，在旱季则自然生长各种草灌木，使景观在不同季节呈现不同的景色，同时起到净化储蓄雨水的作用。[36]

### 4.2.4 固体废弃物人工基质改良技术

城市固体废弃物可有效改善矿山废弃地基质的营养状况，它们含有大量的有机质可以通过螯合作用固定部分重金属离子，降低其毒性。这类改良物质与废弃地基质本身就是一类固体废弃物，这种以废治废的做法具有很好的综合效益，可作为矿山废弃地基质改良材料。城市污泥及其堆肥产品也是一种良好的有机肥料和土壤改良剂。一方面，其含有很高的有机质和氮磷养分，能快速提高矿山废弃地的有机质的含量和土壤结构性能；另一方面，城市污泥的黏性、持水性和保水性等物理性质良好，能在很大程度上弥补采矿废弃场地土壤抗蚀性、抗冲性、透水性差等缺点，从而改善其水土保持能力。将城市固体废弃物作为改良剂用于尾矿废弃地的生态修复，降低了尾矿治理修复的成本，同时还可以实现工业废弃物的资源化利用，从而达到"以废治废""变废为宝"的双赢目的。[37]

### 4.2.5 综合生态修复技术

#### 1. 工程技术

矿山废弃地区域土地和植被遭受人为破坏，生态环境恶劣。因此，需要采取相应的工程措施平复矿坑，完善矿区给水排水系统，为后期复耕和耕植绿化作铺垫。采取工程技术措施要结合矿区废弃地总体布局，便于土地利用；加固边坡并形成合适的微地形，提高土地稳定性以及植被成活率；结合矿区规划合理建设矿区给水排水系统，恢复矿区水循环系统，降低地质灾害发生率；采用拦渣坝、挡土墙等工程措施，并整理边坡使其具有一定的坡度，结合地形使矿区废弃地修复为块状梯田。采用工程措施对矿区大环境进行整治，以便后续其他修复技术的顺利跟进，主要适合大范围场地处理，不适宜小面积作业。[38]

**2. 再利用空间结构优化技术**

为了合理确定矿业废弃地再利用的用途、数量比例和空间布局，释放其再利用潜力，保障矿产资源型城市未来发展所需各项用地，构建了矿业废弃地再利用空间结构优化的技术体系，即先进行复垦适宜性评价，而后进行数量结构优化，最后进行空间结构优化。提出了数量结构优化和空间结构优化的思路和方法，数量结构优化应将再利用为各种地类的矿业废弃地的面积与区域内原有的相同地类的面积进行整合，综合考虑土地利用的生态、经济、社会效益，同时将土地复垦适宜性评价的结果作为主要约束条件；将数量结构优化的结果作为空间结构优化的约束条件，将矿业废弃地视为一种独立的地类参与整个区域的土地利用空间结构优化，通过区域土地利用空间结构优化的结果来确定矿业废弃地再利用的最优空间布局，同时结合土地复垦适宜性评价的结果对其进行检验和修正。[39]

**3. 联合修复技术**

由于废弃地成因复杂，污染物质种类多样，所以采用单一的技术修复废弃地无法起到明显的效果。综合考虑废弃地污染物的形成机制以及生态环境现状，采用多种生态修复技术联合治理，可以实现快速精准的修复目的。[40]

# 4.3 污染废弃地生态修复技术方法与案例

## 4.3.1 美国清泉垃圾填埋场生态修复 ①

纽约市斯塔腾岛的清泉垃圾填埋场（Fresh Kills Landfill）是纽约最大的垃圾填埋场，长期垃圾污染导致其自然生态系统严重退化。纽约市为将其改造成公共公园，于 2001 年举办了由众多世界顶尖设计团队参加的国际景观设计大赛，在业界产生了广泛的国际影响。[41]

根据清泉公园总体规划方案，该公园将成为纽约市继布朗克斯（Bronx）的佩勒姆湾公园（Pelham Bay Park）之后的第二大公园，其建造过程是对废弃地进行修复、重建的过程，也是各学科领域拓展交融的过程。[41]

---

① 资料来源：清泉公园官网（Freshkills Park）。

### 1. 清泉垃圾填埋场场地概况

清泉垃圾填埋场位于斯塔腾岛西岸，紧靠阿瑟溪（Arthur Kill），清泉湾（Fresh Kills Estuary）和草原岛屿（Isle of Meadows）也被包含其中。场地北部以胜利大道（Victory Boulevard）和特拉维斯大道（Travis Avenue）为界，东部到达里士满大道（Richmond Avenue），南部以阿瑟基尔路（Arthur Kill Road）为界，西海岸高速公路（West Shore Expressway）从南到北贯穿整个场地。[41]

改造后的清泉垃圾填埋场（清泉公园）总面积约 891hm²，是纽约中央公园的 2.7 倍，其中约 45% 由高度为 27m 至 68.5m 不等的垃圾山组成，另外 55% 由溪流、湿地和干燥凹地构成。成为垃圾填埋场之前，这里曾是一大片被清澈泉水和溪流所滋润的潮汐湿地，"清泉（Fresh Kills）"之名正由此而来。

1948 年，时任纽约市公园管理处委员长的罗伯特·摩斯（Robert Moses）提议建造清泉垃圾填埋场，最初整个场地大约 1215hm²。几十年下来，部分土地被改作公园或其他用途，到 1980 年，清泉垃圾填埋场的范围缩小至 891hm²，其中 486hm² 的土地用于埋藏或堆放垃圾，尽管如此，垃圾填埋场依然占据了斯塔腾岛总面积的 11%（图 4-1）。

从 20 世纪 80 年代中期开始，纽约市平均每天运往这里的垃圾多达 14000t，1986 年至 1987 年间，每天的垃圾接收量更达到 29000t 之巨。由于各

图 4-1　清泉公园区位概况
（图片来源：清泉公园官网）

图4-2 清泉垃圾填埋场
早期照片
(图片来源：清泉公园
官网)

种环保法令的颁布，纽约市大部分垃圾堆放场关闭，1991年清泉垃圾填埋场成为纽约唯一一个生活垃圾堆放场，到20世纪末，这片垃圾山庞大到能够从太空中被拍摄到，公众开始对垃圾山提出批评意见（图4-2）。与此同时，在斯塔腾岛快速的城市化发展进程中，垃圾填埋场与周边区域的矛盾关系也逐渐受到广泛关注，关闭垃圾填埋场被提上日程。到1997年，6座垃圾山中的3座已经被覆盖上厚厚的防水膜，剩余3座在2008到2011年之间被全部覆膜。

2001年，纽约市政府下令永久关闭清泉垃圾填埋场并对其进行景观修复与改造，翻开了垃圾填埋场历史的新篇章。"911"事件使垃圾填埋场不得不再次开放，用以容纳世贸中心废墟的垃圾，当世贸中心的瓦砾运送到这里时，使这个庞大的垃圾场又有了新的意义。

然而，无论这里的生态系统已经退化到何种地步，即将矗立于垃圾填埋场的公共公园都会成为一个伟大的景观和工程奇迹，这块场地的潜在价值也会随着清泉湾变成位于大西洋候鸟迁徙的必经之地而增长。

### 2. 清泉垃圾填埋场生态修复规划

由于垃圾填埋场的生态系统已被完全破坏，所以进行生态修复的首要目的就是修复原有土壤系统的生态功能，以实现土地的整治与再利用；其次是对当地的物种种群、生态景观和生态系统进行修复，以及对生态系统的结构和功能进行全面生态修复，以提高生态系统的生产力和自我维持能力，减少或控制环境污染，进行景观再造。

图4-3 清泉公园生态修复规划总体布局图
(图片来源：清泉公园官网)

清泉垃圾填埋场的生态修复是培育一个可以自我维持并不断进化的生态系统，并为大量特色活动项目提供场所；建造快速有效的道路系统来优化通往公园的交通，减少当地的交通堵塞，以期增加视觉和美学享受，培育一种多元、弹性的景观。加强生态廊道建设以改善生态连通性，使水质和空气质量得到改善，保育生物多样性，促进可持续发展（图4-3）。

清泉垃圾填埋场生态修复规划的主题定位是"生命景观——纽约城市的新公共用地"，规划设计团队定义的"生命景观"是"生命景观 = 活动项目 + 栖息地 + 循环"，寓意清泉公园不是静止的，而是一个有生命、有活力的景观。构建"生命景观"是重建一个包含多样生境和生态系统演化的整体。在规划要素上包含点、线、面，从总平面中不难发现，点线面的组合模式不断重复在每一个垃圾山上。规划设计师希望通过点、线、面的组合，以最大限度地提高集群和进入的可能性，生物量、构筑物等项目要素，被组织进这三个相互关联的空间系统之中。随着时间的推移，这种新兴生物和群落组成的彼此之间相互关联的生态要素将在场地中呈现不同的生态系统。

为了使公园的建造过程不至于成为漫长的等待，而是一个正在实施的、动态的、可到达的公共空间，整个工程被精心安排成三个阶段。清泉公园不同于以往的固定化设计，提供了一个建立在自然进化和植物生命周期基础之上的长期策略，以期修复这片严重退化的土地。"生命景观"方案在尊重场地现状的基础上，既逐步改善了环境，又为场地的长期发展赢得了资金。选择以时间和自然变化这两种存在于景观和景观变迁内部的现象为基础，利用植被对环境持续变化的适应和回应能力，构建场地生态修复和景观更新的框架（图4-4）。

一期工程：为期10年，公园的积极作用将从这里开始得到展现，并推动后面的两个发展阶段。该阶段将初步建立公园的交通系统与项目设施，开放南部、北部公园以及集中区的部分区域，完成新公共用地的定位以及东、西垃圾山的关闭与覆膜，展示明显的生态环境改善过程。

二期工程：为期10年。由于公园大部分基础构造已经组织到位，该阶段将重点放在增加项目设置、促进生态修复上。

三期工程：为期10年。该阶段主要任务是扩大对外开放面积，增加栖息地面积，合理开发利用垃圾填埋场的原有基础构造。

### 3. 清泉垃圾填埋场生态修复技术

生态修复策略必须与区域现状及规模相互协调。清泉垃圾填埋场封场后，就相当于一块特殊的废弃土地，有着特殊的土地性质，在自然和人工介入的条件下，会逐渐发生一种类似于次生生态演替的过程。因此，JCFO事务所（James Corner Field Operations）的多学科规划设计团队为解决垃圾填埋场的物

图4-4　清泉公园生态修复工程分期
（图片来源：清泉公园官网）

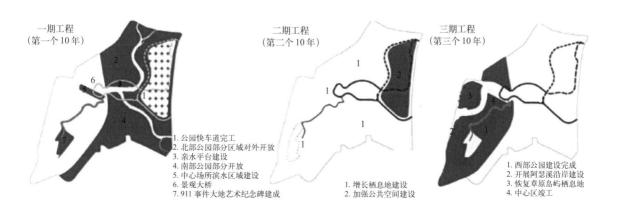

一期工程
（第一个10年）

二期工程
（第二个10年）

三期工程
（第三个10年）

1. 公园快车道完工
2. 北部公园部分区域对外开放
3. 亲水平台建设
4. 南部公园部分开放
5. 中心场所滨水区域建设
6. 景观大桥
7. 911事件大地艺术纪念碑建设

1. 增长栖息地建设
2. 加强公共空间建设

1. 西部公园建设完成
2. 开展阿瑟溪沿岸建设
3. 恢复草原岛屿栖息地
4. 中心区竣工

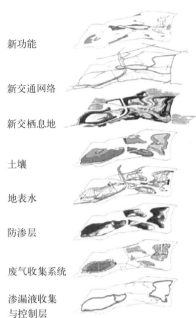

新功能

新交通网络

新交栖息地

土壤

地表水

防渗层

废气收集系统

渗漏液收集
与控制层

图 4-5 清泉公园 "生命
景观" 组成部分
(图片来源：清泉公园
官网)

理条件、土壤毒性、生态生境等现实问题采用催化轮栽技术来培育有复原力的生态景观群落，将废弃地改造成生态公园。这种轮栽技术力求借助植物群落的自然演变过程，用最少的手段建立起生物多样性。总体规划方案主要为轮栽技术预设一些必要的物质条件，帮助生态系统逐渐完成自然演替。主要计划通过调整土壤成分、种子库、水文学、遮阳和其他基本因素，拯救一个已经退化的自然景观。同时，通过建设公园来处理城市废弃地，不仅能改善地区生态环境，还可以将被工业隔离的城市区域联系起来，满足人们休闲娱乐的需要（图 4-5）。

1）工程修复技术

工程修复方法主要目的是对垃圾填埋场的地形、地貌和土壤本底进行修复，建立利于植物生长的表层和生根层，采用推置、平整的方法处理表土，用淋溶、疏松、表土更换进行土地改良，建造人工湖泊、生态廊道、活动场地、栖息地、交通系统等来改善、打造公园景观。

（1）封场技术。为了减少渗滤液产生量、抑制病原菌及其传播媒体蚊蝇的繁殖和扩散、控制填埋场恶臭气体和可燃气体散发、提高垃圾堆体安全性、增加填埋场生态修复与开垦利用的速度，对垃圾填埋场进行封场覆盖。

①堆体改造：填埋场中的垃圾分布不均匀，各个垃圾堆体高度大小不一，垃圾边缘与地面的相接处坡度太陡，和一些山体相接处形状也极不规则，堆体不稳定，存在极大的安全隐患。因此，依据排水、堆体稳定等原则，进行场地平整，使垃圾平台具有一定的向下缓坡，以便于排水；对现有堆体进行整形改造，使堆体稳定。

②封顶覆盖层：根据封场各堆体、各平面坡度的不同特征，分别采用不同的防渗膜，来阻止垃圾、渗沥液以及填埋气给环境造成的污染，也防止降雨、动物的进入以及生成废气的溢出，控制好堆体的稳定性并通过种植来改善土壤状况、增加土壤厚度，创建更有利于植物生长的环境。

③填埋气收集与处理：填埋气体的积聚有发生爆炸的可能，采取了以上的技术后对填埋气的收集和处理也是重要的环节。利用气体扩散性的物理特征，采用以水平收集方式为主、垂直收集方式为辅来收集填埋气到主管道中，并由抽风机抽送到填埋气处理站处理。

④渗沥液收集：降低渗沥液水位，使渗沥液自流到渗沥液调节库中，另外

通过抽水设备将填埋场周围含水层中被污染的地下水抽至地上处理设施进行处理达标后排放；同时配合人工补给或抽水的方法加快被污染地下水的稀释和自净作用，然后再将处理后的水回灌至地下。

⑤安全环保监测：封场后将继续对填埋场及周边环境进行监测，主要对地下水水质、渗沥液水质水量、大气环境质量、填埋气成分及气量、填埋堆体沉降进行监测；通过栽种监测植物并在填埋场内安装填埋气控制和空气修复系统，以降低有毒气体进入空气中，同时可以掌握填埋场安全和环境状况。[42]

（2）景观再造。以建设公园的形式来修复、重建废弃场地的工程修复方法是清泉垃圾填埋场生态修复的主要措施。通过景观再造，把891hm² 亲水项目、休闲场所、景观车道、体育空间、自然保护地、纪念碑等分区呈现，将垃圾填埋场的旧器械设备进行改造，例如将旧驳船改装成漂流在水面上的移动花园；利用世贸中心废砾堆成的垃圾山打造山体。通过持续的植物种植和道路延伸连接公园与城市其他空间等措施来改善场地及周边场地环境；通过生态修复措施和创造性的景观设计，为鸟类、植物等野生动植物群落提供丰富多样的栖息地。同时，交错的陆路与水路为公园构建出一个多层次的道路网络框架，共同支撑起清泉公园的"生命景观"。[43]

2）土壤修复技术

与工程修复方法结合，改良土壤本底以适合植物生长，或是在生态修复中提高植物成活率和生长速度，包括：酸化、碱化、去除盐分、去除毒物。清泉垃圾场生态修复中主要是使用带状耕作法（Strip Cropping）来改造现有土壤代替购买或加工大量表层土。这种方法借鉴于常规的农业做法，包括每年播种3次精挑细选的农作物，反复种植然后用旋耕机打碎，混入土壤中作为绿色肥料，增加土壤有机质和厚度；农作物按照土丘的等高线交错种植，偶数带休耕，奇数带耕种，当土层厚度和土质达到要求后，可以种植混合草地，这种耕作方法是一种成本低且更符合工业化生产的方式，并且可以在大范围内增加贫困地土壤的有机质含量，提高控水能力，减少动物间接从植物吸收土壤中的金属，增加土壤深度和控制杂草，鉴于现有土坡质量很低，整个区域需要花费至少4年的时间完成一组带状土壤更新，尽管这个过程很漫长但比起引进大量新土壤，带状耕作法对基地改造的效果更佳，对垃圾填埋场的腐蚀控制与暴风雨管理设计更协调，可以满足垃圾场改造的许多约束条件，此外，大型的带状种植景观带来的独特的视觉和空间感受美丽并独特，这将成为这片场地经历大规模环境改造和更新的象征，而且带状耕作法也符合分段分期执行的规划目标。

3）生物修复技术

（1）植被修复技术。填埋场多为土地利用程度低的生荒地，绿化是其生态重建的重要技术，可采用乔木、灌木和草本相结合的措施进行生态修复。通过连续性种植植物以救治场地中受污染的土壤植物；以地形地质、气候条件、土质状况及大气、水土污染物来源等确定树草种类；以乡土植物为宜优先选择具有改良土壤肥力的固氮植物；以改善土壤质量增加贫瘠土壤的有机质含量，减少植物吸收的金属，并增加土壤深度和杂草控制；另外采用植物对重金属的忍耐和超量积累能力来处理重金属对土壤的污染。

在渗沥液调节池、处理站等污染物浓度高的地段周围，选择有较强抗性、较好净化空气能力且树形高大美观、生长迅速、易管理并有一定吸污能力的树种在道路两旁；在行政生活区可选择树形美观，有观赏价值的乔木或灌木，同时可栽培一些抗性弱和敏感性强的监测植物；并利用植被对环境持续变化的适应和回应能力，构建场地生态修复和景观更新的框架（图4-6）。[44]

图4-6 现在的清泉垃圾填埋场
（图片来源：清泉公园官网）

（2）微生物修复技术。以修复土壤肥力和生物生产能力为目的，建立稳定的植被层以形成生态系统生物修复方法的应用。在初期主要是植物引种，微生物土壤改良等，后期就是运用个体、种群、群落各个层次的生物修复和控制技术对于某些重金属污染的场地土壤利用微生物来降低重金属的毒性。清泉垃圾填埋场的修复方案，针对场地现状提出了"连续性种植植物以整顿、救治场地中受污染的土壤"和"通过持续的植物种植和道路延伸连接公园与城市其他空间"等措施来改善场地及周边环境。

### 4.3.2 武汉园博园生态修复 ①

**1. 概况**

第十届中国（武汉）国际园林博览会（以下简称为"武汉园博园"），场地为已停运的原金口垃圾填埋场。

武汉园博园规划总用地231hm²。其中，绿地面积168hm²，水体面积8hm²；道路、广场等铺装面积40hm²；建筑占地面积11hm²；其他用地4hm²。主要建

① 资料来源：彭静. 城市废弃地生态修复与景观再造模式研究——以武汉园博园为例 [D]. 武汉：中国地质大学，2018.

设内容包括：三大景区、三大展区、四大主题建筑和园区配套服务设施。[21]

1）工程用地范围

武汉园博园的主场地为长丰地块和已停运的原金口垃圾场，张公堤及三环线横穿园区中心。北临金山大道，东接金南一路，西临古田二路及古田四路（图4-7）。

图4-7　武汉园博园用地范围及分区示意图
（图片来源：彭静. 城市废弃地生态修复与景观再造模式研究——以武汉园博园为例 [D]. 武汉：中国地质大学，2018.）

2）工程建设前用地类型

建设前工程范围内的道路用地除三环路外，仅有南北各一条道路和河堤用地。北部主要为垃圾填埋场用地和废弃建设用地。南部以其他草地（荒草地）为主，地形平坦；用地范围内除少量坑塘和进口明渠外，无较大型水体（图4-8）。[21]

根据《土地利用现状分类》GB/T 21010—2017，评价范围内土地利用类型按照"一级类"可划分为草地、公共管理与公共服务用地、其他土地、工矿仓

图4-8　武汉园博园工程实施前现状
（图片来源：彭静. 城市废弃地生态修复与景观再造模式研究——以武汉园博园为例 [D]. 武汉：中国地质大学，2018.）

储用地、交通运输用地和水域及水利设施用地六大类。[21] 工程范围内土地以荒草地、废弃的公共管理与公共服务用地和其他土地为主，占整个工程范围面积的 89.55%，是典型的城市废弃土地。

3）工程建设前市政设施

武汉园博园工程建设前范围内原有给水排水、供电、垃圾处理场、排水明渠等多种类型的市政设施。其中，金口垃圾填埋场面积较大，对基地影响严重。南片用地的东侧为禁口明渠，是金口垃圾填埋场原址的北面有一条排污渠，用来接纳垃圾填埋场的污水，排入汉西污水处理厂（图 4-8）。[21]

**2. 自然环境概况**

1）气候气象条件

武汉市位于中纬度地区，太阳辐射的季节性差异较大，下垫面在春季和夏季较为粗糙和湿润，对流较强。受东亚季风环流的影响，气候以冬冷夏热为主，四季分明，光照充足，热量充沛，雨量充沛，是典型的亚热带东亚气候。

据湖北省气象局提供的近 20 年统计数据显示，武汉市年平均气温 17.6℃。年平均降水量 1286.7mm，年日照 1843.4h。东北风很多，年平均风速为 1.3m/s。

2）地表水与地下水资源

该工程西南角与金银湖水系统相连，其水质良好。金银湖水系是由 4 个湖泊组成，即金银湖、金湖、银湖和墨水湖，总面积达 8.57km²。金银湖水系统的整个区域属于属垄岗平原，地势东南高、西北低，建设标高处于 20.0 ～ 23.0m。金银湖地区多年平均降水量 1233.4mm，丰水年为 1793.5mm，枯水年为 827.7mm，多年平均地表径流深度为 500mm 左右，径流模数为 51.1 万 m³/km²·a。全金银湖及湖汊水域面积约 857hm²，汇水面积 127km²，岸线长达逾 50km，正常水位为 17.847 ～ 18.547m，正常湖容为 1835 万 m³（图 4-9）。

场地北部为原金口垃圾场，它的地形相对较高，最高点位于该地块北部的西侧，高程为 33.80m，有相对高差为 8 ～ 12m 的坡地。南部长丰段地势较平坦，周边有相对高差为 6 ～ 8m 的坡地，适合地形营造。

图 4-9　武汉园博园工程项目周边水系分布图
（图片来源：彭静 . 城市废弃地生态修复与景观再造模式研究——以武汉园博园为例 [D]. 武汉：中国地质大学，2018.）

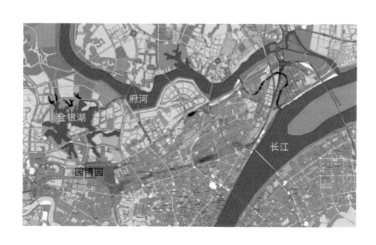

附文 1

湖北省水文地质总站武汉站的地质勘查结果表明，原金口垃圾填埋场地层为第四系上更新缓冲积层，主要为黄黏土层，黏土层以杏黄色黏土为主，黏性强，含铁锰结核；其次为灰褐色黏土，含少量淤泥，夹有灰白色黏土，分布不均匀，整个黏土层厚约 30～40m。

东西湖区的主要含水层是孔隙承压水层，遍及东西湖，除少数小丘外都是由汉江、府河Ⅰ、Ⅱ级阶地的全新统，上更新统砂，砂石和岗状平原，下更新砂砾岩组成，含水层的上面普遍覆盖黏土、粉质黏土，地下水位高出含水层顶板。

# 4.4 矿山生态修复技术方法与案例

## 4.4.1 英国"伊甸园"生态修复 ①

"伊甸园"工程是在英国整体经济低迷时期，由私人发起，通过众筹、政府资助、建筑商垫资等方式，推动康沃尔郡经济复兴的矿坑修复景观。以巨型废弃矿坑景观再生植物展馆为依托，"伊甸园"工程向公众开放以来，发展出一套自我完善的文化旅游运营体系，其可持续发展模式在中国、澳大利亚、新西兰等世界范围内，指导其他矿坑再生景观设计与建设。本案例通过总结研究其特色文化旅游运营模式，挖掘其废工业、废弃地更新与市场需求相结合的成功内核。[45]

**"伊甸园"项目启动背景**

园区于 2001 年 3 月 17 日正式面向公众开放，初期以提高废弃物利用率与最大限度提高可持续性为宗旨，并为本土提供可见收入。据英国西南地区发展局的一份独立报告，项目运营前 10 年"伊甸园"工程共吸引了约 1000 万游客，获得总计超过 1.32 亿英镑收入，并帮助康沃尔郡创建了地区"品牌"。超 40%的来访游客表示，"伊甸园"工程教育性可持续理念对其生活产生了积极的影响。截至 2018 年 4 月，园区累计游客超过 2000 万人次，并为当地创造超过 17 亿英镑收入。运营近 20 年间，"伊甸园"工程多次被评为英国最具游客吸引力景点，并吸引数以百万计游客远离传统的沿海热门景区，进入工业化修复后的内陆地区。[45]

"伊甸园"集生态属性、景观精品、公众教育、文化价值于一体，以市场化合作为契机，通过实施概念打造、功能资源拓展、经营宣传推广、社会团体服务等，在管理运营、项目拓展、互动体验、文娱教育等多个方面推动园区提质增效，持续带动当地区域经济的发展。近年，"伊甸园"工程获得 1700 万英镑用于地下钻研与发电厂建造，建成后将产生足够的可再生能源，覆盖整个园区

———————————
① 资料来源：英国伊甸园植物园：一个废弃矿坑的梦想改造，带来了16亿英镑的收入 [OL].搜狐网.百度百科；康沃尔郡伊甸园.

图 4-10 1995 年"伊甸园"项目瓷土坑现状（左图）
（图片来源：英国伊甸园植物园：一个废弃矿坑的梦想改造，带来了 16 亿英镑的收入 [OL]. 搜狐网 . 百度百科：康沃尔郡伊甸园 .）

图 4-11 "伊甸园"生态馆外观（右图）
（图片来源：英国伊甸园植物园：一个废弃矿坑的梦想改造，带来了 16 亿英镑的收入 .[OL]. 搜狐网 .）

附文 2

乃至康沃尔地区的电能使用（图 4-10、图 4-11）。中国、澳大利亚和新西兰三个国家也将在不同程度上与格雷姆肖建筑师事务所合作，在国际范围推广"伊甸园"项目组，旨在以废弃矿区景观革命力量，提高全球环境保护的意识。[46]

## 4.4.2　北京市门头沟区生态修复工程实践①

北京市门头沟区地处长安街延长线的西部端点上，是首都的上风上水地区。具有得天独厚的生态条件，区内山地占全区面积的 98.5%，海拔最高 2303m，最低 73m，气候垂直分布明显，西部山区与东部平原气温相差 11℃，复杂的地貌类型和多样的小气候孕育了优质丰富的生物资源、地质资源、气候资源、人文资源等，对北京市起着重要的生态屏障作用。针对这样的资源条件和状况，早在 2006 年，区委区政府就确立了"生态立区"的发展战略，并提出"一城带四区"的发展思路，依据北京市对门头沟区功能定位由"京西矿区"向"生态涵养区"转变，大力加强生态建设，取得一些成就，门头沟区的发展逐步走上了依靠生态经济发展的道路。

门头沟区矿产资源丰富，历史上曾经是北京市的主要能源基地，长期的矿业开采使部分地区地质结构发生巨大变化，尽管已关闭了大多数采矿场，但失去了植被覆盖的废弃矿区，严重破坏了整体景观，矿区的矿渣、矿灰成为扬尘的主要来源之一，严重影响门头沟区和北京市的空气质量，雨季有害物质将随着降水下渗，污染地下水源，因此废旧矿山和破坏山体的生态修复是区生态治理任务的重点与难点，表现为：①煤矿的开采，造成地下采空面积达 45km²，危害面积达 255km²；②砂石矿的开采，在地表上形成了长约 8km（门头沟段）的大砂石坑，危害面积达 4km²；③矿石的开采，造成山体裸露面积不断增加，仅潭柘寺镇一镇就有 80 多万 m²，大量矿渣和扬尘给本地区大气和水源造成严重污染；④废旧矿山和破坏山体严重威胁区内生态系统正常运转，部分区域出现严重的生态系统退化现象，多样性指数急遽下降。因此，对废旧矿山和破坏

---

① 资料来源：门头沟区生态修复总体规划研究。

山体进行生态修复，恢复生态系统的健康运转，创建优良的生态环境，已经到了刻不容缓的地步。

**1. 北京市门头沟区生态修复的目标**

根据《北京市门头沟区生态修复总体规划》，生态修复目标如下。

第一：以建设首都西部生态涵养发展区和创建国家级生态区为总体目标；第二：以生态修复建设为抓手，全面推进生态区建设，实现秀美山川、生态富民的目标；第三：分阶段、分层次、有重点地逐步开展生态修复示范工程建设，在工程示范的基础上探讨适合门头沟地区的生态修复模式和技术体系，不断积累生态修复的工程和技术经验；第四：建立生态修复的长效机制，不断完善生态修复建设的地方性法规，制订促进生态修复建设的奖惩、责任制度和政策，形成完善的生态修复管理体系。

**2. 北京市门头沟区生态修复规划**

1）煤矿（采空区）类沟谷的生态修复

门头沟煤矿废弃地区的生态治理目标主要是通过对塌陷地复垦、零散煤矸石的清理及大型煤矸石山的绿化、房屋废弃地整理以及水土流失治理等，建立整体协调的生态防护和保育体系，实现城乡生态良性循环，促进城乡与自然的协调共生，促进区域整体的良性协调。

近期（2010年）目标：通过对煤矿废弃地污染治理、塌陷裂缝治理、房屋废弃地治理、煤矸石山绿化等重点建设，初步实现区域生态安全，促进生态协调发展。

中期（2020年）目标：通过生态种植区、养殖区建设、生态公园景观重塑等项目建设，进一步改善生态环境，实现生态经济协调发展。

远期（2050年）目标：通过进一步的生态屏障林、生态涵养林建设，使得生态环境进一步修复和自然恢复，实现区域经济、社会与生态环境的协同发展，修复该区的生态系统服务。

主要内容有：

（1）因地制宜地调整废弃地区内村镇的产业结构，使具有一定旅游资源村镇从工矿型村镇逐步转化为以旅游业为主的生态型旅游村镇。

（2）塌陷地复垦和农业生态环境优化。村集体煤矿和国有煤矿的布局应走集中连片，区块规划的道路，同时村镇生态环境整治要与工程治理措施相结合，积极实施封山育林、植树种草、坡改梯、果园连片规模化等措施，提高、扩大林草覆盖率。加强两河流域水源服务半径区域的治理，全面防治水土流失，使流域防护林体系与村镇周边绿化及工矿区绿化通道相结合。

（3）通过建设基本农田保护区、立体农业生态园区、文物古迹保护区和自然风景旅游名胜保护区等形式，建立完善的自然保护区、风景名胜区等生态保护体系，加强自然生态环境的保护。加强自然保护区、风景名胜区、水土保持区等敏感地区的保护和管制，加快封山育林、保护生物多样性，搬迁土壤退化严重区内有污染的工矿企业，建立严格的保护管理制度。

（4）对重点资源开发区、城镇水源地实施强制性保护，以矿山开采区为重点，强化监督，对因资源开发导致的土地塌陷、"三废"污染及地质灾害等问题加强预防、监测和恢复治理，对水源地进行水源涵养林、水土保持林的建设，涵养水源和保护水源地环境质量（图4-12）。

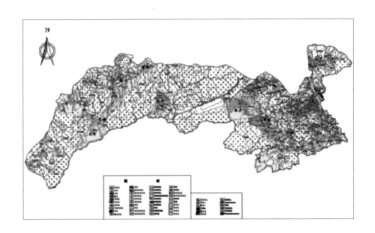

图4-12 门头沟煤矿废弃地区生态修复总体规划图
（图片来源：门头沟区生态修复总体规划研究.）

根据煤矿废弃地生态功能区划、土地适宜性评价以及土地治理分区结果，综合考虑了土地原利用类型（等级）、地形坡度、土壤侵蚀、有效土层厚度、土壤质地、土地退化类型和程度、塌陷深度、裂缝宽度和落差、压占地范围等各项相互独立而又相互补充的参评因素和指标因子，对门头沟煤矿废弃地区生态修复规划的基本结论为：水源充沛的地方，利用生态学原理，发展畜禽养殖业及加工业，在塌陷区上创建农—林—禽—畜生态立体高效农业园区，提高复垦区的经济效益。将生态涵养区中水源条件良好的地区建设成为沟—渠—路—林—配套的优质农田，增强排灌、防洪、排涝、蓄水、灌溉的能力，创建农—林—禽—畜—加工各业组成现代农业区，最终成为生产、加工和休闲、观光旅游为一体的生态立体高效农业园区。将工矿点和村镇居民点连片规划，在工业区绿化—美化的基础上开发新型工业人文旅游项目，重点发展工矿区旅游休闲业。

2）采石矿场的生态修复

通过5～10年对门头沟采石矿场周边生态系统结构、过程及功能的修复，尤其是关键生态走廊带的修复，使其能够达到与周边杂灌林同等水平、同等健康且完整可持续的"西山—永定河生态屏障"。

具体包括如下内容：

生物多样性：矿区物种多样性恢复到周边正常的次生林灌水平并且物种组成相似；在景观层次上，矿石开采噪声和污染造成周边和流域野生动物种类的下降和丧失得到恢复和维持。本项内容的具体监测指标包括：物种多样性指数，中大型稀有物种（如黑鹳、鸳鸯、褐马鸡、狍）的出现，指示性物种（如两栖类）的出现等。

本地种：总体上恢复的生态系统都为本地种，没有外来种入侵的问题。

生态结构完整性：恢复地区的植被结构包括上层乔木、中层灌木和藤本、下层草本（包括多年生和一年生草本），以及土壤动物、灌丛鸟类等各功能团完整。

生态系统完整性：恢复地区与周边生态系统整合为一个大的、完整的生态系统和生态景观，这包括陆地生态系统与永定河河流生态系统的完整性并能够相互作用进行生物和非生物的循环交流、妙峰山和香山的连接交流性等。

生态环境容纳性：土壤和水系得到良好的恢复和维持，从而能够可持续地自我维持整个生态系统包括上层植被和动物群落。

生态系统服务：恢复地区水源涵养、生物多样性维持等多项生态系统服务。

恢复力：恢复的山地森林生态系统和永定河河流生态系统其自我恢复力足够强健，能够对病虫害等作出健康的响应而不致导致退化。

自我维持能力：恢复的生态系统能够自我维持，而不需要像城市草地等一样需要不断地人工投入，如浇水施肥等等。

（1）景观生态修复

门头沟采石矿场生态修复的核心区域为妙峰山浅山带连永定河流域如图4-13所示，包括妙峰山南庄大西沟—军庄寨口到永定河龙泉务—落坡岭水库下游范围，这一地区一方面是妙峰山东南向至香山的浅山带，直接面对门头沟市区和北京市区并且在妙峰山、香山、大觉寺等重要风景名胜和文化遗产的范围内；另一方面又是永定河出官厅山峡入三家店水库的"M"大拐弯地带，具有极为重要的生态战略意义。此区生态修复的重点首先是矿场关闭问题和生

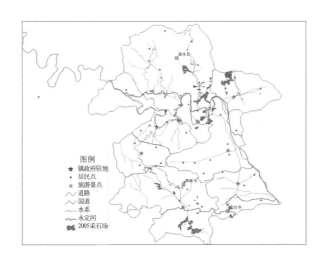

图4-13 门头沟生态修复的核心区域为妙峰山浅山带连永定河"M"大拐弯区
（图片来源：作者自绘）

态产业开发问题，生态修复应结合山地森林生态系统恢复技术与河流生态系统恢复技术，并兼顾风景名胜区的规划管理（图 4-14）。

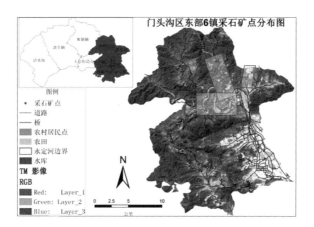

图 4-14　生态修复区优先恢复的区域
1　妙峰山景区沿线；
2　永定河"M"大拐弯区；
3　军庄灰口—灰峪连接带
（图片来源：作者自绘）

（2）优先修复区域

门头沟生态修复最优先修复的乡镇为妙峰山镇，约有 45% 的矿场面积分布在妙峰山镇。妙峰山镇生态修复的优先区域为妙峰山景区沿线，妙峰山镇面积近 60% 的矿场分布在妙峰山景区沿线。除妙峰山镇外，军庄镇是另一个受矿石开采影响最为严重的镇，面积约占门头沟采石矿场总面积的 21%；潭柘寺镇也是一个矿石开采相对严重的镇，矿场开采面积约占全区的 16%，目前除鲁家滩首钢矿区和赵家台腊石矿区外，其余基本都已废弃或进行绿化治理，同时也是绿化治理率最高的镇，面积达 13%，约占该镇废弃矿场的 42%。优先恢复区域是指在景观层次上特别重要并且破坏严重的区域，急需从景观层次上加以规划恢复，具体矿点的生态修复将在修复技术内容中加以介绍（图 4-14）。

3）道路工程的生态修复

（1）短期（5 年）任务及目标

任务：重点修复坡体稳定性差，对道路基本通行状况明显存在安全隐患的边坡，破坏面积大的边坡，在视觉醒目处影响极差的边坡，对周边环境造成极大的生态或景观破坏的边坡。全面治理成带状或片状边坡分布路段，清理对路基造成不稳，对路面构建物和道旁建筑、设施存在隐患的边坡；清理存有设计缺陷从而影响道路通行的路段坡体。局部进行点式景观设计和区段绿化。

目标：使道路不存在大型安全隐患，初步实现一定的绿化效果，无严重破坏边坡，生态效果初见成效，局部景观效果在一定程度上得以体现，道路生态价值有一定的提升。分析道路设计、道路施工中的注意点，以求在道路形成的最初阶段就尽量将道路生态破坏和退化减少到最低程度。分析道路边坡生态修复的难易程度，并初步总结出一系列道路生态修复技术和维护经验，作为开展下阶段和长期的生态修复工作的准备条件。

（2）中期（10 年）任务及目标

任务：继续治理仍存有局部面积较大或呈带状明显分布的边坡，清除路段中存有坡面土石松动、易形成碎石下坠或小型坡体滑落的情况。对仍无植被覆盖、景观效果极差小型的边坡进行修复。进行道路功能区划，从而进行相应的区段景观设计，并从重点路段开始逐一实践。全面进行道路绿化。

目标：较大限度减少因道路生态因素对道路运行产生的负面影响，基本上能实现区境内的道路整体绿化效果。植被覆盖度大幅度提高，植被类型多样，植物丰富度提高，生态状况良好，某些路段早期修复的边坡基本和原生植被相互和谐统一。生态效果成效明显，生态价值得到提升并能初步获取生态回报。

（3）长期（50 年）任务及目标

任务：进一步修复区境内植被覆盖度低，植物丰富度差，植被群落结构不稳定的边坡。清理部分固土能力差，治理仍会造成局部水土流失的边坡。逐步消除因人工工程影响因素较大而使之与周边环境存在一定程度不和谐的边坡。根据道路功能区划，全面进行道路的景观设计。继续全面完善道路绿化。结合地区特色和功能，开发道路的其他功能。制订长期维护管理道路、边坡和生态养护的政策办法。

目标：区境内的生态修复工作和道路绿化工作成效显著，使生态退化和人为破坏的边坡最大限度地减少，道路的绿化美化以及开发的其他功能得以充分体现。最终达到生态修复后的道路能完全保障道路的运行以及人、道路、自然的和谐统一。

根据道路边坡类型及破坏特点等，分区域采用不同技术和方法进行生态修复。

**3. 北京市门头沟区生态修复技术**

1）煤矸石治理技术

（1）煤矸石充填塌陷地

利用煤矸石充填采煤塌陷地，一方面可以就地解决煤矸石的处置和利用问题；另一方面也解决了采煤沉陷地复垦问题。煤矸石充填塌陷地有以下三种模式可以借鉴：①将煤矸石充填至原地面标高，通过一定地基处理措施复垦为建筑用地；②煤矸石充填后，上覆表土 30 ～ 50cm 厚，复垦为林业用地；③煤矸石充填后，上覆表土 40 ～ 60cm 厚，复垦为农业用地。

煤矸石充填塌陷地复垦工艺流程为：装运矸石——充填塌陷区——推平压实——覆土——建筑或种植（图 4-15）。

根据测算，废弃地充填塌陷地复垦时，煤矸石的实际充填高度应为设计高度的 1.31 倍左右。

（2）煤矸石制砖

煤矸石页岩砖主要利用页岩和煤矸石为原料，并利用煤矸石本身发热量高

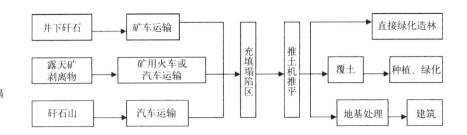

图 4-15 煤矸石充填塌
陷区复垦工艺流程
（图片来源：作者自绘）

的特点进行高温烧制，烧结页岩多孔砖、页岩空心砖等新型墙体材料，不仅利用了煤矸石，还节约了能源。据有关资料显示，生产 1 亿块烧结煤矸石砖可消耗煤矸石 20 万 t 左右。

（3）煤矸石山绿化

具体方法是通过改善煤矸石山的立地条件，选择适宜的造林树种，通过合理的栽植和管理手段，恢复煤矸石山的植物群落，重建煤矸石山稳定、自维持的生态系统，不仅可以减少煤矸石山的风蚀作用，还可以有效防止水土流失，减轻对下游水资源的污染，改善矿区环境和矿区景观。

门头沟煤矿废弃地区的煤矸石山主要分布在吕家坡村附近和军庄镇的杨坨煤矿周边。在对门头沟煤矸石山进行绿化时，可以根据煤矸石山植被恢复与重建技术模式体系（图 4-16）来整治门头沟煤矸石山。

煤矸石山的立地条件与其他矿区废弃地一样，影响植被生长的立地条件包括气候、地形、土壤（实质是煤矸石的物理与化学性质）、水文与植被条件等。但与其他种类的造林地（或退化生态系统）相比，生态重建面临的主要环境问

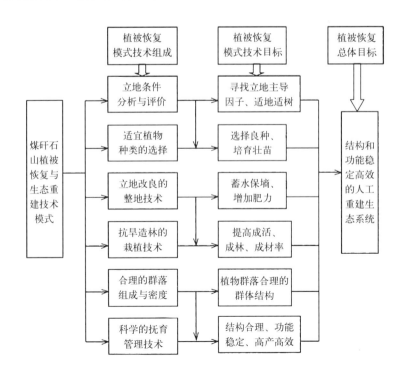

图 4-16 煤矸石山植被
恢复与重建技术模式体
系图
（图片来源：作者自绘）

题突出表现在以下几方面：①地表组成物质由煤矸石及岩石组成，无土壤，有机质含量少，物理结构极差，尤其是保水、持水、保肥能力差；②存在限制植物生长的物质，包括 pH 值、重金属及其他有毒物质等；③缺乏营养元素，尤其缺乏植物生长必需的氮和磷；④土壤生物缺乏，尤其缺乏对植物生长有利的动物，如蚯蚓、线虫及微生物等。

因此，煤矸石山在植被恢复工作之前，首先应分析煤矸石山地表组成物质的物理化学性质，寻找出植物生长的主导限制因子，同时确定煤矸石山对植物生长的供水能力进行预测。这是植物种类选择和确定植物栽培方式的最基础工作。

一般来说，煤矸石风化层可通气，并可蓄有少量的水。且经化学分析，当地煤矸石中重金属污染较小，只达到二级轻微污染标准，完全适合林地生产，同时也是保障农业生产，维护人体健康的土壤限制值，因此对该煤矸石山进行植被恢复是可行的。

（4）煤矸石山整形

由于门头沟煤矸石山形状呈锥形，为了使复垦绿化地景观优美、方便栽植工程施工和树木的栽植，需要对矸石山进行整形。尤其可以将王平镇吕家坡村的煤矸石山作为典型示范作研究。具体在整形时需要考虑以下几点：①建立一条环山道路直达山顶，便于运料和整地施工以及游人的登顶；②对山顶进行平整以建立亭台和休闲活动场地；③结合景观设计和整地种植，采取平缓陡坡，修建梯田等方法重塑地貌景观；④在矸石山的一些适宜的位置建立错落别致的石阶供游人登山；⑤建立排水系统。由于矸石山高度比较大，坡度较陡，表面覆土后很容易发生表面侵蚀，产生水土流失，因此矸石山整形的同时应设计完善的排水系统。

（5）煤矸石山整地技术

为了改善矸石山的立地条件，防止矸石山在遇到大风和雨水时造成径流和侵蚀，创造植物生长的有利条件，同时也为保障矸石山的植被恢复工程的施工安全和方便，对矸石山整地是十分必要的。按照既经济省工又能较大限度改善立地质量的原则，对矸石山采用局部整地方式。在局部整地方式中，带状整地方法和块状整地方法均可采用。为汇集降水促进植物生长，认为反坡梯田的方法是最可取的，矸石山整地时要考虑整地的深度、宽度、长度、断面形式等因素。

（6）煤矸石山绿化植物的选择

煤矸石山生态重建的主要目的是通过发挥植被的防护功能改善生态环境；同时，由于立地条件的特殊性，要求具有一定特殊抗性的树种与之相适应，所以，煤矸石山适宜植物种类的选择具有特殊性，应遵循以下原则：适地适植物（或适地适树）原则，优先选择乡土树种的原则，水土保持与土壤快速改良原则，植被恢复效益最优原则，乔、灌、草相结合的原则。

经过多年的本底调查研究和大量文献查询，特别是在对各种植物的生物学特性、生理生态学特性以及利用价值进行充分研究的基础上，按煤矸石山生态重建的原则，集植被的适生性、景观性、生态性、生长和生产性于一体，对煤矸石山适宜的植物种类进行了筛选。

结合门头沟区实际情况，在本项目中树种选择以抗干旱、抗污染的树种草种为主，如刺槐、沙棘、臭椿、沙打旺、紫花苜蓿，以及火炬树等。

2）采石矿场生态修复技术

如何利用自然的恢复力，通过恢复或加速自然生态系统的自我恢复能力，是生态修复技术的关键。为此，对废弃采石矿场的自然恢复能力进行了调查研究。对不同关闭（废弃）时间的矿场植被恢复情况进行了调查，以植被盖度（郁闭度）和总体评估作为矿场自然恢复情况指标，总体评估共分6级：新开矿场无植被为0，周边正常植被为最高分5，依此为标准根据矿区植被的恢复程度评估为0、1、2、3、4、5。研究结果表明，采石矿场关闭6年以后植被盖度可以达到40%，关闭9年以后植被盖度可以达到50%，关闭30年的矿场植被盖度和总体评估情况已经几乎与周边植被情况一致，与周边融合成一个完整的生态系统。采石矿场生态修复的目的很大限度上在于缩短自然恢复的时间，达到生态结构和功能相对完整且能够自我维持的生态系统。对具体采石矿场的生态修复，应根据不同的分布区域采取不同的技术和方案。

3）道路边坡生态修复技术

（1）蜂巢式网格植草绿化技术

蜂巢式网格植草绿化技术是一项类似于干砌片石护坡的边坡防护技术。是在修整好的边坡坡面上拼铺正六边形混凝土框砖形成蜂巢式网格后，在网格内铺填种植土，再在框砖内栽草或种草的一项边坡防护技术。该技术所用框砖可在预制场批量生产，其受力结构合理，拼铺在边坡上能有效地分散坡面雨水径流，减缓水流速度，防止坡面冲刷，保护草皮生长。这种护坡施工简单，外观齐整，造型美观大方，具有边坡防护、绿化双重效果，但该技术所用的框砖自重大，施工较繁琐，费用较高。该技术多用于回填边坡的生态修复，适用于门头沟区的各种回填边坡。

（2）撒草籽、铺草皮护坡技术

植物覆盖对于地表径流和水土冲刷有极大的减缓作用，因此增加植被面积，减少地表径流，从根本上减少了路堑边坡的水土冲刷。撒草籽、铺草皮护坡是指人工铺贴草皮、栽种灌木或撒播草籽，是比较常用的植物护坡技术。其作用是利用植被覆盖坡面，其根系固定坡面表土，美化路容、协调与保护环境、调节边坡土的温湿状况、防止水土流失、阻止水流对坡面的冲刷、固定和稳定边坡、增强路基的稳定性。其施工方便，造价较低，但成活率低，见效慢，养护费用也高，前期和后期管理难度均较大，工程质量难以保证，达不到满意的防护效果，大量地移植草皮易造成新的环境破坏和水土流失。铺草皮或种草籽应当注意当地的土壤和气候条件，通常以容易生长、根部发达、叶茎低矮的多年生草种为宜。该技术多用于草皮来源较易，边坡高度不高，宜于草类生长，且坡度较缓的土质路堤边坡。在门头沟区境内总面积的 98.5% 为山地，山高、坡陡、土薄、谷深是门头沟区自然地理特点，该区草皮无来源，且不利于草籽存活，因此该技术不适用于门头沟区。

（3）植生带技术

植生带技术是一种将植物种子夹在多层无纺土工织物或天然纤维垫中直接密贴在边坡表面进行快速绿化的方法。植生带是采用专用机械设备，依据特定的生产工艺，把草种、肥料、保水剂等按一定的密度定植在可自然降解的无纺布或其他材料上，并经过机器的滚压和针刺的复合定位工序，形成的一定规格的产品。

该方法适合于坡度较缓、坡表平整的土质或砂土类边坡。目前该方法在我国北方边坡绿化、城市园林绿化和水土保持方面应用较广，在南方应用较少。该技术也适用于门头沟区坡度较缓、坡表平整的土质或砂土类边坡。

（4）喷播技术

液压喷播在国际上称为水力播种（Hydroseeding），将花草种、化肥、土壤改良剂、种子粘结剂（浆）、保水剂等按一定比例配水搅匀后，通过液压喷播机将液态混合物喷射到所需绿化区域，用无纺布覆盖，适当洒水，使种子发芽、生长。其施工工艺为：清理坡面——搅匀配料——液压喷播——盖无纺布——养护管理。

（5）OH 液植草护坡技术

OH 液植草护坡是通过专用机械，将新型化工产品 OH 液等与水按一定比例稀释后和草籽一起喷洒于坡面，使之在极短时间内硬化，而将边坡表土固结成弹性固体薄膜，达到植草初期边坡防护目的，3 ~ 6 个月后其弹性固体薄膜开始逐渐分解，此时草种已发芽、生长成熟，根深叶茂的植物已能独立起到边坡防护、绿化双重效果。该项技术具有施工简单、迅速，不需后期养护，边坡防护、绿化效果好等优点，但价格较高。该方法适用于贫瘠的土质边坡和风化严重的岩石边坡。该技术在门头沟区贫瘠的土质边坡和风化严重的岩石边坡也适用，但该技术价格较高，应用时应结合门头沟区的实际情况。

（6）挂三维网喷播植草绿化法

挂三维网喷播植草多结合拱形骨架、菱形骨架、砼骨架等工程防护措施应用，在骨架内铺网、植草，起到防止边坡水土流失、固土绿化的效果（图 4-17）。

挂三维网喷播植草绿化适用于坡比缓于 1：1 的路堤边坡和坡比不陡于 1：1 的路堑边坡，在土质边坡、强风化的基岩边坡上效果较好。该技术也适用于门头沟区的土质边坡和强风化的基岩边坡。

（7）挖沟挂网喷播技术

挖沟挂网喷播是指在坡面上按一定的行距人工开挖楔形沟，在沟内回填改良客土，并铺设三维植被网，然后进行喷播绿化的一种植被恢复技术。

施工方法：挖沟挂网喷播技术施工工艺流程为：平整坡面→排水设施施工→楔形沟施工→回填客土→三维植被网施工→喷播施工→盖无纺布→前期养护。

（8）土工格室挂网喷播技术

土工格室挂网喷播是指在展开并固定在坡面上的土工格室内填充改良客土，然后在格室上挂三维植被网，进行喷播施工的一种植被恢复技术。利用土工格室为草坪植物生长提供稳定、良好的生存环境。采用土工格室植草，可使不毛之地的边坡充分绿化，带孔的格室还能增加坡面的排水性能。土工格室（Geocell）是 20 世纪 80 年代在国际上开发的一种新型特种土工合成材料，主要用于路基加筋、垫层，现在已开始用于边坡防护与绿化工程。土工格室主要由 PE、PP 材料经造粒工序形成工程所需的片材，经专用焊机焊接而成的立体格室。在应用时，通过单元间的连接，可组成工程中需要的规格。

该方法通过土工格室使回填土在坡面上的土壤稳定，解决了坡面填土难和水土流失的难题，而且施工方便，绿化效果较好，容易与环境协调，对边坡有较好的稳定加固作用，但其成本优势不明显。

该技术比较适用于风化岩、土壤较少的软岩及土壤硬度较大的土壤边坡，尤其适于不宜植物生长的恶劣地质环境。该技术在门头沟区边坡生态修复中应广泛使用。

（9）喷混植生技术

喷混植生技术（亦称有机基材喷射技术）是类似于客土喷播的一项新型的岩石边坡快速绿化技术，其利用特制喷混机械将种植介质、有机物、复合肥、

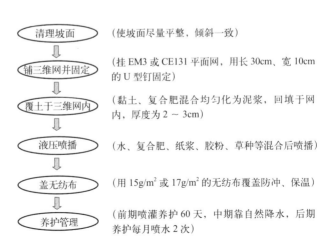

图 4-17 挂网液压喷播植草技术的施工流程
（图片来源：作者自绘）

清理坡面（使坡面尽量平整，倾斜一致）

铺三维网并固定（挂 EM3 或 CE131 平面网，用长 30cm、宽 10cm 的 U 型钉固定）

覆土于三维网内（黏土、复合肥混合均匀化为泥浆，回填于网内，厚度为 2～3cm）

液压喷播（水、复合肥、纸浆、胶粉、草种等混合后喷播）

盖无纺布（用 $15g/m^2$ 或 $17g/m^2$ 的无纺布覆盖防冲、保温）

养护管理（前期喷灌养护 60 天，中期靠自然降水，后期养护每月喷水 2 次）

保水材料、固土剂、接合剂、植物种子等混合干料搅拌均匀后加水喷射到岩面上，由于接合剂的粘结作用，上述混凝物可在岩石表面形成一个既能让植物生长发育而种子基质又不被冲刷的多孔稳定结构，种子可以在空隙中生根、发芽、生长，而一定程度硬化又可防止雨水冲刷，从而达到快速固土护坡，恢复植被，美化环境的目的。

喷混植生技术多应用于石质边坡的生态修复和治理，适用于砂岩、砂页岩、片麻岩、千枚岩、板岩、石灰岩及花岗岩等母岩类型所形成的不同坡度硬质石坡面或弱风化石质坡面。该技术也适合在门头沟区石质边坡生态修复中广泛使用。

（10）垂直绿化法

对于岩石坚硬，整体性好，且处于较稳定状态的岩石，可采取垂直绿化的方式，改善道路景观维护生态平衡。对于岩石较硬，整体基本稳定，局部有层状裂缝的岩石可采用先进行灌缝处理，保持岩石整体的稳定，然后配以垂直绿化，增加美观效果。

垂直坡面植被恢复，也称为藤蔓植物护坡，是指栽植攀缘性和垂吊性植物，以遮蔽硬质岩陡坡，美化环境的绿化方法。

藤蔓植物的选型是垂直坡面植被恢复的关键，不同的气候区应选用适宜的植物种类。常用的藤蔓植物有爬山虎、常春藤、油麻藤、葛藤等。在门头沟区，道路边坡岩石坚硬，整体性好，且处于较稳定状态的岩石应采用这种边坡生态修复技术。

（11）客土喷播

客土喷播技术是将客土、纤维、侵蚀防止剂、缓效性肥料和种子等按一定的比例配合，加入专用设备中充分混合后，通过泵、压缩空气喷射到坡面上形成一定的厚度，盖上无纺布，淋水养护至成坪，从而实现边坡防护及绿化双重目的的一种技术。它与普通喷播技术的不同点在于添加了客土材料。它可以在土壤比较贫瘠、高硬度的坡面上进行绿化施工。偏陡的坡面，可与挂网、菱形及拱形骨架防护相结合。

（12）混凝土骨架内加土工格室植草绿化法

混凝土骨架内加土工格室植草绿化法是在路堑边坡坡面上现浇钢筋混凝土锚梁形成骨架，骨架内设土工格室，并在格室内填土，从而达到在较陡的路堑边坡上培土（20～50cm）稳定的目的，然后挂三维网喷播植草绿化。锚梁通过普通锚杆固定在较陡的坡面上，此方法可以通过锚杆和混凝土骨架加固边坡，具有工程防护作用，同时骨架内回填土植草，解决了岩石边坡难于覆土绿化的难题，多用于边坡较陡的防护与绿化。

混凝土骨架内加土工格室植草绿化实质上是挂三维网喷播植草绿化、土工格室绿化、混凝土骨架内填土绿化，三种方法为一体的综合绿化方法。此方法要求边坡坡面平整，特别是挖方段的岩石边坡要采用光面爆破或预裂爆破技术，严格按设计边坡施工，确保边坡坡面平整。

# 4.5 工业遗址生态修复技术方法与案例

### 4.5.1 德国鲁尔工业区—北杜伊斯堡景观公园生态修复 [①]

#### 1. 德国鲁尔工业区—北杜伊斯堡景观公园概况

北杜伊斯堡景观公园位于杜伊斯堡市北部，总占地面积230hm²，利用原蒂森公司（August Thyssen）的梅德里希钢铁厂（Meiderich Ironworks）遗迹建成。该钢铁厂1903年投产，总产量共3700万t，仅1974年生铁产量就达100万t，是高产量的钢铁企业（图4-18）。[47]

图4-18 蒂森公司的梅德里希钢铁厂1954年的航拍图
（图片来源：景观中国、园林人、景园人网站官网）

1987年钢铁厂关闭，曾经与杜伊斯堡市共存了大半个世纪的工厂面临着拆除或保留的抉择，最终城市选择了后者，对工业遗迹予以保留，赋予其新的功能，并在景观美学意义和生态特质上加以强化。1989年北莱因·威斯特法伦州政府机构在一项房地产基金的支持下购买了钢铁厂的用地，组建了开发公司；杜伊斯堡市也调整了规划，将用地性质转化为公园用地。这样该工厂改造项目被纳入到"国际建筑展埃姆舍公园"计划中"绿色框架"主题下的景观公园系统中，作为前期的探索性重点项目，于1990年举办了国际设计竞赛。组织者在报名机构中遴选出包括法国景观设计大师伯纳德·拉索斯（Bernard Lassus）和德国景观设计大师彼得·拉兹（Peter Latz）在内的5个设计团队参赛。[48]1991年竞赛结果公布，彼得·拉兹事务所的方案以其新颖独特的"后工业景观"设计思想、手法和现实可行的实施对策而最终获胜。1994年夏天公园首次对公众正式开放。彼得·拉兹先生因其在项目中的卓越工作成果而于2000年获得第一届欧洲景观设计奖，并被尊为后工业景观

---

① 资料来源：景观中国、园林人、景园人网站官网。

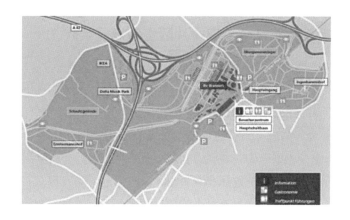

图 4-19 北杜伊斯堡景
观公园总平面图
（图片来源：景观中国、
园林人、景园人网站
官网）

设计的代表人物。北杜伊斯堡景观公园则被誉为后工业景观公园的经典范例
（图 4-19）。[47]

**2. 废弃工业场地及设施的整体结构保护与综合再利用**

北杜伊斯堡景观公园最突出的特色是强调工业文化的价值，其体现在对废
弃工业场地及设施保护与利用的理念和对策上。

其一，表明了对废弃工业场地及设施的态度。拉兹认为，废弃工业场地上
遗留的各种设施（建筑物、构筑物、设备等）具有特殊的工业历史文化内涵和
技术美学特征，是人类工业文明发展进程的见证，应加以保留并作为景观公园
中的主要构成要素。

其二，对原工业遗址的整体布局骨架结构以及其中的空间节点、构成元素
等进行全面保护，而不仅仅是有选择地部分保留。拉兹在对各种由炼钢高炉、
煤气储罐、车间厂房、矿石料仓等独立工业设施构成的点要素，铁路、道路、
水渠（埃姆舍河道）等构成的线性要素，以及广场、活动场地、绿地等开放空
间构成的面要素等进行结构分析的前提下，使旧厂区的整体空间尺度和景观特
征在景观公园构成框架中得以保留和延续（图 4-20）。

其三，通过对场地上各种工业设施的综合利用，使景观公园能容纳参观游
览、信息咨询、餐饮、体育运动、集会、表演、休闲、娱乐等多种活动，充分
彰显了该设计在具体实施上的技术现实性和经济可行性（图 4-21）。

附文 3

图 4-20 厂区中保留
的各种工业设备、管道
（左图）
（图片来源：景观中国、
园林人、景园人网站
官网）
图 4-21 保留的铁路和
铁水槽车（右图）

### 4.5.2 首钢工业遗址—金安桥片区生态修复实践 ①

#### 1. 首钢工业遗址金安桥片区概况

首钢集团（以下简称首钢）自 1919 年成立至今，走过了百年风雨，历经了无尽艰难险阻，也创造了无数辉煌战绩，首钢发展主要经历有以下几个阶段：中华人民共和国成立前，首钢的前身是石景山钢铁厂（以下简称"石钢厂"），隶属于龙烟钢铁公司，成立之初属于官商合办企业，由于钢铁厂本身对水资源和交通的需求，厂址选择在石景山下，日后首钢的发展以石景山片区为起点，沿永定河一路南下发展至如今的规模。这是首钢人民实业救国、自强不息的阶段。中华人民共和国成立后，首钢成为北京市第一家国营钢铁企业，此时的中国正处在百废待兴的阶段。为响应祖国号召，石钢厂进入了全力生产阶段，并在 1958 年对厂区进行了扩建，范围增至 8km²，即如今首钢主厂区的规模。1967 年，石钢厂更名为"首都钢铁公司"。到改革开放前的这 30 年，是首钢人民产业报国、艰苦奋斗的阶段。改革开放把中国的发展推向了一个高度，首钢本着"敢为天下先"的精神，打破制度的牢笼，率先实行承包责任制，为日后首钢的发展提供了制度保障，同年首钢建成了我国第一座现代化高炉——二号高炉，该高炉正处在金安桥片区内。之后又投入了一批现代化设施，钢产量逐年递增，到 1994 年已成为全国第一。2 年后，首钢集团正式成立，带领首钢一路高歌猛进，为祖国的发展贡献力量。到 2002 年之前的这 20 多年，是首钢改革腾飞、探索发展的阶段。随着经济的发展，北京城市区域不断扩张，作为典型重工业企业的首钢，无疑会对北京市的发展造成影响。环境遭受污染，城市空间被侵占，经济结构需要转型，方方面面的因素使首钢不但影响了北京城市的发展，其自身的发展也受到阻碍，为改变这种被动的局面，首钢以大局为重，从 2003 年开始搬迁，直到 2010 年全面停产。停产后的首钢在相当长的一段时间里处于荒废状态，虽然 2007 年北京市通过了新首钢的功能定位，为首钢的后工业时代的发展指明了方向。但限于政策和经济上的不足，首钢原厂区的发展一直没有太大起色，而陷入困境。2022 年冬奥会的举办为首钢发展带来了契机，冬奥组委会的入驻以及部分冬奥场馆的建设为首钢改造提供了新的动力。与此同时，北京市通过了新一轮的《新首钢高端产业综合服务区北区详细规划》，进一步为首钢的发展指明了方向。从发展的历程来看，首钢不仅体现了我国近代工业的发展史，更见证了中国的成长历程，具有极高的历史价值，首钢所代表的钢铁工业从零开始到现在领先世界，是我国乃至世界钢铁技术发展的缩影，具有极高的技术价值。而首钢也承载了几代人为之辛勤付出、奉献一生的记忆，具有极高的社会价值，金安桥片区恰处在石景山东侧，是首钢最早发展的片区。因此金安桥的工业遗产保护尤为重要。[49]

---

① 资料来源：张晓哲. 首钢园区金安桥片区景观改造设计 [D]. 北京：清华大学，2019.

规划场地位于石景山区西南部，地处门头沟区、丰台区、石景山区的交汇点，西临永定河东，东接长安街延线。金安桥片区位于"首钢工业遗址公园"带的最北端，面积约20.73hm²，是整个北区的北侧门户，紧邻地铁交通枢纽（图4-22）。虽然定位是工业遗址公园，但在详细规划中，该区域又作了进一步划分，划四块区域分别作为科技创意园区、文化创意园区、极限公园和交通枢纽站，仅存两块区域保留了"工业遗址公园"的定位，工业遗址保护的范围进一步被蚕食。详细规划中，金安桥片区内含工业遗址公园、商业、办公、交通枢纽等功能。具体如下：A区科技创意区提供了良好的办公视线，优质的环境空间（西侧北侧临公园），与冬奥组委形成高端办公片区；B区极限公园区充分利用S1号线高架下空间，激活城市负空间，并且为金安桥片区打造了绿色生态为主的北界面；C区工业遗址公园体验区保留原有的高台与通廊水渣池等特色工业遗存，局部改造成为园区提供配套与交通枢纽场所（高线公园起点与小火车站起点，暂定），打造有首钢范儿的工业体验；D区文化创意区结合保留料仓除尘等特色建筑的改造，打造极富创意的文化社区；E区交通枢纽站，向外连接地铁、公交场，为整个区域的主要人流交通来向；F区高炉文化区以首钢文化、艺术文化展览展示功能为主，作为首钢北区的主要文化中心区（图4-23、图4-24）。[50]

北京市区与首钢的关系 　　　首钢与项目所在地的关系

图4-22 无人机扫描图（图片来源：张晓哲. 首钢园区金安桥片区景观改造设计 [D]. 北京：清华大学，2019.）

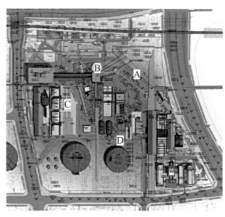

图 4-23　金安桥片区规划功能分区（左图）
（图片来源：张晓哲.首钢园区金安桥片区景观改造设计 [D].北京：清华大学，2019.）

图 4-24　上位规划金安桥片区建筑方案总平面图（右图）
（图片来源：张晓哲.首钢园区金安桥片区景观改造设计 [D].北京：清华大学，2019.）

**2. 首钢工业遗址金安桥片区生态修复规划**

1）原始工业遗址结构提取、叠加以及功能植入

场地中的工业遗存系统决定了总体结构，对方案的生成至关重要。根据工业设施保护与利用策略，场地中的工业设施应根据其在工艺流程中的重要性决定。首先要保证完整性，即每个环节都不能缺。然后根据质量鉴定报告和"景源性"评价，综合分析得到最后保留的设施，进而形成场地原始结构。原始结构共分为三层：地形层、地上层以及空中层。地形层是由原始地形、铁轨和水渣池构成。水渣池较为特殊，虽然它是工业设施，但其构造与地形连为一体，对竖向设计产生了较大影响，因此属于地形的一部分。地上层是与地面相直接相接触的设施，包含绝大多数工业设施，它们决定场地的空间结构。空中层主要为通廊和管道，这部分主要对视觉和空中慢行系统产生影响。三层叠加形成了场地原始结构。[50]

上位规划对场地提出了交通和部分功能要求，将这些结构与场地原始工业结构叠加，形成新的符合使用功能的新结构。新结构会对工业结构局部产生矛盾，需要对其进行局部调整，使之既符合场地功能要求，又兼顾原始工业结构。以保护上位规划中绿色区域为商务办公和文创产业，以建筑改造为主，其功能性为主导，不属于工业遗产公园范围。从叠加图图 4-24 可以看出，对场地原始工业结构影响最大的是 A、B、C、D 四条规划道路。这四部分是东西两区域联系的必经之路，有存在的必要性，不能完全向工业结构妥协，亦只能进行局部调整，道路 A 是场地东侧车行入口进入北侧的必经之路，虽然对原有铁路造成了破坏，但其方向与原有工业逻辑一致，因此并未完全破坏原有工业结构。在上位规划中，由于道路 B 的修建，场地北侧工业结构被完全抹去，包括场地中部隆起的高地。北侧铁路反映了整个工艺流程由东西向改为南北向的转变过程，对工艺流程的完整性至关重要，上位规划对原有工业结构的完全破坏是不可取的。道路 C 同样对铁路造成了破坏，抹去了原有工业逻辑。道

路 D 与原有逻辑垂直，从反面体现了原有工业逻辑。因此只需对 B 和 C 两条道路进行局部调整。B 道路主要与隆起高地冲突，高地高约 6.3m，消防通道净高 4m，因此满足做隧道的要求，故此处建议改为隧道，保留原有高地。C 道路改变方向，与原工业逻辑相匹配。改变后的道路既满足了通行需求，又保留了原有工业结构，实施方案是完全可行的。

经过结构叠加得到最终场地结构，形成有机体的骨架。之后需要根据设施的"景源性"评价对场地中的设施进行改造，将相应的功能植入骨架中，并对设施进行改造，形成完整的方案（图 4-25）。

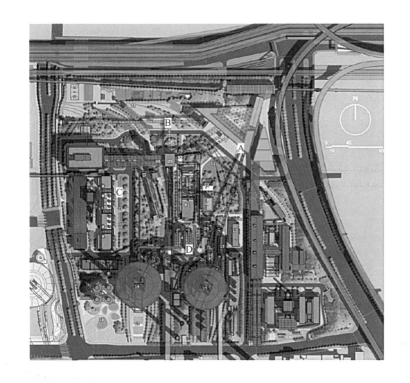

图 4-25 总平面图
（图片来源：张晓哲. 首钢园区金安桥片区景观改造设计 [D]. 北京：清华大学，2019.）

2）核心区详细设计

根据调整后的上位规划，B、C、F 三个区都被归为遗址公园范围，但在工业设施保护程度上，三者存在区别。B 区为极限公园区，属于专类公园，活动类型较为单一；区块内保留设施较少，主要为通廊、转运站、铁轨，他们在工业流程中均为转运设施，改造类型单一。F 区为高炉文化区，以高炉、热风炉、重力除尘器为主，设施类型也较为单一，高炉区策略中，两个高炉保护力度较强，改造空间不大。C 区不论设施类型还是空间丰富度上都优于其他两个区域，并且与交通枢纽直接接壤，可达性最高，活动类型最丰富，也是矛盾最为突出的区域，因此被定为遗址公园的核心区。核心区内部，根据工艺流程、空间类型、设施特征、功能需求等因素，被分入口活动区、核心活动区、花园游憩区、小火车站区（图 4-26）。[50]

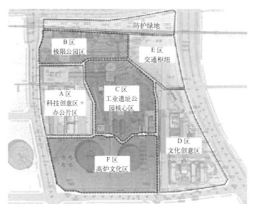

图 4-26 遗址核心区详细分区
(图片来源：张晓哲.首钢园区金安桥片区景观改造设计 [D].北京：清华大学，2019.)

（1）入口区

入口区原始功能为一块附属空间，场地中有数条铁轨经过，南北两侧有少量泵房，由于这些泵房在功能和形式上都与核心活动区类似，并且在原始工业流程中的作用不明显，观赏价值较低，故全部拆除。场地中保留地面铁轨以及北侧转运站。

场地中主景毫无疑问是远处的工业设施：高炉、重力除尘器、龙门天车等，这些设施作为画面的主景和远景已经足够复杂，入口区作为配景和近景就需要足够简洁，来突出背后工业设施的恢宏。因此主入口以单一的观赏草为主，选用细叶芒之类的植物，呈现简洁野趣的氛围。保留现状铁轨，并选用一节火车作为入口区的艺术装置，突出后工业主题（图 4-27）。

图 4-27 入口效果图
(图片来源：张晓哲.首钢园区金安桥片区景观改造设计 [D].北京：清华大学，2019.)

（2）转运站改造

转运站是入口区唯一的地面设施（其他均为空中通廊），也是空中步道系统在入口区的唯一垂直转换点，也是入口处的标志物，其功能非常重要。转运站现状为混凝土框架结构，红色外墙，混凝土结构保存完好。根据"景源评价"结果，其介入等级为三级，即只保留主体框架，根据其工业功能、空间特征、位置环境置换新的功能。

转运站外立面视觉效果较差，且存在安全隐患，故拆除其外立面及楼板，只保留其主体框架，以及与之相连的通廊。根据每层高度，在其内部增加楼梯，联系上下交通。新建楼梯采用深暖灰色，从而避免风格化，尽量保证原有设施的真实性。利用每层结构梁种植藤蔓植物，使之成为一栋绿色的建筑，增加场地的视觉绿量。在底部增加半透明外围护结构，增加空间丰富性（图4-28）。

图4-28　转运站效果图
（图片来源：张晓哲.首钢园区金安桥片区景观改造设计[D].北京：清华大学，2019.）

（3）水渣池改造

水渣池是所有设施中空间最为丰富的设施，其总体分为三个部分，大池、小池和泵房。大池为沉淀池，主要是沉淀水渣中的废渣，沉淀后的废渣被龙门天车挖出装车，运往水泥厂等地。过滤后的水进入二级过滤池，在进一步过滤之后，进入经冷却池冷却后返回高炉循环使用。整个过程中以泵房充当动力源的作用，将水源源不断从一个池抽入下一个池。

不同的功能形成了不同的空间形式。大池呈现一个完整的下沉空间，内部大而完整，因此改造为下沉广场，适合多种活动的举办。小池和泵房以小空间为主，形成丰富的小空间群，空间充满探索氛围，适合儿童活动，因此改为儿童活动场地。大池现状是其内部深度不一，最深处达8m。过大的深度不利于人在下沉空间的感受，需要对下沉空间分级处理。大池深度分为两级，3m和5m。3m较适合人群活动，同时不会产生太压抑的感受。大池北侧形最深处为8m，两层会产生5m的高差，这里集中处理高差，最大限度地保留南侧活动空间。大池、小池与泵房虽然在工艺流程上是相互联系的统一流程，但其在空间上并不连通。为满足使用功能需求，在保证主体结构完整的情况下，局部打洞，使三者空间相互联系，形成互动空间，增加趣味性，为儿童营造丰富的探索空间（图4-29）。

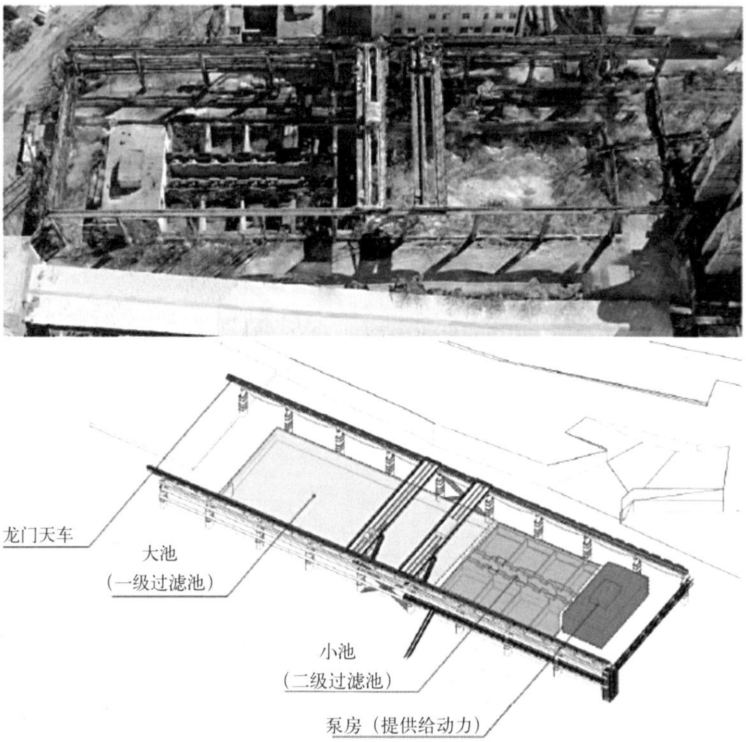

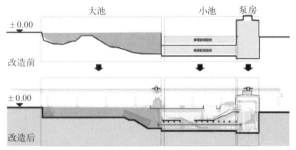

图 4-29　水渣池现状照片及功能

（图片来源：张晓哲．首钢园区金安桥片区景观改造设计 [D]．北京：清华大学，2019．）

龙门天车　　大池（一级过滤池）

小池（二级过滤池）

泵房（提供给动力）

改造后的大池形成一块开阔的下沉草坪，草坪空间提供了开展多样性活动的可能性。夏季可举行户外音乐会、发布会，或户外电影，也可举行多种游憩活动，冬季可形成滑冰场，营造活动的多样性。大池中的高差处理采用了艺术介入的方式，尽端采用双面镜单面透视的原理，桶内的人可以看到桶外的人，但从外部看是镜面效果，增加趣味性。利用高差设置瀑布，瀑布从上而下，流入大池最底部，与水渣池原始功能相呼应，暗示设施的原始功能（图 4-30、图 4-31）。

（4）冷却池改造及其南侧泵房

冷却池现状为混凝土结构，表面有明显侵蚀痕迹，展现出明显的工业气息。其北侧泵房与水渣池北侧泵房在功能和造型上都类似，根据对照实验原则，此处冷却池采用原貌展示方式（图 4-32）。

图 4-30　水渣池内部改造示意图（左图）

（图片来源：张晓哲．首钢园区金安桥片区景观改造设计 [D]．北京：清华大学，2019．）

图 4-31　水渣池整体效果图（右图）

（图片来源：张晓哲．首钢园区金安桥片区景观改造设计 [D]．北京：清华大学，2019．）

大池　　　小池　　泵房

±0.00

改造前

±0.00

改造后

结构鉴定报告显示其主体结构完整，利于原貌展示。在局部设置入口及连廊，将泵房与冷却池相连，游客便于连续观察。里面采用植物营造的方式，设置藤蔓植物，覆盖两座设施，使之展现出工业自然的氛围。利用冷却池下凹空间设置雨水花园，连通与外围绿地的联系，形成汇水空间。

图4-32 泵房改造前后对比图
（图片来源：张晓哲.首钢园区金安桥片区景观改造设计[D].北京：清华大学，2019.）

### 3. 首钢工业遗址金安桥片区生态修复技术

#### 1）雨洪管理技术

从北区的地势来看，整体走势为西北高东南低，形成分别以石景山、群明湖、金安桥为中心的A、B、C三个独立汇水分区（图4-33）。在汇水A区中西侧为秀池，形成天然汇水点，但其四周道路标高均高于金安桥片区，因此金安桥片区形成独立汇水分区。在金安桥内部，总体地势西高东低。在自然状态下，D、E两区成为场地最终汇水点。但D、E两区分别为交通枢纽站和文化创意区，建筑改造量较大，绿地较少。为了减轻D、E两区的雨洪压力，尽量将雨水在其余4区内部解决，A区内部保留有水渣池，其天然成为A区的汇水区1，面积约1800m²。改造后平均下凹深度为0.8m，可一次性容纳约1440m³的雨水。B区内除高地外，其余部分标高约为83.2m。B区在功能上为极限公园，内部设置有少量绿地。由于极限公园运动性质决定场地内依然以硬质路面为主，因此其雨洪调蓄能力较差。B区采取三种措施：①采用透水铺装，使场地内的硬质路面的雨水可以快速下渗，流入旁边绿地；②设置雨水花园，增加雨水调蓄能力；③通过竖向设计，将B区内多余的雨水引入A和C区，以减少E区的雨洪压力。C区内部被隆起高地分为东西两个区域。西区场地内存在一处地下设施配料库，其底部比两侧平均低2.8m，形成天然汇水区2。将其改造为雨水花园，面积约为280m²，平均深度0.5m，表层一次性汇水量约为140m³。其底部设置储水箱，一次性可容纳约500m³的水量。东区场地内存在一处地下下凹设施—水渣池，天然形成汇水区3。此设施由于活动需求，被改造为多功能活动场地，因此并不能将其整体视雨水收集器。经过改造，其内部能容纳约为960m³的水量。D区和E区根据功能需求，尽可能多地采用下凹绿地以及透水铺装，以提高其雨水调蓄能力。F区为高炉文化区，根据高炉区域设计策略，其西北角为入口广场，采用透水铺装，其余部分以绿地为主。其中二号高炉区域绿地最多，形成

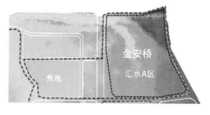

图4-33 首钢北区内汇水分区示意图
（图片来源：张晓哲.首钢园区金安桥片区景观改造设计[D].北京：清华大学，2019.）

图 4-34 金安桥片区内汇水分区示意图（左图）
（图片来源：张晓哲. 首钢园区金安桥片区景观改造设计 [D]. 北京：清华大学，2019.）
图 4-35 场地内汇水分区示意图（右图）
（图片来源：张晓哲. 首钢园区金安桥片区景观改造设计 [D]. 北京：清华大学，2019.）

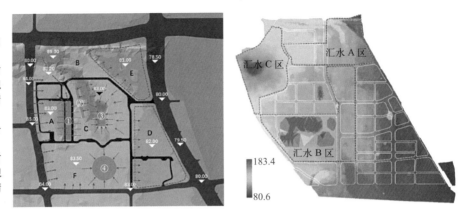

汇水区 4。F 区的绿地面积约为 32500m²，平均深度约为 0.1m，可一次性容纳约 3250m³ 雨水（图 4-33~ 图 4-35）。

2）植物修复技术

（1）现状植物保留

场地内由于长期处于荒废状态，现状植丛生、茂密，呈现一种工业自然的状态，体现了大自然接手工业废弃地的状态，需要择优保留。场地内行道树主要以梧桐、槐树为主，其余以椿树、柳树、杨树、构树等。地被以狗尾草、虎尾草、爬山虎、蒿草为主。场地中有八个区域植被长势较好，且不影响使用功能，予以保留（图 4-36）。

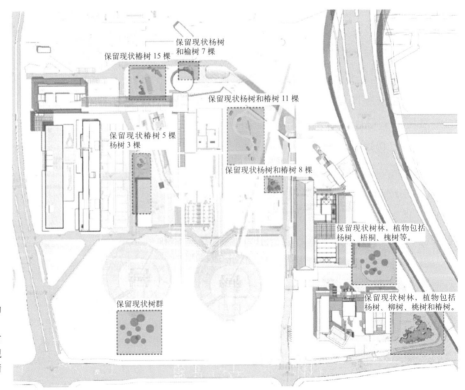

图 4-36 保留现状植物示意图
（图片来源：张晓哲. 首钢园区金安桥片区景观改造设计 [D]. 北京：清华大学，2019.）

（2）新种植被选择

植物类型分为乔、灌、草、藤、竹。场地整体氛围突出工业主题，需要营造野趣的氛围，追求低养护成本，因此场地种植以乔木、草本、藤蔓为主，配以少量灌木。场地中以大面积观赏草为主基调，形成工业遗址的荒野氛围。场地中乔木主要有四个作用：①沿原有铁轨种植，突出场地中原有工业流程；②主要游览路径上的行道树，起到遮阳的效果；③点景树，突出场地主题和疏林草地的氛围；④外围密林，提高生态效应。场地中的藤本植物主要用于垂直绿化。场地中工业设施的体量普遍较大，长时间处在这类环境中会给人造成强烈的压抑感。为了缓解这种感受，需要提高场地绿量，增加软质界面。藤蔓植物主要用在水渣池、转运站、综合楼、泵房等设施的立面。另外还应该结合屋顶绿化，如综合楼、书店，以及文化创意区的个别建筑，全方位提高场地绿化量（图4-37）。

图4-37 今首钢工业遗址—金安桥片区现状
（图片来源：张晓哲.首钢园区金安桥片区景观改造设计[D].北京：清华大学，2019.）

随着中国城市发展持续转型，越来越多的工业废弃地产生，其类型也多种多样，实际情况也会复杂多样。即使以相同的改造途径来更新，也不可能以单一方式进行改造。科学地评价每一个类型的废弃地，以及每一件工业设施的独特性是未来工业废弃地更新，以及工业遗产保护的重要任务。随着时代的发展，大数据与人工智能越来越普及，人们收集数据将更加便捷、全面、精准，这对科学评价，甚至是量化工业遗产价值具有重要意义。相信未来的工业遗产保护与再利用将会更加科学，也更加有效。

## 思考题

1.国土空间规划背景下如何进行废弃土地的修复？

2.废弃地的形成原因是什么？

3.如何保障废弃地生态修复的可持续性？

## 拓展阅读书目

[1] 贾斯汀·霍兰德，尼尔·科克伍德，茱莉亚·高德. 棕地再生原则：废弃场地的清理·设计·再利用 [M]. 郑晓笛，译. 北京：中国建筑工业出版社，2013.

[2] 张丽芳. 废弃地形成的多主体防治行为研究——以江苏省典型村镇为例 [M]. 南京：东南大学出版社，2018.

[3] 周连碧，王琼，代宏文，等. 矿山废弃地生态修复研究与实践 [M]. 北京：中国环境科学出版社，2010.

[4] 陈家军，赵岩，马俊伟. 村镇废弃场地植物修复与生态景观化研究 [M]. 北京：科学出版社，2020.

[5] 武彦斌，霍峥，马凤娇. 成熟型资源型城市工矿用地废弃风险预警及再利用模式研究 [M]. 天津：天津大学出版社，2020.

[6] 席运官，李德波，刘明庆，等. 东江源头区水污染系统控制技术 [M]. 北京：科学出版社，2015.

[7] 张成梁，冯晶晶，赵廷宁. 存量垃圾土生态修复应用研究 [M]. 北京：知识产权出版社，2017.

[8] 王克勤，黎建强. 水土流失综合治理理论与实践 [M]. 北京：中国林业出版社，2021.

[9] 宋梅. 矿业废弃地地表空间生态开发及关键技术 [M]. 北京：社会科学文献出版社，2019.

## 本章参考文献

[1] 郑晓笛，吴熙. 棕地再生中的生态思辨 [J]. 中国园林，2020，36（6）：17-22.

[2] 郑晓笛. 近年来风景园林行业中的棕地再生：热潮、误区与展望 [J]. 中国园林，2017，33（5）：10-14.

[3] 郑晓笛. 基于"棕色土方"概念的棕地再生风景园林学途径 [D]. 北京：清华大学，2014.

[4] 邓小芳. 中国典型矿区生态修复研究综述 [J]. 林业经济，2015，37（7）：14-19.

[5] 韩亚平，刘佳濠，欧阳萌，等. 我国矿山废弃地的景观修复和设计刍议 [J]. 环境工程，2021，39（8）：256.

[6] 杨艳平，罗福周，王博俊. 基于朴门设计的煤矿废弃地生态修复规划研究 [J]. 自然资源学报，2018，33（6）：1080-1091.

[7] 申时立，黎华寿，夏北成，等. 大生物量植物治理重金属重度污染废弃地可行性的研究 [J]. 农业环境科学学报，2013，32（3）：572-578.

[8] 郑舰. 2000 年以来棕地可持续再开发研究进展——基于可视化文献计量分析 [J]. 中国园林，2019，35（2）：27-32.

[9] 赵立志，张昱朔，张超，等. 中小型煤矿工业废弃地再利用规划策略研究——以峰峰矿区老三矿为例 [J]. 城市发展研究，2014，21（5）：21-23+34.

[10] 刘抚英. 我国矿业城市工业废弃地土地更新利用现存问题与规划对策研究 [J]. 现代城市研究，2011，26（2）：57-65.

[11] 武勇，李宜宸，郑红彬，等. 现代城市工业废弃地景观改造研究 [J]. 工业建筑，2019，49（7）：189-193.

[12] 栾景亮. 大型工业废弃地再开发与工业遗产保护的探讨——以北京焦化厂旧址用

地改造为例 [J]. 中国园林，2016，32（6）：67-71.

[13] 杨涛，宋杨珑. 自然灾害损毁道路应急抢通技术 [J]. 水利水电技术，2015，46（5）：5-8.

[14] 申泽西，张强，吴文欢，等. 青藏高原及横断山区地质灾害易发区空间格局及驱动因子 [J]. 地理学报，2022，77（5）：1211-1224.

[15] 刘希洋，蔡勤禹. 近二十年中国海洋灾害史研究的进展与问题 [J]. 海洋湖沼通报，2019（6）：157-165.

[16] 张润杰，黎良明，康华春，王寿松. 一种估计区域生物灾害空间分布的方法 [J]. 中山大学学报（自然科学版），2001（5）：80-82.

[17] 余青，韩淼，陈海沐. 美国哥伦比亚河历史路修复重生对我国干线道路升级改造的借鉴与启示 [J]. 国际城市规划，2015，30（6）：121-128.

[18] 崔卫华，胡玉坤，王之禹. 中东铁路遗产的类型学及地理分布特征 [J]. 经济地理，2016，36（4）：173-180.

[19] 李渖，雷冬霞. 情境再生与景观重塑——文化空间保护的方法探讨 [J]. 建筑学报，2007（5）：1-4.

[20] 钟誉嘉，吴丹子，林箐. 城市垃圾填埋场景观再生策略探讨 [J]. 工业建筑，2019，49（11）：33-37.

[21] 彭静. 城市废弃地生态修复与景观再造模式研究——以武汉园博园为例 [D]. 武汉：中国地质大学，2018.

[22] 魏远，顾红波，薛亮，等. 矿山废弃地土地复垦与生态恢复研究进展 [J]. 中国水土保持科学，2012，10（2）：107-114.

[23] 查金，贾宇锋，刘政洋，等. 市政污泥堆肥对矿山废弃地生态恢复影响的研究进展 [J]. 环境科学研究，2020，33（8）：1901-1910.

[24] 杨振意，薛立，许建新. 采石场废弃地的生态重建研究进展 [J]. 生态学报，2012，32（16）：5264-5274.

[25] 李永庚，蒋高明. 矿山废弃地生态重建研究进展 [J]. 生态学报，2004（1）：95-100.

[26] 彭建，蒋一军，吴健生，等. 我国矿山开采的生态环境效应及土地复垦典型技术 [J]. 地理科学进展，2005，24（2）：38-48.

[27] 薛国连，郭小平，薛东明，等. 不同表土覆盖方式对种子库活力的影响 [J]. 北京林业大学学报，2022，44（4）：86-94.

[28] 赵默涵. 矿山废弃地土壤基质改良研究 [J]. 中国农学通报，2008，24（12）：128-131.

[29] 石杨，李家豪，于月，等. 重金属污染土壤的植物修复技术与其他技术联用的进展与前景 [J]. 环境污染与防治，2022，44（2）：244-250.

[30] 张杏锋，吴萍，冯健飞，等. 超富集植物与能源植物间作对 Cd、Pb、Zn 累积的影响 [J]. 农业环境科学学报，2021，40（7）：1481-1491.

[31] 王赟，付利波，梁海，等. 绿肥作物对云南旱地土壤镉有效性的影响 [J]. 农业环境科学学报，2021，40（10）：2124-2133.

[32] 周晴，孙中宇，杨龙，等. 我国生态农业历史中利用植物辅助效应的实践 [J]. 中国生态农业学报，2016，24（12）：1585-1597.

[33] 郝操，Chen Ting-Wen，吴东辉. 土壤动物肠道微生物多样性研究进展 [J]. 生态学报，2022，42（8）：3093-3105.

[34] 尚辉，颜安，韩瑞，等. 微生物改良基质对新围垦海涂盐土改良的初步研究 [J]. 农业工程学报，2020，36（8）：120-126.

[35] 张怡辉，胡维平，魏庆菲，等 . 长荡湖水生植被修复地形重塑方案研究 [J]. 人民长江，2020，51（10）：73-79.

[36] 王一钧，欧阳志云，郑华，等 . 雨水回收利用生态工程及其应用——以中国科学院研究生院怀柔新校区为例 [J]. 生态学报，2010，30（10）：2687-2694.

[37] 张鸿龄，孙丽娜，孙铁珩，等 . 矿山废弃地生态修复过程中基质改良与植被重建研究进展 [J]. 生态学杂志，2012，31（2）：460-467.

[38] 罗明，周妍，鞠正山，等 . 粤北南岭典型矿山生态修复工程技术模式与效益预评估——基于广东省山水林田湖草生态保护修复试点框架 [J]. 生态学报，2019，39（23）：8911-8919.

[39] 程琳琳，娄尚，刘峚峰，等 . 矿业废弃地再利用空间结构优化的技术体系与方法 [J]. 农业工程学报，2013，29（7）：207-218.

[40] 吴建富，魏雪娇，卢志红，等 . 土壤调理剂与狼尾草联合修复废弃稀土矿区尾砂土壤研究 [J]. 江西农业大学学报，2019，41（6）：1222-1226.

[41] 虞蔚君，丁绍刚 . 生命景观——从垃圾填埋场到清泉公园 [J]. 风景园林，2006，15（6）：27-31.

[42] 李亚选，贠英伟，张晓玲，等 . 垃圾填埋场封场设计及封场后的维护、补救措施 [J]. 广东建材，2006（6）：108-109.

[43] 李雄，徐迪民，赵由才，等 . 生活垃圾填埋场封场后土地利用 [J]. 环境工程，2006（6）：64-67.

[44] 刘艳辉，魏天兴，孙毅 . 城市垃圾填埋场植被恢复研究进展 [J]. 水土保持研究，2007（2）：108-111.

[45] 李莎，董昭含 . 英国伊甸园矿坑再生景观：20 年文化旅游运营模式研究 [J]. 工业设计，2020（10）：84-86.

[46] 马育辰 . 体验型与经济型植物园的设计策略研究——以英国伊甸园项目为例 [J]. 风景名胜，2019（7）：288-289.

[47] 陈涛 . 德国鲁尔工业区衰退与转型研究 [D]. 长春：吉林大学，2009.

[48] 郑晓笛 . 基于"棕色土方"视角解读德国北杜伊斯堡景观公园 [J]. 景观设计学，2015，3（6）：20-29.

[49] 刘伯英，陈挥 . 走在生态复兴的前沿——德国鲁尔工业区的生态措施 [J]. 城市环境设计，2007（5）：24-27.

[50] 张晓哲 . 首钢园区金安桥片区景观改造设计 [D]. 北京：清华大学，2019.

# 第5章

# 城镇空间生态修复方法、技术与案例

城镇复合生态系统修复概述
城镇复合生态系统修复理论与技术体系
城镇生态修复典型案例

世界上超过 50% 的人口集中在城镇区域，预计未来还将持续增长。[1] 城镇已成为当今社会各类要素资源和经济社会活动最集中的场所。城镇空间是以承载城市和乡镇等经济、社会、政治、文化等要素为主的功能空间。

城镇创造了现代文化，推动了社会经济的发展，但同时也带来了一系列问题。改革开放以来，我国经济快速增长，由于部分城镇发展方式较为粗放、城镇治理体制机制尚不健全、城镇整体规划相对落后，高速的城镇化与城镇生态环境建设的滞后，不仅导致我国城镇环境的急剧恶化，还给城镇周边地区的蓝绿生态空间带来巨大压力。[2, 3] 城镇化引起的资源耗竭、环境污染、热岛效应、拥挤效应、人居环境恶化、人群健康等问题，以及对区域生态系统的胁迫作用，已成为我国城镇发展的瓶颈，[4] 开展以红色空间为主体的城镇生态修复，全面提升城镇生态系统的供给、调节、支持、文化等功能，增强城镇发展的可持续性迫在眉睫。

# 5.1 城镇复合生态系统修复概述

## 5.1.1 概念

城镇是一类以人类活动为主导的社会—经济—自然复合生态系统（图5-1）。[5] 城镇生态系统修复是基于复合生态系统理论的共轭生态修复，其核心是调节好以水、土、气、生、矿为主体的自然生态过程，以生产、流通、消费、还原、调控为主流的经济生态过程和以人的科技、体制、文化为主线的社会生态过程在时、空、量、构、序范畴的生态耦合关系，推进以整体、协同、循环、自生为基础的生态规划、生态工程与生态管理的技术体系，在保育生态活力的前提下，实现社会经济的高速协调发展。其基本宗旨是从观念转型、体制改革和技术创新入手，修复、涵养、强化区域社会生态、经济生态和自然生态系统服务，促进人与自然的协同进化，使得城镇生态系统的各个方面都修复到结构合理、功能高效、关系和谐的状态。[6, 7] 城镇生态修复过程需要注重目标复合性、要素多样性、空间整体性、景观异质性、方法科学性和效益兼顾性等多个方面。[8]

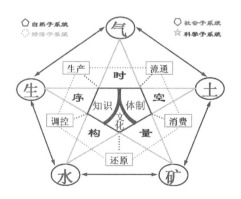

图 5-1 城镇社会—经济—自然复合生态系统关系示意图
（图片来源：本章参考文献 [6]）

## 5.1.2　内涵

城镇生态系统修复在我国的开展缘起于"城镇病"的治理以及对人居环境改善的要求。[9]改革开放至今，中国经济社会经历了史无前例的大规模、高速度且影响剧烈的城镇化过程，既取得了极大的成就，又带来不容低估的人口、资源、环境的"欠账"，中国城乡发展模式需要生态转型。2015年3月，中央城镇工作会议筹备期间，住房和城乡建设部（以下简称"住建部"）领导到三亚考察城镇建设工作，针对三亚突出的城镇问题，首次提出了"生态修复、城镇修补"（以下简称"城镇双修"）的规划理念。6月10日，住建部正式发文将三亚市列为"生态修复、城镇修补"试点城镇。在总结三亚城镇双修试点经验以及对中国城镇问题、城镇未来的转型发展的深度思考之后，中央城镇工作会议对未来城镇的发展提出了一系列明确的要求，并指出要大力开展生态修复，让城镇再现绿水青山。2016年12月10日，住建部在三亚市正式召开全国"城镇双修"工作现场会，组织各省、自治区、直辖市的住房和城乡建设规划主管部门的主要负责人约150人参加，并考察了三亚"城镇双修"重点工程项目的实践情况。此次会议成为我国城镇转型发展的重要标志。2017年3月，住建部印发《关于加强生态修复城市修补工作的指导意见》（建规〔2017〕59号），将58个城镇列为国家"城镇双修"试点城镇开展试点探索，至此我国城镇生态修复进入快速发展阶段，城镇生态修复工作在全国范围内全面启动，相关科研也开始陆续展开，城镇生态修复成为治理"城镇病"、改善民生的重大举措。

2020年10月《中共中央关于制定国民经济和社会发展第十四个五年规划和二〇三五年远景目标的建议》将城镇生态修复内容融入国家中长期发展的顶层设计，内容包括城镇更新、旧城改造、城镇风貌塑造、海绵城镇建设、韧性城镇建设、风险防控等。2021年4月，国家发展改革委印发《2021年新型城镇化和城乡融合发展重点任务》（发改规划〔2021〕493号），重点强调了城乡融合发展、低碳城镇建设。2022年5月，中共中央办公厅、国务院办公厅印发了《关于推进以县城为重要载体的城镇化建设的意见》，明确提出"到2025年，以县城为重要载体的城镇化建设取得重要进展""五、强化公共服务供给，增进县城民生福祉""六、加强历史文化和生态保护，提升县城人居环境质量"等重要意见。城镇生态修复的内涵不断丰富。

2020年以后，国土空间生态修复受到了前所未有的重视，省、市、县级国土空间生态修复规划编制工作在全国范围内全面展开。城乡建设用地不断扩张导致的生态、农业、城镇三类空间利用失衡的问题逐渐受到重视，城镇生态修复成为助力国土空间格局优化，服务生态文明建设和高质量发展的重要内容。

综上所述，城镇生态修复的内涵不断丰富，贯穿在国土空间的不同尺度，渗透在城镇转型发展过程的各个维度，并与不同阶段的城镇发展理念相融合。但从近年来城镇生态修复的具体实践来看，主要聚焦在城镇基础设施的保护、修复和提升上，包括生态基础设施和人工基础设施。以城镇绿地为主体的绿色基础设施、以城镇水系为主体的蓝色基础设施和以不透水地表为主体的灰色基础设施是城镇生态修复的重要内容。

# 5.2 城镇复合生态系统修复理论与技术体系

## 5.2.1 城镇复合生态系统修复的基本原则

### 1. 尊重自然，保护与修复相结合

严格保护城镇山水和自然格局，对遭受威胁和破坏的生态空间，充分考虑生态学基本原则，按照自然规律，采取自然恢复与人工辅助相结合的方法进行修复，恢复城镇生态空间的结构和功能，提升城市生态存量，让城镇更自然、更具有韧性。

### 2. 问题导向，针对性与系统性相结合

坚持因地制宜、问题导向，有针对性地制订实施方案，同时坚持局部与整体相结合，做到统筹规划、系统修复，保持城市风貌，让城镇更健康、更有特色。

### 3. 科学推进，生态、生活与生产相协同

在保护修复自然生态系统的基础上，兼顾经济发展和人文关怀，将居民福祉有机整合到生态修复当中，同时引导城市生态行为，实现人与自然和谐共生，让城镇更包容、更高效。

## 5.2.2 城镇复合生态系统修复的技术体系

由于不同城镇生态系统存在地域差异，再加上受干扰的类型和强度的差异，城镇生态修复的目标、侧重点及其选用的关键技术往往有所不同。尽管如此，对于一般的城镇生态系统修复，都需要涉及自然、社会和经济三个子系统，每个子系统大致包括以下几类基本的恢复技术（表5-1）。

（1）自然子系统：非生物环境因素（包括大气、土壤、矿产、水体）的恢复技术；生物因素（包括物种、种群和群落）恢复技术；生态系统（包括结构和功能）恢复技术。

（2）社会子系统：生态保护修复与景观营建技术；生态修复与历史文化保护与复兴技术；生态修复与人文建设技术。

（3）经济子系统：生态保护修复与土地利用结构优化技术；生态保护修复和产业、能源结构优化调整技术；城乡及区域一体化生态保护修复与高质量发展技术。

城镇生态系统修复技术体系 表 5-1

| 恢复层次 | 恢复对象 | | 技术体系 | 技术类型 |
|---|---|---|---|---|
| 自然子系统 | 大气 | | 大气污染控制与恢复技术 | 生物吸附技术；新型能源替代技术等 |
| | | | 城市花粉、飞絮飞毛等植源性污染调控技术 | 花粉发育调控技术；群落更新与优化配置技术；生态用地地表养护管理技术；植源性污染动态监测技术等 |
| | 土壤 | | 土壤污染控制与恢复技术 | 土壤生物自净技术；移土客土技术；深翻埋藏技术；废弃物资源化利用技术；好氧生态修复技术；封场治理技术等 |
| | | | 水土流失控制与保持技术 | 裸露坡面生态治理技术；土石工程技术；复合农林技术等 |
| | | | 土壤肥力恢复技术 | 少耕、免耕技术；绿肥与有机肥施用技术；生物培肥技术等 |
| | | | 硬化地表的生态化改造技术 | 不透水地表绿化技术；有机覆盖物等 |
| | 山体 | | 矿山修复技术 | 人工排险技术；山体复绿技术；仿生修复技术等 |
| | 水体 | | 水文调节技术 | 节水技术；河道淤塞修复技术；生态补水技术；海绵体建设技术；洪泛平原恢复技术；跨流域水库群优化调度等 |
| | | | 水质净化技术 | 面源污染控制技术；稳定塘技术；净化槽技术；土壤渗滤技术；景观生态湿地污染净化技术；生态浮岛技术；生态清洁小流域等 |
| | | | 水生境修复技术 | 河岸带自然形态恢复技术；湖泊面积恢复；水系连通性修复；多样化水生境营造技术等 |
| | 生物 | 物种 | 物种选育与繁殖技术 | 种子库技术；野生生物种驯化技术等 |
| | | | 物种引入与恢复技术 | 先锋种引入技术；乡土树种库建设技术等 |
| | | | 物种保护技术 | 乡土生境重建技术；再野化技术等 |
| | | 种群 | 种群动态调控技术 | 种群规模、年龄结构、密度、性别比例等调控技术等 |
| | | | 种群行为调控技术 | 种群竞争、他感、捕食、寄生、共生、迁移行为控制技术等 |
| | | 群落 | 群落结构优化配置与组建技术 | 植被群落动态调控技术；林灌草复层群落构建技术；群落配置优化技术；森林抚育技术等 |
| | | | 群落演替控制与恢复技术 | 原生与次生快速演替技术；封山育林技术；水生与旱生演替技术；内生与外生演替技术等 |
| | | | 生态系统间链接技术 | 河流林网建设与恢复；绿色廊道贯通；关键生态节点串联；流域综合治理等 |
| 社会子系统 | 景观 | | 生态保护修复及景观品质提升技术 | 生态基础设施功能完善和品质提升；生态基础设施可达性提升与布局优化；绿色公共空间网络优化；立体绿化、三维空间拓展等 |
| | 历史 | | 生态修复与历史文化保护技术 | 城镇更新和文化遗产保护；历史文化街区创建，历史建筑保护与利用；传统村落保护与文化生态修复等 |
| | 人文 | | 生态修复与人文建设技术 | 科普教育系统设计；社区文化构建；绿色低碳生活方式与行为引导等 |
| | 科技 | | 城镇生态修复新方法新技术 | 城镇生态修复与数字社会、智慧城镇等的融合技术等 |
| | 管理 | | 生态管理技术 | 生态补偿制度；生态修复保障金；适应性管理；社区参与等 |
| 经济子系统 | 土地利用结构 | | 土地利用规划技术 | 土地资源评价与规划；城市发展限制边界划定技术（如城市开发边界，城市绿带划定）等 |
| | | | 低效用地再开发技术 | 低效用地更新潜力评价；城市绿色基础设施再开发；留白增绿策略等 |
| | | | 城镇废弃地修复技术 | 废弃地污染治理技术；废弃地生态系统修复和重建技术等 |
| | 产业、能源结构 | | 生态保护修复和产业、能源结构优化调整技术 | 重污染企业搬迁改造技术；能源资源产业绿色化转型技术；循环经济技术；生态产品开发；产城融合发展等 |
| | 城乡、区域一体化 | | 城乡一体化 | 新型城镇化；乡村振兴；特色小镇；美丽乡村；城乡融合等 |
| | | | 区域一体化 | 城市群战略；区域治理等 |

（表格来源：根据本章参考文献 [10] 改编）

### 5.2.3　城镇生态基础设施修复理论与关键技术

生态基础设施是所有能为城镇可持续发展服务的基础性设施，包括公园、自然保护区、农业用地、生态廊道等自然基础设施，以及生态化的人工基础设施，如道路绿化、绿色街道、绿色屋顶等。

生态基础设施是城镇生态系统服务的载体。健康的城镇生态基础设施为人类生产和生活提供了生态服务的物质工程设施和公共服务系统，保证了城镇自然和人文生态功能的正常运行，是城镇发展和生态安全保障的基本物质条件。然而，城镇的急速扩展和人口增长显著地影响了城镇生态基础设施，导致其结构破坏、功能退化、反馈失调，开展以生态基础设施为核心的城镇复合生态系统修复，保障生态基础设施的结构完整性和功能完善性，对维持城镇生态平衡和改善城镇环境具有重要意义。[11]

**1. 城镇生态基础设施网络结构优化与修复**

生态基础设施在不同尺度对城镇发展及其居民生活发挥着不同的作用。在社区或建成区等小尺度，生态基础设施主要功能是与人类紧密相关的，如改善人居环境、降低热岛效应、降低污染和噪声、提供休闲文化、美化视觉景观等，而在市域等大尺度，其主要功能是维系自然过程、保持生态安全，如生物多样性保护、保持水土、预防地质灾害发生、调节小气候等。生态基础设施在不同尺度之间的结构和功能存在着紧密的联系，大尺度空间布局的完善是保障城镇安全的基本前提，也是小尺度功能发挥的基础。

在市域等大尺度，生态基础设施是一个系统化网络，生态网络结构的修复和优化，可大幅提升生态系统服务质量。通过生态基础设施网络的识别和构建，判断生态基础设施中重要性高的区域，优先进行强制性重点保护和永久保留，同时保护重要生态廊道，修复生态廊道断点区域，紧密联系各生态基础设施核心区，形成绿网、水网等网络体系，进而优化城镇空间布局，改善城镇生态环境。城镇生态基础设施网络结构修复与优化，实现了生态保护与修复由点状、斑块状结构向网络化、系统化结构的转变，是生态基础设施视角下的城镇复合生态系统修复的重要内容。

1）理论基础

国内外学者们在与生态基础设施相关的栖息地网络、生态廊道、绿色通道、生境网络、生态网络、景观格局等方面进行了大量的研究。景观生态学中"斑块—廊道—基质"概念[12]以及"源—汇"理论[13]已成为此类领域众多研究的基础。但城镇是以人为核心的复杂生态系统，它涉及广泛的社会经济问题和战略，最近发展起来的基础设施生态学理论对城镇生态基础设施网络结构修复与优化具有更强的实践指导意义。李锋等对城市生态基础设施的评估方法和管理实践进行了系统研究。[11]

基础设施生态学（Infrastructure Ecology）由潘迪（Pandit）等[14]学者于2017年提出，认为城镇系统是复杂的适应系统，城镇的可持续性和弹性源于城镇中相互依存的工程、生态和社会经济基础设施在时间和空间上的复杂相互作用和共同进化（图5-2）。基础设施生态学将城镇基础设施系统设计、运营和使用背后的重要决策驱动因素——社会经济学纳入概念范畴，强调研究和理解城镇基础设施系统内部的相互联系，以及它们与生态和社会经济组成部分之间的相互作用，从而增强创建更集成、更可持续、更有弹性的城镇基础设施系统的能力（图5-3）。

基础设施生态学的九项基本原则为：

（1）城镇基础设施系统是相互联系的。城镇基础设施系统应作为一个相互关联的系统进行设计和优化，而不是单个基础设施组件的设计和优化。

（2）整合复杂系统的协同效益。城镇基础设施系统中的物质和能源流动应该得到整合和优化，创建具有正确功能组合的基础设施，增加基础设施的多功能和可持续性。

（3）考虑系统动力学。城镇基础设施系统是跨越多个时空尺度的动态自适应系统，城镇基础设施系统及其社会、经济和环境的对应系统通过反馈和循环相互连接，在设计中应充分考虑不同系统的积极／消极变化对整个系统产生的影响，如工程系统应设计成与自然生态系统相结合、相辅相成的系统，在系统水平上增加城镇基础设施的综合服务功能，提高城镇基础设施的系统弹性。

（4）增加系统响应的多样性。城镇基础设施系统组件应分散化建设而不是简单的大规模集中式基础设施发展，可以改善系统冗余，增加系统响应的多样性，并满足人们日益增长的多样化需求。

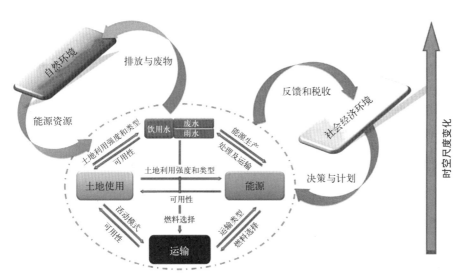

图5-2 城镇基础设施系统内部的相互联系以及其与自然环境系统和社会经济系统的相互关系
（图片来源：本章参考文献[14]）

（5）最大限度地改善人居环境。城镇基础设施系统设计应注重促进经济繁荣、增加社会公平和改善人居福祉，设计在采用任何技术时都应该考虑利益相关者的需求以及生态系统的可持续性，从而使其功能得到更好地实现和持续。

（6）最大化材料和能源投资的可持续性和弹性。传统的系统设计是为了在收益—成本分析方面最大限度地提高投资效率，但往往产生最大效益成本比的解决方案可能不是最有弹性或最可持续的解决方案。为了实现可持续城镇发展的目标，必须考虑资本投资的可持续性和弹性。

（7）利用"可再生资源"。对基础设施开发的材料、水和能源投资应集中于利用可再生资源，从不可再生资源转向可再生资源是可持续发展的必要条件。

（8）适应性管理。通过持续的监测和循环的管理周期，对生态系统进行学习，不断地探索出最适宜的管理方案，取得最大的生态、经济、社会效益。在生态系统中运用适应性管理，能够应对和降低生态系统管理过程中存在的不确定性，从而保证生态系统的稳定性。

（9）社会经济学是决策驱动因素。城镇基础设施系统设计受社会经济决策的制约，基础设施规划和设计应明确考虑社会经济学的作用，以及它如何影响基础设施发展的时间、地点和方式。

生态基础设施也可以理解为蓝绿生态空间通过生态廊道耦合而成的网络系统。其中，"蓝色空间"是河流、水库、湖泊、沼泽、滩地、池塘等湿地、

图 5-3　基础设施生态学模型

图注：双线表示水和能量的常规流动；单线表示通过基础设施生态获得的重组；为了清晰起见，对水和能量流的描绘仅限于住宅区；水和能源流向商业和其他地区，并分享与住宅区相同的基础设施共生的利益

（图片来源：本章参考文献 [14]）

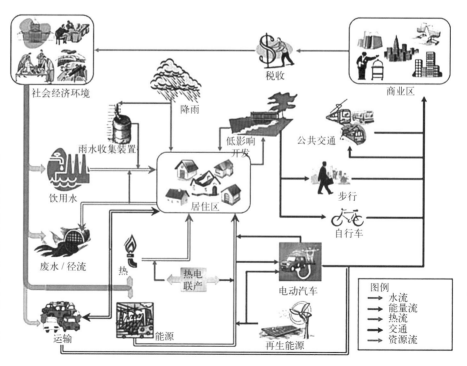

滨水绿地与蓝色廊道所构成的复合空间。城镇蓝色空间由城镇水资源、水环境、水生境、水景观、水安全与水文化六要素构成。[15、16]"绿色空间"通常指被植被所覆盖与围合的空间，包含城镇各类公园、居住区绿地、道路绿地、生产防护绿地、农地、林地、墓地、风景名胜区、城镇立体绿化空间等部分。[17~19]

2）主要内容与方法

识别生态基础设施核心区域、核算生态基础设施合理面积、优化和构建生态基础设施布局是生态基础设施网络构建与优化的核心内容。[11]

（1）生态基础设施核心区域识别

生态基础设施核心区域包括：具有高复合生态价值、开发风险性大的不适宜进行工业化或城镇化建设的区域，以及国家明令保护的区域。通常，核心区域的确定方法可总结为以下两种：直接识别法和因子叠加识别法。

①直接识别法

相关研究表明，一般可直接划入核心区域的生态基础设施包括：最具生态重要性的大型自然斑块（敏感物种栖息地、连续分布超过100hm² 的森林、100hm² 以上的原生生态湿地）和国家指定的保护区（国家级自然保护区、世界文化和自然遗产、国家重点风景名胜区、国家森林公园、国家地质公园、地表水源保护区）。事实上，通过研究申报条件可以发现，国家强制性保护的区域，都是具有极高社会—经济—自然复合生态价值的区域。另外，除了对现有生态基础设施核心区域的保护，一些人工恢复和构建的生态基础设施也会成为核心区域而得到永久保护。例如，北京奥林匹克森林公园作为人工新建的生态基础设施被北京市人民政府定位为永久性的城镇公共绿地，并为周边提供着重要的生态系统服务。

②因子叠加识别法

因子叠加识别法类似千层饼模式和环境敏感区域模型，通过筛选易获得且相关性强的因子，获取其图层进行重要性分类分级，之后应用GIS 进行叠加计算分析，得到最终的受保护区域。常见的因子包括：生物多样性、敏感物种分布、坡度、地面起伏度、工程地质、土壤深度、植被覆盖度、地质灾害发生、道路、水体、人工化程度等。以此模型为基础，众多学者分别从生态安全格局、可持续发展、土地利用现状规律、市域尺度生态经济区划、生态用地重要性分级、生态系统服务价值和开发风险性、生态敏感性与脆弱性的角度进行研究，表明通过GIS 叠加各因素计算得到的地质灾害易发区、生态敏感区、生态功能重要区，以及具体的坡度较陡或海拔较高的山地、河网、海岸带和连续分布的且具有较大面积的林地等应成为生态保护和修复的重点。

综合对比这两种方法，可以发现：直接识别法依据国家相关的保护规定和现有的较为认可的大型自然斑块，对这些区域直接进行保护，规避了复杂的分析过程，简单明确，易于操作，但是此方法现存的最大问题就是保护边界往往不能落到具体的坐标，导致无法进行严格的保护；因子叠加识别法考虑因素系统全面，因子选取因地制宜，有较好的灵活性、综合性和科学性，但此方法最大的问题在于因子的筛选方法、因子图层重要性分类分级的依据、图层之间叠加的权重等问题目前尚无统一规定，这就造成了模型使用者必须具备扎实的生态学基础和项目经验，才能作出符合实际的科学判断。

（2）生态基础设施面积核算

生态基础设施面积核算常用方法有三类：经验标准法、供需平衡法和安全格局法。

①经验标准法

一般遵照国家和地方的相关法律、法规、标准，以及地方政府的发展目标明确合理的城镇生态基础设施的面积。此类经验标准总结起来还可以分为两类，一类是对生态基础设施总量的控制要求，如卫生学和防灾防震对城镇绿地面积比例的要求、碳氧平衡法对城镇及区域人均绿地的要求、我国开展生态城镇等评定工作时关于绿地率、绿化覆盖率等指标的相关标准；另一类是各个管理部门对于不同类型生态基础设施的专项要求，如我国在对绿地规划指标相关标准有最低要求的《城市绿化规划建设指标的规定》，城镇湿地规划则需要在保持自然水系状态的前提下，符合《城市水系规划导则》SL 431—2008 中对城镇水面率的要求及《城市蓝线管理办法》中对水系的规划管理要求等。

②供需平衡法

基于生态系统服务的供需平衡法是测算合理的生态基础设施面积比较常见的方法，通常选取一种生态系统服务进行研究和计算，但并非所有功能都适宜在市域尺度进行供需平衡测算。康斯坦萨（Constanza）等[20]（1997）系统地提出了 17 项生态系统服务；波隆（Bolund）和霍尔姆（Hunhammar）[21]（1999）在此基础上研究认为，其中 6 项服务功能（净化空气、减缓热岛效应、噪声削减、雨水内排、污水处理、娱乐与文化价值）在城镇范围内尤其重要，并讨论了相应的生态系统在城镇中的面积和价值。对于碳氧平衡理论，在论证了市域等小尺度研究的合理性和对全球尺度碳氧平衡的重要作用之后，许多科学家基于此理论分别根据固定年份城镇耗氧量、预测人口增长及耗氧量等进行了静态或动态的计算。尹（Yin）等[22]（2010）建立了测算碳氧平衡的模型从而提高了计算准确性。此外，根据供需平衡原理，巴拉利尼（Bagliani）等[23]（2008）将人类社会的生态需求与自然土地的生产供给能力通过生态足迹和生态承载力相结合，来测算城镇的生态基础设施需求。赵丹等[24]（2011）基于生态绿当量的概念，提出了核算城镇生态基础设施合理面积的标准。李锋等[25]（2014）借助最小累积阻力模型，分别基于生态用地源和建设用地源，模拟阻力面，计算了符合常州市生态保护和经济发展需求的适宜生态用地规模。

③安全格局法

安全格局法结合了景观生态学理论和方法，侧重生态过程的识别与保护。优点在于生态功能代表性强，以保证重要生态过程为目标，同时可以确定数量规模与相应空间分布；缺点在于结果表达方式为多层次水平，对于不同水平的描述主观性较大，且阈值确定的合理性、最小累积阻力模型阻力值的高敏感性，都会对结果有较大影响，所以该领域进一步研究的重点是提高过程模拟模型的科学性和划分阈值的合理性。

（3）生态基础设施布局优化与构建

通过总结国内外相关研究发现，生态基础设施格局的优化与构建方法大致可分为三类：属性评价法、多指标优化法和生态过程法。

①属性评价法

属性评价法旨在通过构建评价指标体系（重要性、适宜性、敏感性），进而评价已识别的生态基础设施，明确不同区域的价值排名，并对评价结果高的区域予以保留和保护。该方法的特点是针对已经存在的生态基础设施进行优先保护。例如，佩雷拉（Pereira）等[26]（2011）通过计算移除斑块后对连接概率指数的影响程度来确定斑块的相对重要程度。韦伯（Weber）和沃尔夫（Wolf）[27]（2000）在美国马里兰州构建的绿色基础设施评价模型给出了辨识斑块和廊道的方法，并分别从生态重要性和开发风险性两个角度整合60项指标，构建了科学全面的指标体系，对识别出的斑块和廊道进行重要性排序，还确定了重点保护区域斑块和廊道分别占重要性排序结果的比例。

②多指标优化法

多指标优化法通过构建一系列能体现网络结构优劣的指标或者综合考虑各方面的指标（如斑块平均面积、斑块密度、形状指数、景观破碎度指数、网络闭合度、成本比），并通过设定不同情景对指标进行计算，最后选择符合实际情况且可行性强的优化方案，形态学空间格局分析（Morphological Spatial Pattern Analysis，MSPA）、景观连通性指数、电路理论、最小阻力模型等方法运用较为普遍。[28]戴（Dai）[29]（2011）指出对城镇绿色空间的可达性分析可以辨识出城镇中绿色空间服务水平不足的区域，从而为城镇绿地的优化布局提供科学依据。孔（Kong）等[30]（2010）在建成区中通过重力模型给出了判断斑块间相互作用的距离阈值，之后结合最小成本路径分析（The Least—cost Pathanalysis）和图论（Graph Theory）确定了最优的生态基础设施网络布局。滕（Teng）等[31]（2011）将模拟的工程花费引入最小累积阻力模型并综合考虑多种功能，构建了多目标、多等级的绿道网络布局，大大增强了结果的实用性。

③生态过程法

生态过程法通过综合各种过程模拟模型或构建影响特定生态功能阻力面来判别对这些过程的安全和健康具有关键意义的源和空间联系，确定阈值并划定该功能的适宜安全格局，最后综合多种生态过程得出综合的生态安全格局。在市域尺度上，俞孔坚等[32]（2005）在城市规划中提出的"反规划"思路就是以此为依据，进行不同等级水平的安全格局识别和构建。朱强等[33]（2005）则基于生态过程原理，总结了处于不同生态过程、承担不同生态功能的生态廊道的宽度要求。在建成区尺度上，周（Zhou）等[34]（2011）通过流体力学模型对绿色空间释放氧气的扩散过程进行模拟，结合建成区内建筑密度，计算出了应该增加的绿地面积，并对绿地选点和绿网结构进行了规划。周媛等[35]（2011）综合考虑人口密度、空气污染程度和城市热岛效应强度，利用 GIS 和多目标区位配置模型对沈阳市三环内城市公园进行了优化选址。

综上所述，属性评价法侧重对已有生态基础设施的分级分类和保护，指标选取灵活性和针对性强，评价内容综合性高，但是对于结果的分类分级阈值难以确定，缺乏统一规范，另外计算过程较为繁琐，构建出的具体模型通用性较差；多指标优化法侧重对新规划的生态基础设施的合理性判断，对于景观指数和图论方法已形成了较为统一的固定流程，计算量不大，可为多情景多目标提供决策依据，但是该方法单纯依赖理论指数值，考虑因素较为单一，景观指数值的实际意义也因尺度变化有不同的解释，另外新增的廊道也只有空间位置的确定，并无廊道宽度的确定标准。生态过程法可根据不同尺度选择重要的生态过程分析，灵活性好、针对性强，既有对现有生态基础设施的保护建议，又有对新增生态基础设施的规划建议，还可以对廊道宽度进行指导，但是在构建模型中，模拟面的阻力值需要人为赋值，缺乏统一赋值标准，另外考虑的过程较多则所需的数据收集量较大、计算较复杂，对使用者的综合要求较高。

（4）生态基础设施辨识指标体系与方法

城镇生态基础设施辨识指标的选取要全面综合地考量整个生态系统的各个方面，城镇生态系统一般可分为三大子系统：自然生态系统、自然—人工生态系统和人工生态系统。以生态基础设施对不同变量因子的响应能力强弱为辨识依据，从生物保护、景观安全格局与生态系统服务等相结合的角度上，选取适当的指标因子，经过筛选完成对生态基础设施辨识指标体系的构建。

①自然生态系统

选取地形地貌作为衡量自然生态系统的标志变量，地形地貌通过影响气候与土壤，间接影响着植物的生长与分布、湿地的发育与演变，对人类的活动也起着天然基底的限制作用，与生态基础设施空间分布有着较强的关联。选取高程、坡度、地形起伏度和地形离散度这四个指标来反映地形地貌对生态基础设施的影响。

高程是指超过或低于某参考平面的垂直距离，地貌的高程参考平均海平面来表示。高程越高或者越低的区域往往具备较强的生态系统服务。坡度可以理解为坡上两个点间高度差与其水平距离的比值。地形起伏度指各点的高度差，强调在领域范围内海拔变化的大小。地形离散度表示区域内各点高程与区域平均高程之间的离散程度，具体参照标准差的计算方法。以上变量均是区域宏观性的指标，均与生态基础设施的可能性呈正相关关系，即坡度越陡、地形起伏度越大、地形离散度越大的区域，越可能是生态基础设施的组成部分。

②自然—人工生态系统

选取自然和人类活动共同影响下的地表覆盖来体现区域自然生态系统与人工生态系统的相互作用关系。本书选取植被覆盖度、土地利用类型、地质灾害（缓冲）距离及生物多样性这四个指标来反映地表覆盖对生态基础设施的影响。植被覆盖度反映植被生物量大小，计算一般采用基于像元二分模型的植被指数法，植被生长越繁茂的区域，越有可能成为生态基础设施。土地利用类型代表着区域内不同的用地类型，林地、湿地、湖泊具有较强的生态系统服务，因此成为生态基础设施的可能性很高，农田、坑塘、建设用地、居民地等次之。地质灾害区域往往是区域不可触碰的刚性底线，越是易发生地质灾害的区域成为生态基础设施的可能性就越高。生物多样性越重要的区域，如栖息地、水源地、生物迁徙通道等，越有可能是生态基础设施的重要组成部分。

③人工生态系统

人类活动是人工生态系统特征的标志变量，可用来表达人类改造自然强度的大小。本书选取夜间灯光强度、交通网络密度、人口密度和地表温度指数四个指标反映其对生态基础设施的影响。夜间灯光强度展示地球入夜的城镇灯火分布情况，在一定程度上反映了该区域的工业化和商业化等发展水平。交通网络密度描述的是交通线路的密集程度，反映了道路建设强度。人口密度即单位面积内人口的数量，表示地域人口在该地域范围内的密集程度。地表温度指数的高低反映了热岛效应的强弱。以上四个变量均与构成生态基础设施可能性呈现出负相关性，即夜间灯光强度越弱、交通网络密度越低、人口密度越低、热岛效应越弱的区域，成为生态基础设施的可能性就越大。

综上所述，生态基础设施辨识指标体系见表 5-2，综合不同指标自身的敏感性、不确定性和获取方法的精确程度，表中各级指标的权重通过层次分析法（Analytic Hierarchy Process，AHP）计算。其中人工生态系统的四个指标之间存在相关性，为消除重叠因子对指标权重的影响，引入组合数学中互异代表系理论，以达到消除指标间相关性对结果的干扰。本书提出的生态基础设施辨识指标体系在广州市增城区得到了很好应用，评价结果符合实际。

生态基础设施辨识指标体系　　　　　　　　　　表 5-2

| 一级指标 | 一级指标权重 | 二级指标 | 二级指标权重 | 二级指标在一级指标内部的权重 |
|---|---|---|---|---|
| 自然生态系统 | 0.413 | 高程 | 0.129 | 0.313 |
| | | 坡度 | 0.146 | 0.355 |
| | | 地形起伏度 | 0.069 | 0.166 |
| | | 地形离散度 | 0.069 | 0.166 |
| 自然—人工生态系统 | 0.331 | 植被覆盖度 | 0.134 | 0.405 |
| | | 土地利用类型 | 0.105 | 0.317 |
| | | 地质灾害（缓冲）距离 | 0.033 | 0.100 |
| | | 生物多样性 | 0.059 | 0.178 |
| 人工生态系统 | 0.256 | 夜间灯光强度 | 0.056 | 0.220 |
| | | 交通网络密度 | 0.144 | 0.560 |
| | | 人口密度 | 0.046 | 0.180 |
| | | 地表温度指数 | 0.010 | 0.040 |

（表格来源：本章参考文献 [11]）

### 2. 城镇地表硬化的生态化改造

城镇地表硬化的生态化改造应当针对不同尺度（区域、城镇、小区）地表硬化的特征和作用，从生态规划、生态工程和生态管理等方面出发，采取整合的、全过程的、系统的生态化改造方法。针对已硬化地表和新开发用地，采取预防—减缓—补偿等全过程的生态改造措施。[11]

城镇地表硬化的预防对合理控制和引导不透水地表的发展模式具有重要意义。具体可以通过建立城镇空间规划的可持续发展原则，提高土地资源的利用效率，例如城镇规划前进行生态经济功能分区，划分必须严格进行生态保护的区域和可适当硬化和建设的区域，建立完备的生态控制性详规，在城镇总体规划或分区规划中对"城镇透水地表比例"提出要求和规定等；同时建立完备的城镇地面透水法律、法规、政策和标准等，将不透水地面率作为城镇开发和管控的工具，例如基于社区的总体规划对现状土地和规划土地的不透水地面率进行评估，对新开发社区提出不透水地表比例控规要求，提出城镇雨水利用规划的强制性措施、确定城镇可铺设透水地面的区域，并因地制宜地提出城镇可透水地面种类等方法有效减少新开发的城镇不透水地面的数量。

但无论如何，城镇发展过程中城镇地表硬化和土壤占用是不可避免的，因此，地表硬化负面生态效应的减缓显得尤为重要。已硬化城镇地表的生态改造既包括生态规划和生态设计的科学方法，也包括生态工程的技术措施。同时在生态城镇规划和建设中采取有效的生态工程改造措施，减少地表封闭和硬化，增强下垫面的透水透气性，可以间接增加城镇总体生态基础设施用地面积，提高城镇生态系统服务总体水平。

1）理论基础

海绵城市建设理念对于指导城市城镇地表硬化的生态化改造具有重要意义。"海绵城市"理念是指将城市比作海绵，下雨时吸水、蓄水、渗水、净水，需要时将蓄存的水"释放"并加以利用，提高城镇面对自然灾害和环境变化时的适应力。[36]

在海绵城市的规划设计理念中，强调考虑水的循环利用，统筹将水循环和控制径流污染相结合，而其中最重要的就是增加城镇弹性的"海绵体"。城镇原有的"海绵体"通常包括河、湖及池塘等水系，是天然的蓄水、排水和取水区域。而海绵城市的建设则是在城镇中又新增了下沉式绿地、雨水花园、植草沟渠、植被过滤带和可渗透路面等一系列低影响开发设施，使雨水渗透进这些"海绵体"，进行贮存、净化和循环利用，在提高城镇水资源利用的同时，减轻城镇地表硬化造成的排水压力，降低城镇污水负荷。[37]

2）主要内容与方法

在城镇建设中推广透水性铺装材料，对城镇建筑屋顶、硬质河岸进行绿色化和生态化改造，并建设人工湿地，合理配置雨水花园、下沉式绿地等，能够有效提高城镇土壤蓄水功能，减少洪涝灾害，同时丰富城区园林绿化空间，增强城镇生态系统服务。

（1）透水铺装

透水铺装系统属于"海绵城市"理念下的一种重要的源控制技术，其总体原则是收集、储存、处理雨水径流，进而通过渗透补充地下含水层，可以有效减少洪峰流量、防治城市内涝现象、净化雨水径流污染，同时减轻由不透水地表反射加剧的城市热岛效应。目前，透水铺装系统已被广泛应用于公园、停车场、人行道、广场、轻载道路等领域（图5-4）。[38]

图5-4　透水铺装
(a) 用植草格或孔形混凝土砖进行网格铺装；(b) 孔型砖加碎石；(c) 透水性混凝土铺装；(d) 透水性沥青铺装；(e) 透水砖；(f) 园林废弃物资源化利用透水铺装
（图片来源：部分由作者自摄；部分来自于：海绵城市.最全"透水·铺装"解析[OL].知乎，2019-01-24.）

(a)　　　　　　　(b)　　　　　　　(c)

(d)　　　　　　　(e)　　　　　　　(f)

（2）绿色屋顶

屋面是城市区域不透水下垫面的主要组成部分，在商业区，屋面占城市不透水下垫面总面积的比例高达 40% ～ 50%，[39] 且屋面降雨径流含有大量污染物质，[40] 因此，控制屋面降雨径流污染意义重大。绿色屋顶不仅具有较高的径流持留率，是控制城市屋面降雨径流污染的经济、有效方式，而且能够增加城镇绿地面积，有利于城镇区域固碳释氧、降温增湿。[41] 还有一些研究表明，绿色屋顶也可以为许多物种提供栖息地，[42] 其生态系统功能潜力不可低估。[43]

清华校园中现有三处绿色屋顶（图 5-5），其中人文社科图书馆和环境馆在设计之初就纳入绿色屋顶，建筑馆节能楼屋顶花园属后期建设，仅环境馆绿色屋顶对外开放。[44]

（3）人工湿地

绝大多数人工湿地由五部分组成：①透水性基质；②适于在饱和水与厌氧基质中生长的植物；③水体；④无脊椎或脊椎动物；⑤好氧或厌氧微生物种群。其净水机理主要是利用系统中基质—水生植物—微生物的物理、化学、生物的三重协同作用，通过基质过滤、吸附、沉淀、离子交换、植物吸收和微生物分解来实现对污水的高效净化。[45,46] 去除的污染物范围广泛，包括氮、磷、硫、有机物、微量元素、病原体等。[47]

根据湿地中主要植物形式人工湿地可分为：浮游植物系统、挺水植物系统和沉水植物系统。其中沉水植物系统还处于实验室研究阶段，其主要应用领域在于初级处理和二级处理后的深度处理。浮游植物系统主要用于氮、磷去除和提高传统稳定塘效率。目前一般所指人工湿地系统都是指挺水植物系统。按照工程设计和水体流态的差异，人工湿地污水处理系统可以分为表面流湿地、水

| 绿色屋顶位置 | 人文社科图书馆 | 建筑馆节能楼 | 环境馆2、5、7层 |
|---|---|---|---|
| 绿色屋顶照片 | | | |
| 面积 | 8976m² | 503.5m² | 2350m² |
| 绿色屋顶类型 | 科研—休闲型（暂不开放） | 科研—屋顶农场型 | 休闲游憩型 |
| 使用现状 | 不开放访客，员工定期清理、浇水、检修，供清华大学水利系研究 | 不开放访客，建筑环境系师生共同维护，收获蔬菜分发给各个课题组 | 自由进入，春夏季使用频繁，开展学术讨论、举办晚会 |
| 排水方式 | 屋面内排水 | 屋面外排水 | 屋面内排水 |
| 雨水技术体系 | 气象站 雨水监测技术 滴灌系统 | 屋面二次防水 定时自动浇灌系统 | 自然雨水浇灌 配合滴灌系统 |
| 植物 | 佛甲草、野草 | 韭菜、豆角、西红柿、南瓜、茄子 | 藤本、蕨类 |
| 现状问题 | 无女儿墙，防护高度20cm，有一定安全隐患；植物退化严重；滴灌管渠裸露；道路系统不明确 | 灌溉管渠裸露，浇灌系统较为浪费水，农场产量较低 | 内向排水造成的局部积水问题 |

图 5-5 清华大学绿色屋顶案例
（图片来源：本章参考文献 [44]）

平潜流湿地和垂直流湿地。表面流湿地水位较浅，一般在 0.1 ~ 0.6m，主要是通过植物的拦截作用和根茎附近的生物膜净化污水，优点是投资和运行费用低，缺点是占地面积大、夏天有恶臭和易滋生蚊蝇；垂直流湿地的污水在由表面垂直流向床底的过程中会依次经过不同的介质层，最终达到水质净化目的，占地面积相对较少，在三种类型湿地中对富营养化水体的处理效果最佳，[48] 缺点是容易堵塞；水平潜流湿地是目前应用最广泛的一种，在水平潜流湿地中，污水从基质下面，沿水平流从进水端口到出水端口，其优点是负荷和去除效率高，卫生条件相对好。

人工湿地建设成本（吨污水投资）和运营成本（吨污水处理费）约为传统污水处理厂成本的 1/10 ~ 1/5，从而能够节省大量的资金，经济效益显著。[46] 此外，人工湿地同自然湿地一样，由于栽种有大量的水生植物，所以对环境起到了绿化的功能。成规模的人工湿地不但迅速增加了绿地面积、消除城镇热岛效应，还能为人们提供优美的新型城镇生态景观。北京中关村生命科学园国际公开竞标中，俞孔坚教授设计的方案荣获第一名并中标，该方案的最突出特色就是将人工湿地引入了现代城镇景观设计之中[49]（图 5-6）。

但人工湿地也有以下不足：占地面积大；不精确的设计运行参数；生物和水力复杂性及对重要工艺动力学理解的缺乏；填料堵塞；随着人工湿地使用时间的推移，微生物会逐渐生长在基质上，并进行相关的新陈代谢活动，产生的一些杂质，以及污水中存在的不溶性物质会堵塞基质，从而影响湿地的正常运行，最终导致湿地的使用寿命和净水效率降低，许多人工湿地由于得不到维护而失去正常功能。[50]

我国引进湿地处理系统较晚。首例采用人工湿地处理污水的研究工作开始于 1988—1990 年在北京昌平进行的自由水面人工湿地，[51] 目前国内关于人工湿地的研究进展已经赶超国外，达到领先水平。[50] 成都活水公园是较为系统地展示人工湿地系统处理污水新工艺的以水为主体的环境科学公园。[52] 人工湿地不仅可以净化污水，而且可以实现水的资源化利用，具有经济、社会、环境三重效应。2021 年我国生态环境部组织制定了《人工湿地水质净化技术指南》（环办水体函〔2021〕173 号），用于加强水生态环境保护修复，促进区域再生水循环利用，指导各地作好人工湿地水质净化相关工作。

（4）生态驳岸

迄今为止，全世界大约有 60% 的城市河道经过了人工改造，包括筑坝、筑堤、自然河道渠化等，河道自然功能被破坏，河水污染严重。[53] 生态驳岸是指在确保护岸功能和一定防洪能力的前提下恢复自然河岸"可渗透性"的人工驳岸。[54]

图 5-6　中关村生命科技园

（图片来源：土人设计官网）

城市河道生态修复所受的限制相对较多，受到城市规划、周边用地性质、建筑布局、历史人文等因素制约，许多地方因用地限制等原因很难恢复到接近自然的形态，而必须从更小的尺度和使用特殊构筑物等方法来进行生态修复。这样的措施虽无法恢复河道的自然形态，但同样可以使河道水流达到接近自然的状态，从而对生态有利。通过不同的生态驳岸设计还可以使城市河道改变以往千篇一律的面貌，形成丰富和具有特色的景观，北京转河城市河道生态修复是应用生态驳岸技术的经典案例。

转河全长 3.9km，流域面积 1359km²，是明清时代的皇家水道。在 1975—1982 年间，因种种原因，转河被填埋，其上修建了许多民宅。2002 年为了保护古都水环境风貌，改变市区缺水少绿的局面，改善水体水质，创造旅游通航条件增加一条水生态环境靓线，北京开始了转河整治工程。

转河整治工程一改北京治水的老方法，即顺直河道、加大河宽、疏挖河床、硬化河岸等工程措施，以提高泄洪或供水的安全度，使天然河道的特征几乎丧失殆尽，而是提出了"尊重历史、传统与现代共存；以人为本，提供沟通与交流的平台；恢复生物多样性，回归自然；以亲水为目的，与城市相协调的景观设计；保护水质，扩大水面"五项设计原则，从城镇河流的生态属性和景观属性两大方面对转河进行修复。与传统全混凝土的护岸形式不同，转河的生态治理采用了多种形式的生态护岸，如木桩护岸、仿木桩护岸、卵石缓坡护岸、山石护岸、种植槽护岸等（图 5-7），以上形式护岸的内部存在不同程度的间隙，创造了多孔隙的空间，为各种生物的生存、繁衍提供了可能性。在河岸带、近岸水域、种植槽及河道中种植大量的植物，包括柳树、芦苇、香蒲、莲、茭白等，起到增加河流自净功能、为水生动物及昆虫等提供栖息地、绿化、景观等作用。多种护岸形式富于变化、河道横断面形态丰富，形成了多样的护岸景观和河道空间，亲水游廊、亲水步道、亲水平台的设置也为人们提供了近水的活动空间，增强了人与水的互动（图 5-7）。

（5）雨水花园

雨水花园是指在地势较低区域种植各种灌木、花草以及树木等植物形成浅凹绿地的专类工程设施。主要功能为：通过滞蓄削减洪峰流量、减少雨水外排，保护下游管道、构筑物和水体；利用植物截流、土壤渗滤净化雨水、减少污染；充分利用径流雨量，涵养地下水，也可对处理后的雨水加以收集利用，缓解水资源的短缺；经过合理地设计以及妥善地维护能改善住区环境，为鸟类等动物提供食物和栖息地，达到良好的景观效果。[55、56]

江苏省常州市三江口公园生态修复是一个典型的高品质海绵建设项目。三江口公园位于常州市新北区新龙商务城海绵城市试点区内，范围为澡港河以南，辽河路以北，衡山路以东，澡港河以西，总面积约 25 万 m²。原场地为城镇工业生产后留下的废地，为了将废地重新利用，前期进行了土壤修复，并进

(a)　　　　　　(b)　　　　　　(c)　　　　　　(d)

(e)　　　　　　(f)　　　　　　(g)　　　　　　(h)

行持续的水质监测，通过将其打造成海绵公园，为常州市民提供了一个生态活动的宜人场所，实现了变废为宝。

　　设计初期就定位于高品质的海绵建设示范项目，提出了"一园两题五理念"的建设方针，即以"生态恢复典范、低碳海绵公园"为两大核心主题、"生态修复、净化河道、公共海绵、低碳公园、海绵教育公园"五大理念，建设具有示范性、宣传性、教育性的主题公园。设计团队在三江口公园整个的设计过程中进行了系统全面的方案策划（图5-8），将多元化的海绵元素深度融入景观设计方案中，通过设置多样化的海绵设施，如调蓄湿塘、雨水花园、潜流湿地、旱溪跌水、生态传输沟等生态设施，实现年径流控制率达92%、年径流污染控制率达70%的综合目标，完美打造了融合景观美化、生态修复、降低热岛效应、实现用户感知、宣传普及等多种目标于一体的高品质海绵工程项目的典范。

图5-7 北京转河片生态驳岸设计
(a) 木桩护岸；(b) 仿木桩护岸；(c) 山石护岸；(d) 种植槽护岸；(e) 大块石堆砌护岸；(f) 藤本植物绿化挡土墙；(g) 沿河栽植柳树；(h) 河岸灌木
（图片来源：付江波.北京转河生态修复环境，2018-05-24.）

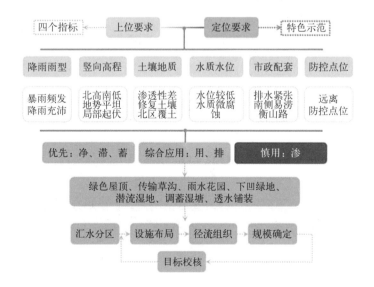

图5-8 常州市三江口公园生态修复项目
（图片来源：改绘自：启迪设计集团.生态修复丨常州三江口公园高品质海绵建设项目[OL].搜狐，2020-11-06.）

图 5-9 常州市三江口公园生态修复项目：调蓄湿塘（左上图）
（图片来源：启迪设计集团.生态修复|常州三江口公园高品质海绵建设项目[OL].搜狐，2020-11-06.）
图 5-10 常州市三江口公园生态修复项目：雨水花园（右上图）
（图片来源：启迪设计集团.生态修复|常州三江口公园高品质海绵建设项目[OL].搜狐，2020-11-06.）
图 5-11 常州市三江口公园生态修复项目：生态停车场（左下图）
（图片来源：启迪设计集团.生态修复|常州三江口公园高品质海绵建设项目[OL].搜狐，2020-11-06.）
图 5-12 常州市三江口公园生态修复项目：科普教育展示（右下图）
（图片来源：启迪设计集团.生态修复|常州三江口公园高品质海绵建设项目[OL].搜狐，2020-11-06.）

公园调蓄湿塘利用原场地池塘改造而成，作为场地中海绵设施净、滞、蓄的主要措施。分区内的雨水除就地采用分散式调蓄设施（雨水花园、下凹式绿地、潜流湿地）调蓄外，多余雨水均通过生态传输设施进入调蓄湿塘（图 5-9）。

公园共设置了 18 处雨水花园（图 5-10），作为雨水分散调蓄的主要海绵措施。利用地形中较低区域挖掘绿地，用于汇聚并吸收来自周边绿地的雨水。通过植物、沙土的综合作用使雨水得到净化，并使之逐渐渗入土壤消纳。

停车场周边设置植草沟、雨水花园，将场地雨水就地流入草沟，汇入雨水花园进行调蓄消纳，代替了传统的灰色雨水排水口（图 5-11、图 5-12）。

### 3. 城镇立面空间生态化改造

随着城镇化的推进，城镇人口增长，城镇二维水平空间已不足以满足居民对土地资源利用的需求，作为化解城镇空间资源相对短缺的有效途径——三维空间和地下空间利用逐渐受到重视，城镇立面空间生态化改造，有助于提升城镇生态空间容量。

1）理论基础

"绿量"是指导城镇立面空间生态化改造的重要理念。20 世纪 80 年代，我国学者为弥补现行绿化评价指标的不足，提出"绿量"概念，来描述空间结构中的绿化数量。[57] 目前多数城镇已经进入存量发展阶段，以绿量为切入点，

可以为正确构建修复框架，为实现城镇的可持续发展提供新的思路。[58~61]

从目前的发展现状来看，有关绿量的研究主要集中在基于立体空间的"三维绿量"概念和基于心理感知的绿量研究。

（1）三维绿量

三维绿量（Living Vegetation Volume，LVV），简称"绿量"，又称为"三维绿色生物量""绿化三维量"，是指所有生长中植物茎叶所占据的空间体积，单位一般用立方米表示。[62] 三维绿量的概念是从生态学能量转换利用与植物茎叶生理功能关系这一基点出发的，通过对茎叶体积的计算，来揭示植物绿色三维体积与植物生态功能水平的相关性，进而说明植物体本身乃至植物群落的生态功能和环境效益，[63~65] 三维绿量是城镇绿化指标体系的第一立体指标，能够准确地描述绿化的空间结构和定量研究绿化与环境的相关关系。[57] 三维绿量研究的两个代表性指标为叶面积指数和绿色容积率。

叶面积指数（Leaf Area Index，LAI）指每单位土地上植物所有单面叶面积总和。植物为人类带来的益处大多源自植物的新陈代谢过程，这些过程包括光合作用、蒸腾作用、呼吸作用，以及从空气和土壤中摄入矿物质，植物进行这些过程的程度与绿色物质的量直接相关，这些物质通常都存在于植物的叶片中。[62] 叶面积指数可被用于监测自然生态系统的生态健康状况以及对植物的新陈代谢过程进行数学模拟和预测。就目前而言，关于"绿量"的概念，国内外大多侧重于用叶面积指数来表示绿量的含义，从这个角度出发研究的绿量也能够很好地反映场地所能发挥的生态效益大小。

绿色容积率（Green Plot Ratio，GPR）的概念是通过结合叶面积指数和建筑容积率（Building Plot Ratio，BPR）发展而来的，表示一个地块面积与所有植物的单面叶面积总和之比。[66] 由于绿色容积率与建筑容积率概念相似，规划、设计和决策人员容易理解和接受，在城镇和居住区规划与设计中便于操作和实现。李锋等[17]（2004）在对北京市绿色空间生态概念规划研究中提出以绿色容积率作为生态控制指标（表5-3），强调北京市区要想在人口继续增长的前提下达到国际高标准的绿化水平，单纯靠增加绿地面积是非常困难的，必须在外围依靠农田和在城区依靠屋顶、垂直绿化等，提高绿色容积率来保证绿色空间对城镇居民的生态服务功能。

几种植被类型的绿色容积率（GPR）　　　　　　　　　　表5-3

| 植被类型 | 绿色容积率 |
| --- | --- |
| 草坪 | 1 |
| 花园或小灌木 | 3 |
| 农田作物 | 4 |
| 以乔木为主的高密度植物群落 | 6 |
| 湿地 | 6 |

（表格来源：本章参考文献[66]）

（2）心理感知绿量

绿色环境会对人的心理变化产生一定影响。城镇空间绿量由物理绿量和心理绿量两个部分共同组成，物理绿量是指街道步行空间中实体存在的绿化数量，心理绿量则主要是指人们通过视觉从外界环境中所感知到的所处场所绿量信息，是空间物理实体绿量对人心理所造成的影响。[67]

迄今为止，日本学者对心理感知绿量的研究最为深入。1987年日本学者青木阳二从行为心理学和环境心理学的角度出发，并综合考虑人对环境的感知提出了绿视率指标，一般是指在常人视野内自然山水、植被等绿色景象所占视野面积的比率。2005年，日本发布的一项社会调查结果显示，高绿视率环境可以给人带来安静、湿润和清爽感，能带动周边的商业气氛，起到聚集人流的作用，与此同时，官方文件首次认可绿视率高于25%能给市民绿化较好的感受，因此绿视率在25%以上成为许多城镇绿化建设的目标。[67、68]

绿视率的提出为城镇空间环境绿化建设的衡量和设计指出了一条全新的思路，同时也体现出了城镇建设过程中"以人为本"的关键原则，该理论目前也已被多数国家所认可。对于高密度城镇的宜居空间发展，绿视率作为补偿指标的政策在日本已被广泛接受。我国的城镇规划建设可加以借鉴，在进行紧凑型城镇建设的同时兼顾城镇绿色空间的可持续发展。

2）主要内容与方法

城镇立面空间生态化改造与修复内容主要涵盖以立体绿化为主的城区绿色空间拓展以及城镇受损或裸露立面修复两方面的内容。

（1）立体绿化

立体绿化充分利用不同的立地条件，选择攀缘植物或其他植物栽植并依附于各种构筑物及其他空间结构（包括立交桥、建筑墙面、门庭、花架、棚架、阳台、廊、柱、栅栏、枯树及各种假山与建筑设施）上，具有占地少，见效快，绿视率高的优点。尤其是在建筑密度大，人口集中，车辆交通繁忙，可用于绿化的空间很小的情况下，发展立体绿化，可以大大增加绿量，提高环境的整体绿化水平，如墙面绿化。据研究，4~5层高的建筑物占地面积与它的墙面面积之比可以达到1：2。[11]因此墙面可以成为现代城镇绿化极具开发潜力的绿化载体（图5-13）。

（2）边坡生态修复

边坡在公路、铁路、水利、矿山等城镇生态保护与修复工程中十分常见。目前常见的边坡修复技术包括植生带、纤维毯等毯垫技术，植生袋、生态袋等

图5-13　建筑立面绿化
（图片来源：十个案例带你感受绿色建筑的魅力[OL].搜狐，2018-09-20.）

枕袋技术，挂网等辅助固土技术以及厚层基材、客土、液压等喷播技术。[69~71]

华北第一高陡边坡——京礼高速延崇段九级边坡，受京礼高速（延崇段）建设过程中边坡开挖的影响，山体破坏严重。生态修复过程中首先用框架梁对九级边坡进行加固，采用喷播等技术播种植物，对山体进行"复绿"。喷播过程中土壤混合配比经过了严格的人工模拟降雨实验，筛选出了抗冲刷性强、稳定性高的土壤配比，播种植物的选择结合自然保护区周边的植被情况，选用一系列本土植物，还原原有植被层群落，在修复中所用的穴栽苗，全部是土建开山前该区域原生苗木，进行采集并加以托插培育，再移植回原处，减少外来植物对当地生态群落造成的入侵与危害。同时，支撑边坡植物养护的还有一套智能化雨水收集利用系统，可以收集桥面、路面雨水，经过净化后的储藏水还可用于枯水期高速沿线绿地浇灌，实现雨水的生态循环利用（图5-14）。

**4. 城镇复合生态修复与综合治理**

在新型城镇化建设的今天，我国的城镇发展已经进入到城镇更新的重要阶段，即大规模增量建设转为存量提质改造和增量结构调整并重的阶段。城镇复合生态系统修复不局限于基础设施和公共设施等环境的改善，还包括对历史文化、城镇风貌、产业结构等方面的优化和提升。生态基础设施视角下的城镇复合生态系统修复需要用综合性、整体性的观念和方法审视城镇中生态基础设施与灰色基础设施之间的关系，对城镇的功能和空间进行有机修复和可持续治理，实现城镇整体空间结构的优化、功能完善、品质提升和文化传承，进而推动经济、社会、环境的协调发展，满足人民美好生活的需要。

1）理论基础

城镇土地集约利用、土地复合开发和城镇有机更新理论是城镇复合生态修复与综合治理的重要指导。

（1）土地集约利用

土地集约利用的概念是从农业土地集约利用借鉴过来的，但由于城镇土地利用有自身的特殊性，迄今为止，中外学者对于城镇土地集约利用的概念和

图5-14 修复的九级边坡与周围山体融为一体（图片来源：北京头条."复原山体"实现生态修复 京礼高速延崇段九级边坡亮相[OL].新浪网，2021-08-12.)

内涵尚未达成共识，总体来看，城镇土地集约利用的内容主要包括以下几个方面：

①盘活城镇存量土地，挖掘城镇用地潜力；[72]

②优化土地利用结构，合理配置城镇土地，确保土地布局合理；[73]

③在土地布局合理的基础之上，提高土地的经营管理水平，在现有技术经济水平许可的条件下，尽可能提高土地的使用强度和效率。[74、75]

（2）土地复合开发

土地复合开发广义上是指将区域内的不同功能在同一空间中进行系统性整合，实现广域上的功能复合；狭义上是指同一用地上具有多种使用性质，不同功能之间可以通过水平或竖向空间进行串联，体现为土地混合利用。主要包括地上空间拓展、地下空间挖掘和地面功能混合三种形式。[76]

（3）城镇有机更新

"有机更新"理论是在对中西方城镇发展历史和城镇规划理论的充分认识基础上，吴良镛教授再结合北京的实际情况，对北京旧城和我国其他城镇规划建设长期研究的基础上首先提出的。[77]

2）主要内容

（1）旧城历史文化保护与有机更新

旧城更新是一项繁琐而浩大的工程，涉及历史、文化、经济、环境等诸多方面，如果没有慎重全面的研究，很容易对城镇造成不可估量和无法挽回的巨大损失。旧城历史文化保护与有机更新策略是改造和保护的有机协调，其内涵主要包括延续当地文脉、注重物质空间形态、功能适度混合、重点放在城镇衰败地区、以公共空间环境带动整个地区的更新、注重社会结构形态等几个方面。[78、79]

（2）城镇废弃地生态修复与景观再造

城镇废弃地产生的主要原因包括能源和资源开采、城镇和工业的发展以及人类废弃物的处置不当等。主要包括矿区废弃地，工业废弃地和垃圾处理厂废弃地等。[80]

城镇废弃地生态修复要考虑的核心问题有两个：一个是如何对被破坏的生态系统进行修复和重建，恢复废弃地生态系统结构和功能；另一个是如何变废为宝，在继承其既有的文化属性和不破坏闲置期所形成的生物多样性、生态平衡的情况下，形成新的、有承载力的结构，承受区域居民休闲需求压力，拓展其多功能价值。

一般来说，城镇废弃地的再利用方式主要有景观旅游用地、居住或商业用地、新型都市工业用地、农业用地等类型。越来越多的城镇废弃地通过生态修复和景观再造转化成为城镇公共景观空间。景观再造模式不仅关注生态修复和景观风貌的再生，还重视历史文化和场地精神，使场地的历史、记忆、土地感知得以再生并传承，是一种重要的自然—经济—社会复合生态修复途径。[8]

（3）邻避类公共设施生态改造

邻避设施是指那些带来的利益由区域内的广大居民共享，产生的负外部效应却主要由周边紧邻的居民承担的公共服务设施，主要包括垃圾填埋场、焚烧发电厂和污水处理厂等。邻避设施尽管具有"成本—收益"分布不均衡的特性，但其本质上是一种公共物品，这些设施均具有显著的正外部性，是城镇发展不可或缺的重要设施。中国已经进入到邻避治理的新阶段，目前公共价值治理正在成为邻避治理新阶段的新方式，并嵌入到城镇更新过程中，该治理方式重点关注公众偏好和人民福祉。[81] 从治理的技术层面来看，土地复合开发方式，对于消除邻避效应、实现城镇布局紧凑集约至关重要。如重庆市唐家桥污水处理厂改扩建工程（图5-15）。[76]

（4）乡村全域土地综合整治与生态修复

土地资源是乡村振兴的重要基石和平台。[82] 近二三十年来的快速城镇化与农业现代化在推动乡村经济迅猛发展的同时，也为乡村地区带来一系列的土地与空间问题，具体表现为资源利用低效化、农民建房随意化、乡村土地碎片化、生态空间质量退化等，从而引发一系列的环境污染问题。[82、83]

村庄整治和村庄空间布局优化是改善乡村人居环境的重要策略。在城镇化进程中，乡村土地矛盾日益凸显，单一的土地整治已不能应对乡村发展问题，城乡融合、城乡一体化发展促使土地整治向全域土地综合整治转变。[84] 在国土空间规划的要求与指引下，全域土地综合整治是破解土地整治模式约束、协调人地关系、整合乡村土地资源、统筹乡村土地利用布局、提高土地利用效率、贯彻生态文明建设思想和实施乡村振兴战略的重要手段。2020年中央一号文件提出"开展乡村全域土地综合整治试点，优化农村生产、生活、生态空间布局"。

乡村全域土地综合整治与生态修复即通过综合性的整治手段，对全区域、全类型、全要素的区域土地进行内涵与外延整治与修复。[85] 从整治范围上来说，以乡镇为基本单元，统筹规划乡村整治活动，实现区域土地全覆盖；从整

图5-15 唐家桥污水处理厂改扩建工程鸟瞰图（图片来源：本章参考文献[76]）

治内容上来说，强调乡村"水、田、林、路、村"等全要素整治；从整治思路上来说，注重内涵整治与外延整治结合，通过提升耕地质量、盘活乡村土地、生态保护、农旅融合、产业激活等方式进行；[86]从整治目标上来说，包括提高耕地质量、优化用地布局、实施生态保护，提升人居环境品质、实现三产融合发展。

国内浙江省在乡村全域土地综合整治与生态修复方面做了比较多的工作，[82]如通过推进零星地块整并和空间置换腾挪，有效提高了耕地连片度和建设用地利用效率，乡村用地结构和空间格局得到进一步优化，产业融合发展和城乡统筹发展用地需求得到进一步保障。

浙江省已启动实施的150个工程项目区内共整并零星耕地1598块、复垦零星建设用地1329块，新增万亩方、千亩方、百亩方的集中连片耕地超过2000处，盘活农村闲置存量建设用地1.68万亩（约1120hm²），安排农民建房用地1万亩（约666.67hm²），解决配套基础设施、公共设施用地、农村新产业新业态用地1万亩（约666.67hm²）。同时，统筹推进"山水林田湖草沙"整体保护、系统修复、综合治理，把生态文明建设理念贯穿始终。项目区内实施各类生态环境整治修复工程的面积达8.32万亩（约5546.67hm²），新建美丽清洁田园6.39万亩（约4260hm²），森林、绿色矿山等生态空间进一步增加，农村人居环境质量得到明显改善（图5-16）。

图5-16 浙江省乡村全域土地综合整治与生态修复
（图片来源：浙江省人民政府. 乡村全域土地综合整治与生态修复[OL]. 浙江政务服务网.）

# 5.3 城镇生态修复典型案例

## 5.3.1 上海辰山植物园矿坑花园

上海辰山植物园矿坑花园是我国城镇废弃地生态修复与景观再造的经典案例，[86, 87]本项目研究和设计由清华大学建筑学院朱育帆教授主持。辰山采石坑属人工采矿遗迹，由于 20 世纪以来的采石活动，南坡半座山头已被削去，采石工业剥离表层植被，剧烈改变地形，造成水土流失、景观破坏和生境破碎化。为保护矿山遗迹，加快生态修复，美化环境，结合上海辰山植物园的建设，这里被批准建设成为一个精致的、有特色的修复式花园。

矿坑花园总体面积为 4.3hm$^2$ 左右，由高度不同的四层级构成：山体、台地、平台、深潭。其中，山体表面较平整无层次且风化相对严重，无明显纹理和凸凹，无裂纹，立面有直开的矩形通风口，显突兀。台地上植被茂盛，靠近岩壁的位置现状留有洞库的出入口 6 个；平台部分为采石留下的断面，地势较平，边缘地区有生长良好的水杉林；深潭面积在 1hm$^2$ 左右，与平台层高差约52m，潭水清澈，由自然形成的岛屿和植被带来一丝生机（图 5-17）。

设计项目主要面临三大挑战：修复严重退化的生态环境，场地内植被稀少，物种贫乏，岩石风化，水土流失严重；充分挖掘和有效利用矿坑遗址的景观价值；重新建立矿坑和人们之间的恰当联系。

设计者选择了同时用"加减法"应对采石矿坑特殊形态的生态修复设计原则：采取"加法"策略通过地形重塑和增加植被来构建新的生物群落。针对裸露的山体崖壁，设计者没有采取常规的包裹方法，而是尊重崖壁景观的真实性，在出于安全考虑的有效避让前提下，采取了最小干预的"减法"策略，使崖壁在雨水、阳光等自然条件下进行自我修复（图 5-18）。对于存留的台地边缘挡土墙，设计者用带有工业印记的锈钢板材料，对其进行包裹，形成有节奏变化和光影韵律的景观界面（图 5-19）。

在生态修复与文化重塑方面，该项目在中国山水画和古典文学的审美启示下，采取现代设计手法重新诠释了东方自然山水文化以及中国的乌托邦

图 5-17　辰山矿坑平台迹地全景

（图片来源：本章参考文献 [87]）

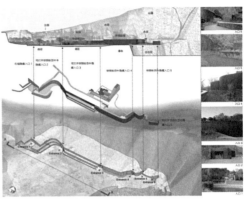

图 5-18  辰山矿坑花园
总平面图及剖面图
（图片来源：本章参考文
献 [87、88]）

图 5-19  辰山矿坑花园
锈钢板挡土墙
（图片来源：本章参考文
献 [87]）

思想。不同于西方"静观"的欣赏方式，东方传统更强调可观、可游的"进入"式山水体验。设计师在平台处设置一处"镜湖"，倒映山体优美的曲线，从四周都可以观看，增大了观景视域。为了改造山体稍显枯燥的立面，倚山而建一个水塔，有效地调整了其节奏，并有泉水从山中流出，增加生趣。对应水塔，在镜湖另一侧坡地顶端设置望花台，可以在镜湖的水光中看一年四季山景变幻（图 5-20）。

同时，在东侧山壁之上，开辟出一条山瀑，水从山顶一泻而下，与岩石撞击时带来美妙的水流声。呼应山瀑，援引中国古代"桃花源"的意境，顺序设置钢筒（利用悬崖的危险之势，模仿采石时的爆破之态，以倾倒之态势将游人引入栈道）——栈道（在行走之际观赏采石留下的山石皱纹，耳畔是山瀑的声响）——一线天（从采石残留的卷扬机坡道上开辟而来）这条惊险的游线，通过蜿蜒的浮桥进入山洞，穿过隧道便来到世外花园（图 5-21）。这条游览路

图 5-20  辰山矿坑花园
全景图
（图片来源：本章参考文
献 [88]）

图 5-21 辰山矿坑花园栈道和瀑布
(图片来源：本章参考文献 [88])

线，既精彩刺激又宁静怡人，各种自然之态均含纳其中。通过极尽可能的连接方式，场地潜力得到了充分表现。一处危险的、不可达的废弃地已经转变为使人们亲近自然山水、体验采石工业文化的充满吸引力的游览胜地。

整个景观改造过程中将智慧的设计与高效的技术相结合，基于三维激光扫描仪的大场景数字化技术、雷达勘测技术，以及精细化建模技术保证了设计与场地的高度匹配，三维度空间曲线体制作安装、金属构筑物精细加工、超长曲线浮力体系、小当量爆破技术及隧道洞穴挖掘技术，这些精控的施工技术保障了方案的实现。技术推动人对自然的认知能力和实践能力的提高，助力废弃地生态修复进程（图 5-22）。

## 5.3.2 北京市生态基础设施系统修复

### 1. 项目区概况

北京位于太行山、燕山和华北平原的结合部，属于暖温带半湿润半干旱季风气候；年平均降雨量 483.9mm，平均海拔 43.5m。西部为西山属太行山脉，北部和东北部为军都山属燕山山脉。太行山脉地带性植被为暖温带落叶阔叶林并间有温性针叶林，燕山山脉地带性植被为落叶阔叶林并混生暖性针叶油松林。

图 5-22 三维激光扫描仪大场景数字化技术、雷达勘测技术用于"一线天"位置确认及隧道走向安全性保证
(图片来源：本章参考文献 [87])

**2. 北京市生态网络格局识别及质量综合评价**

1）生态基础设施网络识别和构建

以生态红线核心区范围（包括自然保护区和饮用水水源保护区）作为全市最重要的生态源地。以平原区重要城镇绿地（面积>1km²）和集中连片农田作为重要补充。

结合北京市现状生态空间格局和重要河流，提取生态廊道，与生态源地构成生态基础设施网络体系。

（1）生态源地识别结果

筛选出生态源地50个（图5-23），其中18个自然保护地和重要水源区组团，总面积2903km²；29个重要城镇绿地组团，总面积489km²；3个集中连片农田区域，总面积598km²。

图5-23 生态源地示意图
（图片来源：作者自绘）

（2）生态基础设施网络体系识别与构建结果

提取重要廊道7组（图5-24），总长1293km。包括永定河生态廊道232km，官厅水库—清河—温榆河—北运河生态廊道202km，四座楼—丫髻山—泃河生态廊道93km，密云水库—潮白河生态廊道161km，京密引水渠—永定河引水渠生态廊道190km，燕山生态廊道（松山—玉渡山—喇嘛沟门—大滩—密云水库—雾灵山）184km，城区绿化隔离带353km。

2）生态基础设施质量评价

（1）评价方法

采用层次分析法赋值。以土地利用类型为基础，以生态系统质量为主要评价依据，衔接森林、湿地等质量评价结果。

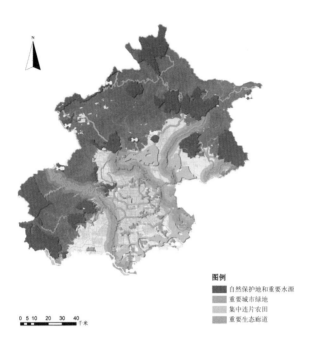

图例
■ 自然保护地和重要水源
■ 重要城市绿地
□ 集中连片农田
□ 重要生态廊道

0 5 10  20  30  40  千米

图 5-24　生态基础设施
网络体系示意图
（图片来源：作者自绘）

　　根据具体土地利用类型、斑块面积等因素，确定城镇绿地、农用地、其他用地的质量分级和分数体系。此外，此评价体系中采用阻力值赋分，分值越低代表生态质量越高。评价指标见表 5-4。

生态系统质量综合评价体系　　　　　　　　　　　表 5-4

| 分类 | 权重 | 分级 / 得分 | 分类 | 权重 | 分级 / 得分 |  |
|---|---|---|---|---|---|---|
|  |  | 1 | 2 | 3 | 4 |  |
| 森林 | 0.05 | 优 | 良 | 中 | 差 |  |
| 湿地 | 0.05 | 优 | 良 | 中 | 差 |  |
| 农用地 | 0.25 | 果园、其他园地 | 水浇地、水田、旱地 | — | 农用设施用地 |  |
| 城镇绿地 | 0.2 | 大于 100hm² | 20～100hm² | 4～20hm² | 小于 4hm² |  |
| 其他用地 | 0.45 | — | 广场用地、人工牧草地、其他草地、特殊用地 | 公路用地、农用道路、城镇村道路用地、采矿用地、养殖坑塘、裸岩石砾地、裸土地、铁路用地 | 交通服务场站用地、公用设施用地、农村宅基地、城镇住宅用地、工业用地、机场用地、物流仓储用地、交通轨道用地、高教用地、商业服务业设施用地、机关团体新闻出版用地、科教文卫用地、管道运输用地 |  |

（表格来源：作者自绘）

（2）综合评价结果

　　如图 5-25 所示，低质量地区主要位于中心城，高质量地区与生态源地选择范围基本符合，潮白河、温榆河、永定河等大型河流廊道评级均较高，符合实际。

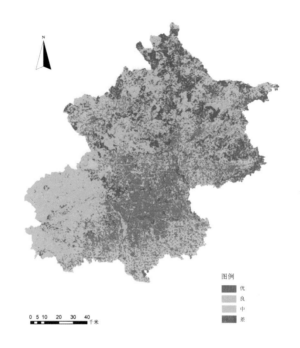

图 5-25　生态系统质量
综合评价结果
（图片来源：作者自绘）

图例
优
良
中
差

0 5 10　20　30　40
千米

　　将北京市生态质量综合评价结果，与生态基础设施网络体系叠加分析，得
出廊道、源地和整个生态网络体系的生态质量等级情况，如图 5-26，表 5-5
所示。

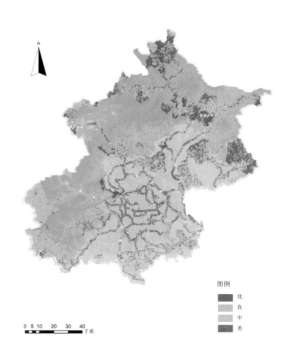

图 5-26　生态基础设施
网络体系的生态质量等
级情况示意图
（图片来源：作者自绘）

图例
优
良
中
差

0 5 10　20　30　40
千米

　　由图表可见：①生态廊道质量总体低于生态源地质量；②生态网络质量
评级为良占比最大；③生态网络质量为优的区域主要分布于北部燕山廊道区

域；④生态网络质量为良的区域集中分布于西南门头沟、房山一带；⑤生态
网络质量为中和差的区域主要分布于平原区和中心城区。

生态基础设施网络体系的生态质量等级情况　　　　　　表 5-5

| 类型 | 生态质量等级面积（km²） | | | | 生态质量等级占比（%） | | | |
|---|---|---|---|---|---|---|---|---|
| | 优 | 良 | 中 | 差 | 优 | 良 | 中 | 差 |
| 生态廊道 | 154 | 407 | 347 | 390 | 12 | 31 | 27 | 30 |
| 生态源地 | 983 | 1708 | 783 | 360 | 26 | 45 | 20 | 9 |
| 生态网络 | 1138 | 2115 | 1131 | 750 | 22 | 41 | 22 | 15 |

（表格来源：作者自绘）

（3）生态源地质量评价结果

如图 5-27，表 5-6 所示，生态源地总面积 3990km²，优、良、中、差分
别占比为 26%、45%、20%，9%。自然保护区和水源地以优和良为主，中和
差占比低，仅为 13% 和 4%；重要城镇绿地优占比较低，仅为 10%；集中连片
农田优占比较低，仅为 5%。

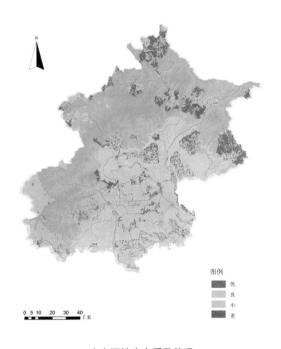

图 5-27　生态源地生态
质量状况示意图
（图片来源：作者自绘）

图例
　优
　良
　中
　差

0 5 10 20 30 40 千米

生态源地生态质量状况　　　　　　表 5-6

| 类型 | 生态质量等级面积（km²） | | | | 生态质量等级占比（%） | | | |
|---|---|---|---|---|---|---|---|---|
| | 优 | 良 | 中 | 差 | 优 | 良 | 中 | 差 |
| 自然保护区和水源地 | 922 | 1431 | 373 | 101 | 33 | 50 | 13 | 4 |
| 重要城镇绿地 | 46 | 174 | 126 | 126 | 10 | 36 | 27 | 27 |
| 集中连片农田 | 31 | 138 | 289 | 136 | 5 | 23 | 49 | 23 |

（表格来源：作者自绘）

（4）生态廊道质量评价结果

生态廊道总长度1293km。廊道生态质量等级优、良、中、差分别占比为12%、31%、27%、30%，如图5-28，表5-7所示。

图 5-28　生态廊道质量
状况示意图
（图片来源：作者自绘）

图例
■ 优
■ 良
■ 中
■ 差

0 5 10　20　30　40
千米

生态廊道质量在空间上有明显的差异分布，主要表现为西山和燕山山区生态质量较高，平原区和中心城质量较差。

北京市生态廊道生态质量等级　　　　　　　　　　表5-7

| 编号 | 廊道 | 生态质量等级面积（km²） | | | | 生态质量等级占比（%） | | | |
|---|---|---|---|---|---|---|---|---|---|
| | | 优 | 良 | 中 | 差 | 优 | 良 | 中 | 差 |
| 1 | 永定河廊道 | 13 | 164 | 33 | 33 | 5 | 68 | 14 | 13 |
| 2 | 官厅水库—清河—温榆河—北运河生态廊道 | 23 | 52 | 45 | 51 | 14 | 30 | 26 | 30 |
| 3 | 四座楼—丫髻山—泃河生态廊道 | 16 | 10 | 62 | 20 | 15 | 9 | 57 | 19 |
| 4 | 密云水库—潮白河生态廊道 | 28 | 32 | 53 | 44 | 18 | 20 | 34 | 28 |
| 5 | 京密引水渠—永定河引水渠生态廊道 | 18 | 53 | 71 | 82 | 8 | 23 | 32 | 37 |
| 6 | 燕山生态廊道（松山—玉渡山—喇嘛沟门—大滩—密云水库—雾灵山） | 75 | 88 | 54 | 10 | 33 | 38 | 24 | 5 |
| 7 | 城区绿化隔离带 | 25 | 66 | 76 | 211 | 7 | 17 | 20 | 56 |

（表格来源：作者自绘）

不同生态廊道中：①永定河廊道以良为主，优、中、差均较少，差主要分布于平原区；②官厅水库廊道差占比较高，主要分布在城区清河、温榆河、北运河区域；③四座楼廊道中和差占比较高，总体质量差，主要分布于平谷城区；④密云水库廊道中和差主要分布于平原区潮白河沿线；⑤京密引水渠廊道总体质量不佳，优占比较低，中心城区段质量最低；⑥燕山生态廊道总体质量较高，差占比低；⑦城区绿化隔离带总体质量差，优占比低，差占比过高。

3）实地勘察

实地踏勘了温榆河和永定河河道，两大生态廊道河道范围内均存在经营占用和空间重叠等问题。其中，温榆河踏勘范围内分布有 9 个高尔夫球场，而且 2 个（面积 1.29km²）位于温榆河规划水域范围内。永定河河道踏勘范围内分布有 7 个高尔夫球场，面积 11.71km²，均处在规划水域淹没的范围内，同时永定河滩上还有大面积的林地，面积 14.03km²。踏勘范围永定河河滩面积 55.77km²，高尔夫球场和林地占 47.9%。

空间重叠问题主要体现在水域和平原造林区域的空间重叠、水域和基本农田的空间重叠、基本农田和平原造林的空间重叠。

4）其他生态环境问题

（1）农业面源污染

密云水库、怀柔水库、京密引水渠、官厅水库、白河堡水库等保护区范围内有农业种植约 6.9 万亩（约 4600 万 hm²）。

（2）生活面源污染

密云水库一级保护区内有 3.12 万人，怀柔水库一级保护区内有 0.61 万人，永定河山峡段一级保护区内有 1.2 万人，京密引水渠一级保护区内有 0.25 万人，存在生活面源污染问题。

**3. 生态基础设施保护修复对策**

1）不同生态廊道保护修复指引

（1）永定河廊道

目标定位：加强生态保育、加强社会—经济—自然复合生态系统修复，提升重要生态文化走廊品质。

生态质量状况：优、良、中、差四个等级占比分别为 5%、68%、14%、13%，等级差的部分面积有 33km²，主要分布在永定河城区段。

重要节点：南石洋大峡谷森林公园、百花山—二帝山—小龙门组团、天门山—千灵山组团、蒲洼—十渡—拒马河组团、永定河湿地公园、青龙湖郊野公园、永定河郊野公园组团、清源公园—念坛公园组团、农耕文化公园、西麻森林公园。

问题：水土流失、森林质量不高、人为干扰强烈。

对策：加强山地森林保育，恢复高质量森林群落；强化小流域综合治理，加强水土流失和矿山治理，加强河谷生态环境管控，减少人为干扰。加强永定河平原区段管理，增强滨河绿地的连续性和质量。

（2）官厅水库—清河—温榆河—北运河生态廊道

目标定位：提升河流廊道生态质量，贯通滨水绿色空间，构建城区蓝绿交织的廊道空间。

生态质量状况：优、良、中、差四个等级占比分别为14%、30%、26%、30%，等级差的部分面积有51km²，主要分布在延庆城区、清河、温榆河城区段。

重要节点：官厅水库、蟒山森林公园、滨河森林公园、沙河湿地公园、温榆河湿地公园组团、朝阳公园、将府公园、黑桥创艺公园组团、温榆河公园、东郊森林公园组团、平房森林公园、金盏森林公园组团、运河公园组团、大运河森林公园。

问题：廊道贯穿人口密集区域，人为干扰强烈，生境人工化严重。

对策：提升河流和绿地自然度，改善水质。

（3）四座楼—丫髻山—泃河生态廊道

目标定位：提升泃河上游水源涵养和水质净化能力，提升平原河流的生态功能。

生态质量状况：优、良、中、差四个等级占比分别为15%、9%、57%、19%，等级差的部分面积有20km²，主要分布在平谷城区。

重要节点：丫髻山—唐指山组团、四座楼—黄松峪组团。

问题：生态廊道周边多为居民点和农田，人为干扰和农业影响强烈。

对策：加强农业面源污染防控，提升河道两侧的绿化缓冲带宽度。

（4）密云水库—潮白河生态廊道

目标定位：提升上游水源涵养能力，提升城镇副中心生态环境质量，构建蓝绿交织、人与自然和谐共生的生态廊道。

生态质量状况：优、良、中、差四个等级占比分别为18%、20%、34%、28%，等级差的部分面积有44km²，主要分布在顺义城区和农田区域。

重要节点：密云水库—云峰山组团、怀柔水库、丫髻山—唐指山组团、汉石桥湿地、顺义新城滨河森林公园、通燕公园、潮白河公园组团，以及顺义集中连片农田区域。

问题：生态廊道周边多为居民点和农田，潮白河下游为人口密集区域，整体人工化程度较高，人为干扰和农业影响强烈。

对策：加强河道和绿地自然化提升，加强高标准农田建设，减少面源污染。

（5）京密引水渠—永定河引水渠生态廊道

目标定位：严格水源地和输水渠道生态保护，为首都饮用水安全构建生态基础。

生态质量状况：优、良、中、差四个等级占比分别为 8%、23%、32%、37%，等级差的部分面积有 82km²，主要分布在顺义、怀柔农田区域以及中心城区输水线路沿线。

重要节点：密云水库—云峰山组团、怀柔水库、白虎涧—凤凰岭—阳台山—鹫峰—南山—百望山—香山组团、滨河森林公园、颐和园—清华—北大—圆明园组团、青龙湖郊野公园，以及顺义、怀柔集中连片农田区域。

问题：输水廊道穿越城区人口密集区域，以及农田区域，具有一定的农业面源污染、生活污染风险。

对策：加强密云水库、怀柔水库等重要水源地保护；加强输水线路周边农田生态提升，增加沿线绿化隔离带建设，减少面源污染。

（6）燕山生态廊道（松山—玉渡山—喇嘛沟门—大滩—密云水库—雾灵山）

目标定位：首都最重要的生态屏障区和水源涵养区以及生物多样性保护区。

生态质量状况：优、良、中、差四个等级占比分别为 33%、38%、24%、5%，等级差的部分面积有 10km²，主要分布在河谷型生态廊道区域。

重要节点：喇嘛沟门—龙门店—银河谷组团、松山—玉渡山—水头组团、大滩、云蒙山—崎峰山组团、密云水库—云峰山组团、雾灵山。

问题：生态质量整体较好，但仍需加强保护和管理。

对策：加强森林保育，以自然修复为主；加强自然保护地保护力度；保护重要生态廊道，减少人为干扰。

（7）城区绿化隔离带

目标定位：主城区最重要的生态网络和城镇开放空间。

生态质量状况：优、良、中、差四个等级占比分别为 7%、17%、20%、56%，等级差的部分面积有 211km²，主要分布在中心城区。

重要节点：滨河森林公园沙河湿地公园、温榆河湿地公园组团、奥林匹克森林公园—东升八家森林公园—东小口森林公园组团、颐和园—清华—北大—圆明园组团、朝阳公园—将府公园—黑桥创艺公园组团、温榆河公园—东郊森林公园组团、顺义新城滨河森林公园—通燕公园—潮白河公园组团、永定河湿地公园组团、玉渊潭公园、北海—景山—什刹海组团、天坛组团、平房森林公园—金盏森林公园组团、青龙湖郊野公园、永定河郊野公园组团、清源公园—念坛公园组团、南中轴森林公园组团、南海子公园、金田公园、朝南万亩森林公园组团、马驹桥湿地公园组团、运河公园组团、大运河森林公园、农耕文化公园农业博览园、杨各庄湿地公园、古桑森林公园组团、东南郊湿地公园、西麻森林公园、新机场风景森林公园。

问题：人工化十分严重，周边环境为人口最密集的城镇中心区域，人为干扰强烈、绿地连续性差。

对策：提升城镇绿地的综合生态功能，加强小微绿地和踏脚石系统建设，增强各级廊道联通。

2）不同生态源地保护修复指引

（1）自然保护地和重要水源区

目标定位：全市最重要的生态系统源地、生物多样性源地、水源地。

生态质量状况：优、良、中、差四个等级占比分别为 33%、50%、13%、4%，等级差的部分面积有 101km$^2$。

问题：整体质量非常高，但存在质量分布不均的问题，西南部门永定河流域生态环境质量以良为主；此外，密云水库、莽山森林公园、怀柔水库、官厅水库、丫髻山—唐指山组团、四座楼—黄松峪组团、天门山—千灵山组团等区域存在人为干扰较大的情况。

对策：加强生物多样性保护；促进森林生态系统的自然恢复；加强管控，减少人类生产生活对生态系统带来的干扰。

（2）重要城镇绿地

目标定位：城镇生态环境的重要保障、城镇重要的物种栖息地，承担生态、社会、经济等多重符合目标和价值。

生态质量状况：优、良、中、差四个等级占比分别为 10%、36%、27%、27%，等级差的部分面积有 126km$^2$。

问题：面积整体较小，且分布零碎；人为干扰强烈，人工化严重。

对策：加强绿地的自然化营造和管理，提升城镇绿地生态质量和生物多样性支撑能力；利用城镇腾退用地构建更多的小微绿地和踏脚石系统。

（3）集中连片农田

目标定位：山区和平原区过渡地带异质化程度较高的地区，边缘效应较为明显，可望成为重要的生物多样性源地。

生态质量状况：优、良、中、差四个等级占比分别为 5%、23%、49%、23%，等级差的部分面积有 136km$^2$。

问题：整体质量不高且连片分布；区域内部异质性强，农田、林地、村镇、道路等多种元素交错分布。

对策：加强农田的管理，减少面源污染；重视农田的生物多样性支撑功能，通过农田林网、林带等串联割裂的斑块。

**4. 生态基础设施质量优化工程**

1）工程目标指标

根据北京市山区、平原区、中心城区三个明显圈层之间的自然、经济、社会等条件的明显差异，制订不同圈层的生态基础设施网络修复策略和目标、指标。其中中心城区由于建设用地其用地性质的限制，生态修复以引导性为主。

（1）山区：加强生态保育和自然修复；加强水土流失和矿山治理；加强自然保护地和重要水源区管理和生物多样性保护。约束性指标：规划到2035年，生态系统质量为优、良的比例为90%。

（2）平原区：加强农田生态质量管理提升；加强绿地自然化营造管理；增加绿地建设。约束性指标：规划到2035年，生态系统质量为优、良的比例为60%。

（3）中心城区：加强拆违建绿、腾退建绿，增加小微绿地；加强城镇公园近自然管理，提升绿地生态质量；加强各级生态廊道连接，优化城镇绿地网络格局。无约束性指标。

2）工程措施

根据不同土地利用类型制订提出生态修复的主要措施。

（1）森林：加强森林保育；加强未成林地管护，提升郁闭度；推进近自然经营和改造，改善林层结构，提升森林生态系统质量。

（2）湿地：加强水系连通，化零为整，建立丰枯互补的湿地体系；强化湿地管理，治理违法占用经营；加强湿地水环境综合治理。

（3）城镇绿地：采用近自然经营模式，以乡土树种为主，改善城镇绿地结构和功能；加强绿地之间的廊道联通，优化绿地格局。

（4）农用地：加强农田生态环境治理，减少农药化肥使用，通过建设生态缓冲带等途径，减少面源污染。

（5）其他用地：利用腾退用地开展造林绿化，提升绿化面积和斑块数量；加强环境管控，降低对自然环境的干扰和破坏。

3）任务量统计

见表5-8。

北京市综合生态质量优、良现状与任务量规划表（km²）　　　　　　　　　　表5-8

| 编号 | 名称 | 山区—目标：优良占比90% | | | | 平原区—目标：优良占比60% | | | | 中心城——目标：无约束性指标 | | | | 合计任务量 |
| | | 总面积 | 现状优良面积 | 占比 | 规划任务量 | 总面积 | 现状优良面积 | 占比 | 规划任务量 | 总面积 | 现状优良面积 | 占比 | 规划任务量 | |
| 1 | 永定河廊道 | 850 | 785 | 92% | 0 | 79 | 54 | 68% | 0 | 15 | 12 | 80% | — | 0 |
| 2 | 官厅水库廊道 | 169 | 124 | 74% | 27 | 78 | 51 | 66% | 0 | 34 | 20 | 58% | — | 27 |
| 3 | 四座楼廊道 | 409 | 317 | 77% | 53 | 93 | 26 | 28% | 30 | 0 | 0 | 0 | | 83 |
| 4 | 密云水库廊道 | 440 | 349 | 79% | 48 | 253 | 112 | 44% | 40 | 0 | 0 | 0 | | 88 |
| 5 | 京密引水渠廊道 | 321 | 257 | 80% | 32 | 188 | 74 | 39% | 39 | 68 | 58 | 85% | | 71 |
| 6 | 燕山生态廊道 | 1169 | 1040 | 89% | 12 | 0 | 0 | 0 | 0 | 0 | 0 | 0 | | 12 |
| 7 | 城区绿化隔离带 | 0 | 0 | 0 | 0 | 0 | 0 | 0 | 0 | 144 | 99 | 69% | — | 0 |
| | 合计 | | | | 172 | 合计 | | | 109 | 合计 | | | — | |
| | 总计 | | | | | | | | | | | | | 281 |

（表格来源：作者自绘）

### 5.3.3 重庆城镇更新：基于自然的解决方案
### (Nature-based Solutions，NbS)

**1. 项目区概况**

重庆市位于中国内陆西南部、长江上游地区，是世界上唯一一座建在平行岭谷的特大型城镇，依托"四山、三谷、两江"的区域自然地理格局和生态环境本底，重庆市依山而建、江水环绕、青山入城、城在山中，"山、水、城"深度融合。其中，中心城区处于典型的平行岭谷地理单元，受两江河谷切割，生态敏感度高，加上人类活动强度大，5%的土地面积承载了全市25%的人口和43%的GDP，资源环境承载压力大，导致气候调节等生态系统服务被削弱、城镇热岛效应凸显。

为了满足防灾减灾的城镇安全需求和人居环境改善的民生福祉，重庆市委市政府统筹山水林田湖草系统治理与城镇更新，实施了系列城镇生态修复和功能完善工程，在对自然资源顺势而为地利用和改造中，特别是在建设空间与生态空间的布局与功能协调上，初步探索形成人与自然和谐共生的实践经验。

**2. 城镇更新与生态修复目标**

快速城镇化过程中，导致城镇人地矛盾突出，主城区自然生态空间被过度侵占；城镇建设以硬质化工程为主，生态基础设施不完备，城镇抵御自然灾害风险能力不足。城镇更新与生态修复立足维护城镇山水格局，优化蓝绿生态空间，增强城镇韧性，提升居民生活品质，探索人与自然的和谐共生之道。

**3. 城镇更新与生态修复措施**

依托现有山水脉络，通过管控保护重要生态空间，开发建设中顺势而为。在此基础上，结合"城市双修""海绵城市"建设，在大尺度上保证生态网络的连通性，小尺度上通过城镇"微更新"改造，采取灰色基础设施改造、绿色空间拓展、空间阻隔消除等措施，完善生态基础设施，营造蓝绿生态空间，并探索生态产品价值实现路径。

1）加强规划管控，保护和修复重要生态空间

突出国土空间规划"三线"管控作用，保护并优化重要的自然保护地、城镇生态空间。缙云山国家级自然保护区地处嘉陵江畔，是重庆主城的天然生态屏障，保护区内村民一度"靠山吃山"，农家乐无序粗放发展"蚕食"林地。2018年6月，通过拆违复绿、生态搬迁、矿山修复、湖库治理等"铁腕治山"，缙云山"绿肺"和天然屏障功能得到有效修复。

长江重庆段分布有广阳岛、中坝岛、桃花岛等13个江心岛屿，其中6个位于中心城区段。以广阳岛为例，作为长江上游第一大岛，枯水期面积10km$^2$，拥有植物383种，动物近300种，遗存4000多年前古人类活动遗迹，生态要素完整，人文历史悠久，生态价值突出。2017年，广阳岛开发

建设被叫停，实施科学规划和管控，通过"护山、理水、营林、疏田、清湖、丰草"系统修复措施，保留了岛屿等重庆特色生态景观，修复了自然生境。

2）遵循自然格局，打造立体复合建设空间

采用立体城镇与复合建筑思维，运用适应山地城镇特点的规划及建筑设计方法，利用三维的城镇空间解决开发空间受限的难题，最大化降低因山地地形地貌因素产生的负面影响。如在街道的规划和布局方面，设计其走向和形态与山体等高线密切相关，形成各种顺延等高线的横街和垂直于等高线的纵街；强化城镇地下空间的开发和利用，构建新的立体空间体系；同时，通过分层筑台、错叠等山地建筑手法，建成具有层次与质感的城镇建筑，促进土地集约化利用，形成人文景观和自然景观交相辉映、交通廊道和生态廊道相互融合的山地城镇景观特色。

将原有生态斑块改造为城镇绿色基础设施。城镇建设中产生小的生态斑块，例如坡地堡坎崖壁、城镇边角地、生活小区水塘等，这些区域面积较小、分布广泛，直接关系居民生活品质。通过改造生态斑块，将基础设施变"灰"为"绿"，在有限的空间内尽可能增加城镇绿地面积。例如，渝中区虎头岩公园水泥堡上栽种植物使其变成绿色"钢琴键"、南岸区结合"大禹治水"的传说将边角地改造为体育文化公园等。

3）融入"韧性"理念，建设混合型基础设施

一是以水为脉，遵循地形走势，串联城镇内部生态修复。在城镇所在的槽谷区内，根据径流演化规律，增强地表入渗，减少地表径流，统筹开展生态修复，提升城镇雨洪消纳能力。

二是将公园建设作为缓冲城镇中人与自然关系的重要方式。例如，潼南大佛寺湿地公园原场地主要是涪江冲击出来的滩涂，多为砂卵砾石，渗水严重，河岸为已修筑的20年一遇的硬化防洪堤。采用以洪水为友的理念，恢复滩涂地动植物生境，构建生态护坡，在江心岛恢复原来的枫杨和草丛植被，并增加树岛，为鸟类提供栖息地，打造城镇滨河湿地景观公园，并将区域文化与场地设计相结合，构建活力的城镇客厅。

三是开展"两江四岸"治理提升，建设蓝绿生态基础设施。在九龙外滩滨江消落带治理中，根据水位变化分层设计实施生态工程：165m以下以江滩自然保育为主，保留原有自然地貌与湿地结构；165～170m以草本植物近自然修复为主，增加符合自然生态系统演替过程的植物群落；170～175m构建林泽生境带，补植竹柳、乌桕、中山杉等乡土植物；175～178m采用石笼网填充土壤基质，间插灌木柔化护坡工程；178～185m混栽草本花卉，构建护坡野花草甸带；185m以上绿化改造硬化墙，营建垂直生态空间带。通过应用界面生态调控、滨江立体生态空间建设、消落带韧性景观修复等技术，使20m

的水位差范围呈现出六种不同的景观分异，建成适应夏季洪水冲刷淹没和冬季蓄水淹没的韧性生态系统。

4）创新生态产品价值实现路径，探索生态保护修复长效机制

一是生态地票指标交易机制。对新增经营性建设用地实行"持票准用"以创造市场需求，农村闲置、废弃建设土地、自然保护区等重要生态功能区建设用地复垦成耕地或林草地后形成地票，通过市场交易实现价值。

二是森林覆盖率指标交易机制。将森林覆盖率作为约束性指标，不达标地区允许其向达标地区购买森林面积指标，用于本地区森林覆盖率目标值的计算。

三是流域横向生态补偿机制。通过河流上下游区县签订协议，以交界断面水质为依据双向补偿，实现受益者付费、保护者获益。

**4. 特色做法**

1）城镇更新遵循基于自然的理念，构建城镇绿色发展新格局

面对突出的土地资源紧缺难题和空间需求矛盾，山地的地形并没有成为重庆在城镇建设过程中的阻碍，3000年的历史孕育出智慧的重庆人民，在城镇空间格局构建上他们顺应山水之势，依山建城，傍水而居，城镇开发建设充分遵循自然地理格局，在巴郡之地探索出与自然和谐共生之道。重庆主城区城镇开发建设中的尊重自然，规划管控中的保护自然，生态基础设施建设中的修复自然，打造生态产品中的利用自然，在实现人类福祉的同时保护生物多样性，充分反映了基于自然的解决方案中尊重自然、顺应自然、保护自然的原则。

2）从多效益权衡层面诠释了基于自然的解决方案的多功能性，构筑人与自然和谐共处的美丽家园

从全球范围来看，城镇化是大势所趋，如何在城镇化进程中，寻求人与自然的平衡点是人类的共同命题。城镇更新是我国当前时期的重要任务，城镇生态修复和功能修补又是城镇更新的重要手段。重庆市城镇更新的实践秉承"改善人居生活环境"的终极目标，在防灾减灾的安全保障需求、居民的休闲娱乐空间需求和自然空间的保护与拓展中寻求效益的平衡点，通过生态化改造在城镇中寻得人与自然的和谐共生。以城镇公园建设、灰色基础设施改造等生态修复措施再造了与洪水相适的城镇景观，筑牢了城镇水安全和灾害防治屏障；在保障生态安全的基础上，改造生态斑块、修建绿色缓冲带等，构筑点线面多维生态景观格局，提升生态系统服务的同时造福居民，为全球城镇空间基于自然的解决方案提供了中国智慧。

3）将基于自然的解决方案理念主流化，推动城镇高质量可持续发展

重庆市高标准编制《重庆市国土空间生态保护修复规划（2021—2035年)》《重庆市城市提升行动计划》《广阳岛·长江生态文明创新实验区总体规划》《重庆市主城区"两江四岸"治理提升统筹规划》《重庆市主城区"四

山"保护提升实施方案》等。将"四山"作为特别生态管控单元，并强化自然保护地、峡口、江心岛、滨江城中山体的生态保护和管控，严格保护湾、沱、滩、浩、半岛等重庆特色生态景观，限制开发建设活动，培育建立稳定的社会—经济—自然复合生态系统。通过国土空间规划体系层层传导、多点发力，将基于自然的解决方案理念落实到城镇发展规划和设计中，指明了城镇绿色发展方向。此外，重庆市人民政府编制了《重庆市规划和自然资源领域生态产品价值实现机制试点实施方案》，积极推动生态修复效益和生态产品供给能力持续提升。这是基于自然的解决方案理念主流化的生动诠释，更是生态修复助力城镇可持续发展的根本保障。

**5. 成效**

1）以生物多样性提升凸显生态效益

生态修复通过给受损生态系统"对症下药"，为生物创造适宜生境，使得生物多样性显著提升。全市共建成 22 个国家湿地公园，保护湿地面积 20.72 万 $hm^2$，湿地脊椎动物 563 种，湿地高等植物 707 种。2020 年 11 月初，在长江重庆段观测到近十年最大规模红嘴鸥迁徙种群（图 5-29、图 5-30）。

2）以城镇生态景观提升创造社会效益

通过城镇生态修复，重庆市建成城镇公园 1263 个，公园总面积达 15834.55$hm^2$。其中，主城区公园 553 个，面积达 7142$hm^2$，占公园总面积的 45%。

图 5-29 缙云山黛湖修复前后
（图片来源：中国城市中心.重庆城市更新：基于自然的解决方案 [OL].网易，2021-05-17.）

图 5-30 广阳岛生态修复工程一期——综合示范地
(图片来源：中国城市中心.重庆城市更新：基于自然的解决方案 [OL]. 网易，2021-05-17.)

2018—2020 年，利用城镇边角地建设社区体育文化公园 92 个，为周边约 350 万居民提供了充足的休闲娱乐健身场所。2019—2020 年，中心城区坡坎崖绿化面积达 1198.9hm²，见缝插绿地拓展了城镇绿色空间。

3）以城乡自然资本增值提高经济效益

2018—2021 年，全市宜林宜草地票交易面积 4290 亩（约 286hm²），交易额 8.01 亿元。2019 年 3 月，江北区与酉阳签订全国首个横向生态补偿提高森林覆盖率协议，江北区向酉阳县支付 7.5 万亩（约 5000hm²）森林面积指标价款共 1.875 亿元。截至 2021 年 1 月，通过森林覆盖率指标交易，全市累计成交森林面积指标 19.2 万亩（约 1.28 万 hm²），交易金额 4.8 亿元。截至 2019 年底，重庆已在 19 条流域面积 500km² 以上且跨两个或多个区县的次级河流建立了流域横向生态补偿机制，补偿资金共 9691.8 万元。

## 思考题

1. 城镇生态修复与自然生态系统修复有什么不同和联系？

2. 城镇生态修复如何与城镇更新过程中的多维目标相协调？

3. 城镇生态修复如何兼顾短期效果和长期利益？

4. 城镇生态修复如何考虑人类活动的影响以及未来发展？

## 本章参考文献

[1]　Grimm N. B，Faeth S. H，Golubiewski N. E，et al. Global Change and the Ecology of Cities[J]. Science，319（5864）：756–760.

[2] 顾晨洁，王忠杰，李海涛，等.城市生态修复研究进展 [J].城乡规划，2017（3）：46-52.

[3] Güneralp B，Perlstein A. S，Seto K. C. Balancing Urban Growth and Ecological Conservation：A Challenge for Planning and Governance in China[J]. Ambio，2015，44（6），532-543.

[4] 吴志强，干靓，胥星静，等.城镇化与生态文明——压力，挑战与应对 [J].中国工程科学，2015，17（8）：88-96.

[5] 马世骏，王如松.社会—经济—自然复合生态系统 [J].生态学报,1984,4（1）：1-9.

[6] 王如松，欧阳志云.社会—经济—自然复合生态系统与可持续发展 [J].中国科学院院刊，2012，27（3）：337-345+403-404+254.

[7] 王如松，李锋，韩宝龙，等.城市复合生态及生态空间管理 [J].生态学报，2014，34（1）：1-11.

[8] 李锋，马远.城市生态系统修复研究进展 [J/OL].生态学报，2021，41（23）：9144-9153.

[9] 谷鲁奇，范嗣斌，黄海雄.生态修复、城市修补的理论与实践探索 [J].城乡规划，2017（3）：18-25.

[10] 李洪远，鞠美庭.生态恢复的原理与实践 [M].北京：化学工业出版社，2005.

[11] 李锋.城市生态基础设施评估与管理 [M].北京：科学出版社，2020.

[12] 肖笃宁.景观生态学 [M].北京：科学出版社，2003.

[13] 陈利顶，傅伯杰，赵文武."源""汇"景观理论及其生态学意义 [J].生态学报，2006（5）：1444-1449.

[14] Pandit A，Minné E. A，Li F，et al. Infrastructure Ecology：An Evolving Paradigm for Sustainable Urban Development[J]. Journal of Cleaner Production，2017，163：S19-S27.

[15] 王沛芳，王超，冯骞，等.城市水生态系统建设模式研究进展 [J].河海大学学报（自然科学版），2003（5）：485-489.

[16] 邓晓军，许有鹏，翟禄新，等.城市河流健康评价指标体系构建及其应用 [J].生态学报，2014，34（4）：993-1001.

[17] 李锋，王如松.城市绿色空间生态服务功能研究进展 [J].应用生态学报，2004（3）：527-531.

[18] 谢慧.城市边缘区蓝绿空间规划与建设研究 [D].北京：北京林业大学，2017：14-18.

[19] Wang Z. Application of the Ecotone Theory in Construction of Urban Eco-waterfront[C]//2009 International Conference on Environmental Science and Information Application Technology. IEEE，2009，2：316-320.

[20] Costanza R，Arge，Groot R. D，et al. The Value of the World's Ecosystem Services and Natural capital[J]. Nature，1997，387（15）：253-260.

[21] Bolund P，Hunhammar S. Ecosystem Services in Urban Areas[J]. Ecological Economics，1999，29（2）：293-301.

[22] Yin K，Zhao Q，Li X，et al. A New Carbon and Oxygen Balance Model based on Ecological Service of Urban Vegetation[J]. Chinese Geographical Science，2010，20（2）：144-151.

[23] Bagliani M，Galli A，Niccolucci V，et al. Ecological Footprint Analysis Applied to a Sub-national Area：The Case of the Province of Siena（Italy）[J]. Journal of

Environmental Management，2008，86（2）：354-364.

[24] 赵丹，李锋，王如松. 基于生态绿当量的城市土地利用结构优化——以宁国市为例 [J]. 生态学报，2011，31（20）：6242-6250.

[25] Li F，Ye Y. P，Song B. W，et al. Assessing the Changes in Land Use and Ecosystem Services in Changzhou Municipality，Peoples' Republic of China，1991—2006[J]. Ecological Indicators，2014，42：95-103.

[26] Pereira M，Segurado P，Neves N . Using Spatial Network Structure in Landscape Management and Planning：A Case Study with Pond Turtles[J]. Landscape and Urban Planning，2011，100（1-2）：67-76.

[27] Weber T，Sloan A，Wolf J. Maryland's Green Infrastructure Assessment：Development of a Comprehensive Approach to Land Conservation[J]. Landscape and Urban Planning，2006，77（1-2）：94-110.

[28] 罗言云，李春容，谢于松，王倩娜. 成都市中心城区城市公园景观连通性 [J]. 生态学杂志，2020，39（11）：3795-3807.

[29] Dai D. Racial/Ethnic and Socioeconomic Disparities in Urban Green Space Accessibility：Where to Intervene？[J]. Landscape and Urban Planning，2011，102（4）：234-244.

[30] Kong F，Yin H，Nakagoshi N，et al. Urban Green Space Network Development for Biodiversity Conservation：Identification based on Graph Theory and Gravity Modeling[J]. Landscape and Urban Planning，2010，95（1-2）：16-27.

[31] Teng M，Wu C，Zhou Z，et al. Multipurpose Greenway Planning for Changing Cities：A Framework Integrating Priorities and a Least-cost Path Model[J]. Landscape and Urban Planning，2011，103（1）：1-14.

[32] 俞孔坚，李迪华，刘海龙，程进. 基于生态基础设施的城市空间发展格局——"反规划"之台州案例 [J]. 城市规划，2005（9）：76-80+97-98.

[33] 朱强，俞孔坚，李迪华. 景观规划中的生态廊道宽度 [J]. 生态学报，2005（9）：2406-2412.

[34] Zhou Y，Shi T.M，Hu Y.M，et al. Urban Green Space Planning based on Computational Fluid Dynamics Model and Landscape Ecology Principle：A Case Study of Liaoyang City，Northeast China[J].Chinese Geographical Science，2011，21（04）：465-475.

[35] 周媛，石铁矛，胡远满，等. 基于 GIS 与多目标区位配置模型的沈阳市公园选址 [J]. 应用生态学报，2011，22（12）：3307-3314.

[36] 住房和城乡建设部. 海绵城市建设技术指南——低影响开发雨水系统构建（试行）[Z]. 北京：中国建筑工业出版社，2014.

[37] 弓亚栋. 建设海绵城市的研究与实践探索——以西安市某小区为例 [D]. 西安：长安大学，2015：2.

[38] 王俊岭，王雪明，张安，张玉玉. 基于"海绵城市"理念的透水铺装系统的研究进展 [J]. 环境工程，2015，33（12）：1-4+110.

[39] Boulanger B，Nikolaidis NP. Mobility and Aquatic Toxicity of Copper in an Urban Watershed[J].Journal of the American Water Resources Association，2003，39：325-326.

[40] 王书敏，李兴扬，张峻华，等. 城市区域绿色屋顶普及对水量水质的影响 [J]. 应用生态学报，2014，25（7）：2026-2032.

[41] 王伟武，戴企成，朱敏莹.城市住区绿化生态效益及其可控影响因素的量化分析 [J].应用生态学报，2011，22（9）：2383-2390.

[42] Pledge E . Green Roofs：Ecological Design and Construction[M]. Schiffer Publishing, 2005.

[43] Hobbs R . J, Arico S, Aronson J, et al. Novel Ecosystems：Theoretical and Management Aspects of the New Ecological World Order[J]. Global Ecology & Biogeography, 2006, 15 (01)：1–7.

[44] 周怀宇，刘海龙.绿色屋顶雨水技术研究与清华校园案例分析 [J].建设科技，2019（Z1）：69-74.

[45] 刘俊红.三种类型人工湿地对富营养化水体的净化效果比较 [J].北方园艺，2018（19）：116-124.

[46] 于少鹏，王海霞，万忠娟，孙广友.人工湿地污水处理技术及其在我国发展的现状与前景 [J].地理科学进展，2004（1）：22-29.

[47] 夏汉平.人工湿地处理污水的机理与效率 [J].生态学杂志，2002（4）：52-59.

[48] 严渊，马娇，党鸿钟，等.正交试验优化垂直潜流人工湿地实现短程硝化 [J/OL].中国环境科学，2023，43（3）：1177-1185.

[49] 俞孔坚，李迪华，孟亚凡.湿地及其在高科技园区中的营造 [J].中国园林，2001（2）：26-28.

[50] 付柯，冷健.人工湿地污水处理技术的研究进展 [J].城镇供水，2022（1）：75-80.

[51] 吴晓磊.污染物质在人工湿地中的流向 [J].中国给水排水，1994（1）：40-43.

[52] 黄时达，王庆安，钱骏，任勇.从成都市活水公园看人工湿地系统处理工艺 [J].四川环境，2000（2）：8-12.

[53] 陈婉.城市河道生态修复初探 [D].北京：北京林业大学，2008：3.

[54] 黄笑笑，张万荣.生态驳岸景观在城市河道设计中的应用——以西安市沣惠渠绿道规划设计为例 [J].现代园艺，2021，44（19）：110-111+113.

[55] 向璐璐，李俊奇，邝诺，等.雨水花园设计方法探析 [J].给水排水，2008（6）：47-51.

[56] 王淑芬，杨乐，白伟岚.技术与艺术的完美统一——雨水花园建造探析 [J].中国园林，2009，25（6）：54-57.

[57] 刘立民，刘明.绿量——城市绿化评估的新概念 [J].中国园林，2000（5）：32-34.

[58] 王云才，黄俊达.生态智慧引导下的太原市山地生态修复逻辑与策略 [J].中国园林，2019，35（7）：56-60.

[59] 陈芳，周志翔，王鹏程，等.武汉钢铁公司厂区绿地绿量的定量研究 [J].应用生态学报，2006（4）：4592-4596.

[60] 李伟，贾宝全，王成，邹光发.城市森林三维绿量研究现状与展望 [J].世界林业研究，2008（4）：31-34.

[61] 周一凡，周坚华.基于绿化三维量的城市生态环境评价系统 [J].中国园林，2001，17（5）：78-80.

[62] 王文礼，杨星.绿色容积率：建筑和城市规划的一种生态量度 [J].中国园林，2006（9）：82-87.

[63] 陈自新，苏雪痕，刘少宗，古润泽.北京城市园林绿化生态效益的研究 [J].中国园林，1998（1）：55.

[64] 周坚华.城市绿量测算模式及信息系统 [J].地理学报，2001，56（1）：14-23.

[65] 刘常富，何兴元，陈玮，等.沈阳城市森林三维绿量测算 [J].北京林业大学学报，2006（3）：32-37.

[66] Ong B. L. Green Plot Ratio：An Ecological Measure for Architecture and Urban Planning[J]. Landscape and Urban Planning，2003，63（4）：197-211.

[67] 李明霞.基于绿视率的城市街道步行空间绿量视觉评估——以北京市轴线为例 [D].北京：中国林业科学研究院，2018：12-15.

[68] 肖希，韦怡凯，李敏.日本城市绿视率计量方法与评价应用 [J].国际城市规划，2018，33（2）：98-103.

[69] 潘树林，王丽，辜彬.论边坡的生态恢复 [J].生态学杂志，2005（2）：217-221.

[70] 郝岩松，王国兵，万福绪.我国高速公路生态边坡的建设及生态评价 [J].水土保持研究，2007（4）：257-262.

[71] 张家明，陈积普，杨继清，等.中国岩质边坡植被护坡技术研究进展 [J].水土保持学报，2019，33（5）：1-7.

[72] 张传勇，王丰龙，杜玉虎.大城市存量工业用地再开发的问题及其对策：以上海为例 [J].华东师范大学学报（哲学社会科学版），2020，52（2）：161-170+197.

[73] 邵晓梅，刘庆，张衍毓.土地集约利用的研究进展及展望 [J].地理科学进展，2006（2）：85-95.

[74] 陶志红.城市土地集约利用几个基本问题的探讨 [J].中国土地科学，2000(5)：1-5.

[75] 孙文盛.谁给我们土地—节约集约用地一百例（新编）[M].北京：中国大地出版社，2005.

[76] 陈柳伊.城市更新中消除邻避效应的土地复合开发研究——以重庆市唐家桥污水厂改扩建为例 [C]// 面向高质量发展的空间治理——2021 中国城市规划年会论文集（13 规划实施与管理）.北京：中国建筑工业出版社，2021：617-625.

[77] 吴良镛.北京旧城居住区的整治途径——城市细胞的有机更新与"新四合院"的探索 [J].建筑学报，1989（7）：11-18.

[78] 张晓婧.有机更新理论及其思考 [J].农业科技与信息（现代园林），2007（11）：29-32.

[79] 李倞，徐析.浅析城市有机更新理论及其实践意义 [J].农业科技与信息（现代园林），2008（7）：25-27.

[80] 夏夏.从废弃地走向现代城市景观——以安徽巢湖市滨河景观设计为例 [D].南京：南京林业大学，2007：30-32.

[81] 王佃利，王铮.中国邻避治理的三重面向与逻辑转换：一种历时性的全景式分析 [J].学术研究，2019（10）：63-70.

[82] 周智林.综合"杭州样本"促进乡村土地整治有机升级 [J].前进论坛，2019（5）：22-23.

[83] 陈实，李佳佳，耿虹.基于"三生空间"协调内涵的乡村土地综合整治策略探析——以宜城市为例 [J].小城镇建设，2020，38（11）：47-55.

[84] 张伟，彭晓燕.城乡融合视域下土地综合整治的实施评价及优化 [J].中国土地，2020（5）：37-39.

[85] 王芳，胥国海.以全域土地整治推动乡村振兴 [J].中国土地，2020（5）：54-55.

[86] 郭梅.以全域土地整治推动乡村振兴 [J].江西农业，2019（10）：128.

[87] 孟凡玉，朱育帆."废地"、设计、技术的共语——论上海辰山植物园矿坑花园的设计与营建 [J].中国园林，2017，33（6）：39-47.

[88] 朱育帆，姚玉君，孟凡玉，王丹，张振威，冯纡妮，孟瑶，孙天正，严志国，翟薇薇，郭畅，孙建宇，齐羚，杨展展，崔庆伟，张隽岑，龚沁春，常钰琳，田锦，董顺芳，孙珊，陈尧.上海辰山植物园矿坑花园　贴近山石、水和自然、工业历史 [J]. 城市环境设计，2013（5）：168-171.

# 第6章
# 生态修复政策与机制保障

生态修复事业的发展历程和制度体系
体制机制与政策保障

# 6.1 生态修复事业的发展历程和制度体系

## 6.1.1 我国环境保育和生态修复事业发展历程

中华人民共和国成立以来，我国在正确处理人口资源与环境、经济发展与环境保护关系等方面进行不断探索，不断加大环境保护力度，改革完善机制体制，积极推动生态环境质量改善，环境保护事业不断向前发展，取得了丰富的实践经验和理论成果。[1~4] 大体可以归纳为以下几段历程：

**1. 孕育起步期**

中华人民共和国成立之初，山河破碎、经济凋敝，百废待兴。积极推进工业化进程和发展经济，把国民经济引入正轨，大力发展经济是重要任务。20 世纪 50 年代，全球环境保护运动尚未兴起，毛泽东同志提出"一定要把淮河修好"，① 把大规模治淮推向高潮，以此为契机，开启了我国黄河工程、官厅水库工程、荆江分洪工程等水利工程建设的序幕。1956 年，我国第一个自然保护区——广东肇庆鼎湖山自然保护区经国务院批准建立，标志着我国环境保护事业的孕育和萌芽。随着工业化发展的加速，生态破坏、环境污染问题逐步凸显，生态环境保护越来越受到有关部门的重视。1969 年，国务院计划起草小组成立，聚焦学习国外治理公害的经验，研究我国工业发展中的公害问题，1974 年，国务院环境保护领导小组成立（下设办公室），之后，各省市相继成立相应的环保机构，对环境污染状况进行调查评价，至此，我国生态环境保护事业正式起步。

**2. 发展壮大期**

20 世纪 70 年代末，我国的生态环境保护制度逐步建立。1978 年五届全国人大通过的《中华人民共和国宪法》中规定："国家保护环境和自然资源，防治污染和其他公害。"这是中华人民共和国历史上第一次在宪法中对生态环境保护事业作出明确的规定，为后期的生态环境法治建设和生态环境保育事业奠定了坚实的基础。与此同时，一系列生态保护重大工程正式启动与实施，1978 年启动"三北"防护林体系建设工程，1981 年开启全民义务植树活动，并逐步实施天然林保护、退耕还林还草等，加强了国家生态安全与屏障建设。随后，陆续颁布《大气污染防治法》《海洋环境保护法》《水污染防治法》《草原法》《森林法》《水法》《野生动物保护法》等生态环境保护方面的法律，初步形成了我国生态环境保护的法律框架，见表 6-1。

20 世纪 90 年代，我国率先制定了《中国 21 世纪议程——中国 21 世纪人口、环境与发展白皮书》，将可持续发展确立为国家战略。为应对环境污染，开展规模化环境治理，污染防治思路由末端治理向生产全过程控制转变、由浓

---

① 光明日报 . 引江济淮工程试通水通航——长江淮河"终牵手" [OL]. 人民网，2023-01-04.

1998—2022 年中国生态保护修复发展历程与主要阶段特征　　　　　　　　表 6-1

| 发展阶段 | 年份 | 主要理念 | 重要事件或重大事件 | 阶段特征 |
|---|---|---|---|---|
| 以生态建设与重点治理为主阶段 | 1998 年 | 预防为主，治理与保护、建设与管理并重 | 《全国生态环境建设规划》 | 针对生态退化和生态破坏的重点问题，开展生态恢复重大工程建设，实施重点区域生态治理，要求治理与保护、建设与管理并重 |
| | 2000 年 | 保护优先、预防为主、防治结合；在保护中开发，在开发中保护 | 《全国生态环境保护纲要》 | |
| | 2005 年 | 在发展中落实保护，在保护中促进发展 | 《关于落实科学发展观加强环境保护的决定》 | |
| | 2006 年 | 预防为主，保护优先；分类指导，分区推进；统筹规划，重点突破 | 《全国生态保护"十一五"规划》 | |
| 以生态空间和生态功能保护恢复为主阶段 | 2007 年 | 保护和恢复区域生态功能，逐步恢复生态平衡 | 《国家重点生态功能保护区规划纲要》 | 以保护和恢复生态系统服务功能为重点，实施分区分类保护修复，加强具有重要生态功能的区域、生态脆弱区等生态空间保护修复，确立重点生态功能区制度，提出划定生态保护红线 |
| | 2008 年 | 划定对国家和区域生态安全起关键作用的重要生态功能区域 | 《全国生态功能区划》 | |
| | 2008 年 | 维护生态系统完整性，恢复和改善脆弱生态系统 | 《全国生态脆弱区保护规划纲要》 | |
| | 2010 年 | 在关系全局生态安全的区域，应把提供生态产品作为主体功能；保护生态产品生产力，实现科学发展 | 《全国主体功能区规划》 | |
| | 2011 年 | 在重要区域划定生态保护红线 | 《关于加强环境保护重点工作的意见》 | |
| 以"山水林田湖草沙冰"系统保护修复为主阶段 | 2012 年 | 尊重自然、顺应自然、保护自然 | 党的十八大报告 | 按照"山水林田湖草是生命共同体"理念，从局部生态功能恢复向以维护国家和区域生态安全为核心的生态系统整体保护、系统修复、综合治理转变 |
| | 2015 年 | 节约优先、保护优先、自然恢复为主 | 《关于加快推进生态文明建设的意见》 | |
| | 2017 年 | 人与自然和谐共生 | 党的十九大报告 | |
| | 2017 年 | 生态保护红线制度上升为国家战略 | 《关于划定并严守生态保护红线的若干意见》 | |
| | 2018 年 | 确立习近平生态文明思想 | 全国生态环境保护大会 | |
| | 2019 年 | 尊重自然、顺应自然、生态优先、保护优先、可持续发展 | 新修订的《中华人民共和国森林法》 | |
| | 2019 年 | 标志着我国林业从以木材生产为主向以生态建设为主转变 | 《天然林保护修复制度方案》 | |
| | 2019 年 | 建立以国家公园为主体的自然保护地体系，提供高质量生态产品 | 《关于建立以国家公园为主体的自然保护地体系的指导意见》 | |
| | 2020 年 | 生态优先，绿色发展，以人为中心，高质量发展 | 《省级国土空间规划编制指南》 | |
| | 2020 年 | "多规合一"、战略引领、底线管控 | 《市级国土空间总体规划编制指南》 | |
| | 2020 年 | 山水林田湖草是生命共同体 | 《全国重要生态系统保护和修复重大工程总体规划（2021—2035 年）》 | |
| | 2020 年 | 整体改善红树林生态系统质量，全面增强生态产品供给能力 | 《红树林保护修复专项行动计划（2020—2025 年）》 | |
| | 2021 年 | 建立健全生态产品价值实现机制 | 《关于建立健全生态产品价值实现机制的意见》 | |
| | 2021 年 | 建立健全绿色低碳循环发展经济体系，促进经济社会发展全面绿色转型 | 《关于加快建立健全绿色低碳循环发展经济体系的指导意见》 | |
| | 2021 年 | 促进社会资本参与生态建设，加快推进生态保护和修复 | 《关于鼓励和支持社会资本参与生态保护修复的意见》 | |
| | 2022 年 | 加快生态环境科技创新，构建绿色技术创新体系，推动经济社会发展全面绿色转型，建设美丽中国 | 《"十四五"生态环境领域科技创新专项规划》 | |

（表格来源：根据本章参考文献 [5] 改绘）

度控制向浓度与总量控制相结合转变、由分散治理向分散与集中控制相结合转变。实施跨世纪绿色工程规划，向环境污染和生态破坏宣战，启动"33211"重大污染治理工程，推动污染防治工作取得积极进展。21世纪，我国生态环境保护融入经济社会发展大局。党中央、国务院提出树立和落实科学发展观、建设资源节约型社会，从主要用行政办法保护生态环境转变为综合运用法律、经济、科学技术和必要的行政办法解决人口—资源—环境这一系统工程问题。

**3. 历史性变革期**

党的十八大以来，党中央把生态文明建设作为关系中华民族永续发展的根本大计，大力推动生态文明理论创新、实践创新、制度创新，全面推进生态文明建设、加强生态环境保护。全面推进碧水、蓝天、净土保卫战，解决了一大批关系民生的突出环境问题和历史遗留问题，生态环境保护从认识到实践发生了历史性、转折性、全局性的变化。特别是针对《环境保护法》《大气污染防治法》《水污染防治法》《固体废物污染环境防治法》《海洋环境保护法》等一系列法律法规进行重大修改，基本形成了较为完整的生态环境保护法律法规体系（2014年修订的《环境保护法》被称为是"史上最严格"的环保法）。另外，环境保护的组织机构和环保职能进一步加强，人民群众的生态环境获得感、幸福感、安全感持续增强。

2017年党的十九大提出"坚持人与自然和谐共生"的基本方略和"建设持久和平、普遍安全、共同繁荣、开放包容、清洁美丽的世界"的重大倡议，将"绿水青山就是金山银山"写入党章。2018年十三届全国人大一次会议，将"生态文明"写入宪法，从根本大法角度把生态文明纳入中国特色社会主义总体布局和第二个百年奋斗目标体系，将环境保护和生态文明建设贯穿于中国特色社会主义建设的实践中，不断推动我国生态文明建设迈上新的历史台阶。

## 6.1.2 国家战略、政策支持与法律法规

中华人民共和国成立尤其是改革开放后30年，我国逐步颁布了一些法律法规保护生态环境。

1995年党的十四届五中全会，制定"九五"规划，首次明确提出要转变中国的经济增长方式。针对"十五"时期我国发展模式的逆转，2005年10月份清华大学国情研究中心首次作出独立的第三方评估，尖锐地批评了"十五"规划期间没实现节能减排，也没能很好地转变经济增长方式。"十一五"规划中明确提出了节能减排的定量指标，首次将节能减排作为政府的约束性指标，通过法定程序在2006年由全国人大通过并正式开始实施。党的十七届五中全会强调要坚持把建设资源节约型、环境友好型社会作为加快转变经济发展方式的重要着力点，加大生态和环境保护力度，提高生态文明水平，增强可持续发展能力。在制定"十二五"规划期间，气候变化就已经成了我们必须考虑的最

大的限制因素和国内外制约条件。"十二五"规划的创新性定位就应该是"绿色发展规划",其被认为是中国首个国家级绿色发展规划。党的十八大以来把生态文明建设摆到党和国家事业全局突出位置,提出了创新、协调、绿色、开放、共享的发展理念。中国以推动构建清洁美丽世界和人类命运共同体为目标和方向,为共建人与自然生命共同体作出积极贡献,一个浓缩中国智慧的全球绿色发展观已然形成。

"十三五"提出坚持绿色发展,着力改善生态环境。坚持绿色富国、绿色惠民,为人民提供更多优质生态产品,推动形成绿色发展方式和生活方式,协同推进人民富裕、国家富强、中国美丽,促进人与自然和谐共生。2017年党的十九大要求"坚决打好防范化解重大风险、精准脱贫、污染防治的攻坚战",强调"建设美丽中国,为人民创造良好生产生活环境,为全球生态安全作出贡献"。党的十九大报告中提出了"山水林田湖草是一个生命共同体"的理念,科学界定了人与自然的内在联系和内生关系,为实现"山水林田湖草"生态保护修复工作科学落地提出新的要求。

在已有法律法规的基础上,又明确提出构建自然资源资产产权制度、国土空间开发保护制度、空间规划体系、资源总量管理和全面节约制度、低碳绿色经济、资源有偿使用和生态补偿制度、环境治理体系、环境治理和生态保护的市场体系、生态文明绩效评价考核和责任追究制度等九个方面的制度体系,见表6-2。

十八大以来我国绿色发展领域内的相关法律法规

表6-2

| 机构 | 类型 | 政策内容 | 成文时间 |
|---|---|---|---|
| 国家发展改革委等七部委 | 国家级 | 《绿色产业指导目录(2019年版)》(发改环资〔2019〕293号) | 2019年2月 |
| 自然资源部 | 国家级 | 《关于探索利用市场化方式推进矿山生态修复的意见》(自然资规〔2019〕6号) | 2019年12月17日 |
| 第十三届全国人民代表大会第三次会议 | 国家级 | 《中华人民共和国民法典》第一千二百三十四条 违反国家规定造成生态环境损害,生态环境能够修复的,国家规定的机关或者法律规定的组织有权请求侵权人在合理期限内承担修复责任 | 2020年5月28日通过了《中华人民共和国民法典》,自2021年1月1日起施行 |
| 最高人民法院发布 | 国家级 | 《关于为黄河流域生态保护和高质量发展提供司法服务与保障的意见》(法发〔2020〕19号),强化修复措施,保障黄河生态环境治理 | 2020年6月1日 |
| 国家发展改革委、自然资源部 | 国家级 | 《全国重要生态系统保护和修复重大工程总体规划(2021—2035年)》(发改农经〔2020〕837号)坚持四大原则 | 2020年6月3日 |
| 国务院办公厅 | 国家级 | 《自然资源领域中央与地方财政事权和支出责任划分改革方案》(国办发〔2020〕19号),确定了中央和地方关于生态保护修复支出责任的划定原则 | 2020年6月30日 |
| 自然资源部办公厅、财政部办公厅、生态环境部办公厅 | 国家级 | 《山水林田湖草生态保护修复工程指南(试行)》(自然资办发〔2020〕38号) | 2020年8月26日 |
| 国务院第三次全国国土调查领导小组办公室 | 国家级 | 《第三次全国国土调查耕地资源质量分类工作方案》(国土调查办发〔2020〕13号)实现耕地数量、质量、生态"三位一体"保护 | 2020年9月16日 |
| 自然资源部 | 国家级 | 《关于开展省级国土空间生态修复规划编制工作的通知》(自然资办发〔2020〕45号) | 2020年9月22日 |

续表

| 机构 | 类型 | 政策内容 | 成文时间 |
|---|---|---|---|
| 财政部 | 国家级 | 《生态环境损害赔偿资金管理办法（试行）》（财资环〔2020〕6号）规范生态环境损害赔偿资金管理，落实生态环境损害赔偿制度 | 2020年10月14日 |
| 第十三届全国人民代表大会常务委员会第二十四次会议 | 国家级 | 《中华人民共和国长江保护法》该法为加快长江流域历史遗留矿山生态环境修复工作及督促采矿权人对在建和生产矿山履行生态修复义务，提供了法律依据 | 2020年12月26日通过了《中华人民共和国长江保护法》，自2021年3月1日起施行 |
| 自然资源部办公厅 | 国家级 | 《海洋生态修复技术指南（试行）》（自然资办函〔2021〕1214号）旨在提高海洋生态修复工作的科学化、规范化水平，通过生态修复，最大限度地修复受损和退化的海洋生态系统，恢复海岸自然地貌，改善海洋生态系统质量，提升海洋生态系统服务功能 | 2021年7月16日 |
| 贵州省第十三届人民代表大会常务委员会第十二次会 | 市级 | 《安顺市城镇绿化条例》中，山体绿化是指对安顺市列入保护名录的山体及山体公园进行的山体绿化生态修复和修补；县级以上人民政府应当对列入保护名录的山体绿化和修补建立生态保护补偿制度 | 2019年8月27日通过，2019年9月27日批准，自2020年1月1日起施行 |
| 内蒙古自治区第十三届人民代表大会常务委员会第二十一次会议 | 市级 | 《鄂尔多斯市绿色矿山建设管理条例》专节规定了"矿山环境保护与生态修复"，采矿权人应当按照国家、自治区规定时间，在矿山闭坑前或者闭坑后完成矿区生态修复工作；并专门规定，无主矿山的生态修复工作，由旗区人民政府负责 | 2020年6月23日通过，2020年7月23日批准，自2020年10月1日起施行 |
| 青海省人民政府发布 | 区域 | 《木里矿区以及祁连山南麓青海片区生态环境综合整治三年行动方案（2020—2023年）》；2020年11月，青海省林草局编制完成《青海木里矿区生态恢复总体方案》 | 2020年11月 |
| 山东省自然资源 | 市级 | 《菏泽市国家森林城市建设总体规划》菏泽市以全面推行林长制为抓手，以创建国家森林城市为目标，大力实施林业生态建设，全力推进林业高质量发展 | 2021年6月17日 |
| 蚌埠市林长办公室、蚌埠市中级人民法院、蚌埠市人民检察院、蚌埠市公安局、蚌埠市林业局 | 市级 | 《关于建立涉林资源保护"五长五联"协作机制的意见》（蚌林长办〔2021〕2号）建立"林长＋法院院长＋检察长＋公安局局长＋林业局局长"协作机制，推动形成司法监督与行政履职同向发力的林业生态保护新格局，实现涉林执法和林业资源保护闭环管理，深化新一轮林长制改革 | 2021年3月18日 |
| 安徽省自然资源厅 | 省级 | 《安徽省在建与生产矿山生态修复管理暂行办法》，明确在建与生产矿山可吸引社会资本参与采矿权范围内的矿山生态保护与修复 | 2020年7月2日 |
| 眉山市委市政府 | 市级 | 《加强耕地保护三十条措施》深入贯彻落实党中央国务院、省委省政府加强耕地保护的决策部署，坚决守住耕地保护红线和粮食安全底线 | 2021年7月6日 |
| 自然资源部中国地质调查局与重庆市人民政府 | 市级 | 《地质工作支撑服务重庆市高质量发展战略合作协议》中国地质调查局与重庆市政府签订战略合作协议共筑长江上游重要生态屏障 | 2021年7月13日 |
| 国务院办公厅 | 国家级 | 《关于鼓励和支持社会资本参与生态保护修复的意见》（国办发〔2021〕40号） | 2021年10月25日 |
| 第十三届全国人民代表大会常务委员会第三十二次会议 | 国家级 | 《中华人民共和国湿地保护法》 | 2021年12月24日通过了《中华人民共和国湿地保护法》，自2022年6月1日起施行 |
| 第十三届全国人民代表大会常务委员会第三十七次会议 | 国家级 | 《中华人民共和国黄河保护法》 | 2022年10月30日通过了《中华人民共和国黄河保护法》，自2023年4月1日起施行 |
| 广东省人民政府 | 省级 | 《广东省人民政府办公厅关于印发广东省建立健全生态产品价值实现机制实施方案的通知》（粤府办〔2022〕30号） | 2022年10月15日 |

（表格来源：作者自绘）

# 6.2 体制机制与政策保障

人类社会是一类社会—经济—自然复合生态系统，其生存与发展靠四种力量支撑：内禀生长活力、资源承载能力、环境应变弹力和体制整合协力。[6] 社会发展需要将自然、资金、权法、精神的动力学机制融合在一起，顺之以道、衡之以利、规之以制、和之以心，这就是中国力量。把生态文明融入经济、政治、文化、社会和环境管理中去，需要这几股力量的合力而不是相互抵消的分力。深化生态文明建设的机制体制改革，是需要凝聚中国力量，推进"五位一体"的制度建设。生态文明就是物竞天择、道法自然、事共人和、心随文化。我们要把生态文明融入社会经济政治文化建设里面去，以环境为体、经济为用、社会为本、政治为纲、文化为常，走天人合一的中国特色社会主义道路，实现生产高效、生活小康、生态中和的"三生融合"，推进文明美丽中国的早日建成。[7]

生态学的基本规律是物竞天择、道法自然、事共人和、心随文化。将其用于社会经济和政治文化发展，其控制论机理有四条，可以用拓、适、馈、整四个字来概括：一是"拓"，开拓的拓，每一种生物，每一个生命有机体都有其内禀生长力，都能千方百计拓展生态位，获取更多的资源和更适宜的环境，为其生存、发展、繁衍和安全服务；二是"适"，适应的适，具有强的顺应环境变化的生存发展机制和变异能力，既能不失时机地抓住一切发展机会，高效利用一切可以利用的资源，又能根据环境变化，通过多样化和灵活的结构调整和功能转型调整自己的生态位，创造有利其发展的生存环境；三是"馈"，反馈的馈，包括物质循环和信息反馈，物质通过生产者、消费者和分解者最后回到大自然中去，使世间一切资源都能物尽其用、一切生物都能占据一定的生态位，任何生物的行为通过生态链网形成信息链，层级传递，最后反馈到它本身，进一步促进或者抑制其行为，实现一种螺旋式的系统进化；四是"整"，整合的整，生命—环境系统遵循特有的整合机制和进化规律，具有自组织、自适应、自调节的协同进化功能，能扭转传统发展中条块分割、学科分离、技术单干、行为割据的还原论趋势，实现景观整合性、代谢闭合性、反馈灵敏性、技术交叉性、体制综合性和时空连续性，营建一种多样性高、适应性强、生命力活、能自我调节的生态关系。[7]

生态修复的本质在于修复不平衡的人地关系，从国际生态修复的研究现状可知，生态修复体制建设经历了工业化初期、快速工业化以及工业化后期多个阶段，从单一治理到生态系统修复，生态修复体制在实践中不断得到完善。生态修复的目标是复合的，包括自然、经济和社会等多维目标。生态修复过程中需要处理好保护和开发的矛盾，坚持环境保护与经济增速相协调，形成人与自然和谐相处的关系；否则，不可持续、不平衡的生态环境将制约人类社会的政治、经济、文化和社会建设的脚步，甚至给人类带来不可逆转的生态灾难。[8-10]

生态修复必须把生态文明建设放在突出地位，牢固树立尊重自然、顺应自然、保护自然的理念，融经济建设、政治建设、文化建设、社会建设与生态修复的各方面和全过程，形成具有中国特色的生态修复总体思路、技术体系与模式示范。[11-13]

生态修复不仅仅是一个生态学的过程，也是经济损益、价值恢复、资源开发与管理的复合社会经济过程，包含着人类价值取向的一系列动机和目标。生态修复需要借助不同学科的研究方法从多个角度对其进行深入探讨及综合管理，注重生态学、景观学、风景园林、城乡规划、工程学、经济学、管理学、社会学等多个学科的交叉和融合，建立系统的调控方法。[14]生态环境的修复和保育是一项复杂的系统工程，涉及多个群体的利益，需要国家及当地政府、NGO、原住居民、社会公众的齐心协力[15]（图6-1）。

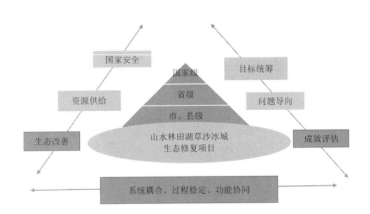

图6-1 我国"山水林田湖草沙冰城"生态修复项目的顶层设计
（图片来源：作者自绘）

### 6.2.1 国家层面机制与政策

近年来，由于国家对人口资源环境问题的日益重视，并采取了一系列超常规的措施，使得我国在经济快速发展的同时，生态系统保护和恢复工作也取得了重要进展。但是必须清醒地认识到，随着国家未来发展超强的经济社会需求和有限的资源环境条件，以及国际社会对于我国生态问题及其影响愈来愈强烈的关注，我国的生态系统管理工作仍将面临日益严峻的挑战。[16-19]我国目前仍处于城市化快速发展时期，为实现绿色高质量发展，国家对生态修复工作高度重视，已陆续出台了不少相关制度和政策文件。

为了支撑社会经济绿色转型，党的十八大首次把生态文明建设上升到中国特色社会主义建设"五位一体"总体布局的战略高度，围绕建设美丽中国布局资源节约、生态修复和环境保护三大任务。[20, 21]党的十九大报告进一步明确建设生态文明、建设美丽中国的总体要求——加大生态系统保护力度、统筹山水林田湖草系统治理、实施重要生态系统保护和修复重大工程。十九大报告中明确指出："中国特色社会主义进入新时代，我国社会主要矛盾已经转化为人民日益增长的美好生活需要和不平衡不充分的发展之间的矛盾。"这反映了我国社会经济系统由注重高速度增长转向高质量发展，对新时代的环境治理与生态修复工作提出了更高更新的要求。2020年9月，自然资源部办公厅、财政部办公厅、生态环境部办公厅联合印发《山水林田湖草生态保护修复工程指南（试行）》（自然资办发〔2020〕38号）（以下简称《指南》），全面指导和规范各地山水林田湖草生态保护修复工程（以下简称"山水工程"）实施，以及《国土空间生态保护修复工程实施方案编制规程》《山水林田湖草生态保护修复工程验收规程》《海洋生态修复技术指南》等。2021年，国务院印发《关于加快建立健全绿色低碳循环发展经济体系的指导意见》（国发〔2021〕4号），指出建立健全绿色低碳循环发展经济体系，促进经济社会发展全面绿色转型，是解决我国资源环境生态问题的基础之策。统筹推进高质量发展和高水平保护，确保实现碳达峰、碳中和目标，推动我国绿色发展迈上新台阶，为加快建立健全我国绿色低碳循环发展的经济体系提供顶层设计。[22]

国家和当地职能部门是我国生态建设与修复事业的主力军。生态修复作为政府投资为主的公共工程，一般以中央预算的重点生态保护修复治理资金为基础，因此对工程进行成本收益分析，估算其经济、社会，尤其是巨大的生态效益价值就显得格外重要。它可以帮助国家相关部门提高对生态修复的投资决策的科学性和工程资金的利用效率，同时有助于积极扩展多渠道的投融资机制，利用不同的方式筹措生态修复资金，以此来激发相关方的积极性，建立起生态修复投融资新机制。[23]

在中央政府层面跨部门、跨地区的综合协调。目前的生态保护与自然资源开发的立法属于部门立法，应当结合最新形势重新审查相关法律法规，不断修订现有森林、草原和湿地法规中相互矛盾的条款，将生态系统管理的理念贯穿于工业、农业、林业、水利和渔业发展之中，并逐渐实现主流化[24, 25]（图6-2）。

建立和完善中央与地方政府的生态系统管理与协调机构，理顺不同政府部门之间和大流域上下游不同行政区之间的协调与合作机制。生态系统管理涉及中央各部门、省级政府和县级政府的不同层面，社会团体也在其中扮演着不可或缺的重要角色。因此，如何加强各级政

图6-2　企业参与生态修复的外部环境与制度约束
（图片来源：作者自绘）

府的组织协调，如何充分发挥社会团体在生态系统管理中的作用，将直接影响到生态系统管理的成效。[26、27]

一是政策制度与组织管理。相关部门要把生态文明建设和生态修复摆到突出位置，强化总体设计和组织领导，统筹各项工作。实施领导干部自然资源资产离任审计、强化监督指导，推动各项措施有效落实（包括财政和税收政策、生态补偿政策、金融政策、自然资源产权政策、排污权交易政策等）。

二是跨部门协调与合作。经济发展和生态修复目标的实现有赖多部门协力共进，因此部门之间的良好合作与综合协调是目标实现的重要前提。现有生态修复与环境保护项目的合作通常由于各种因素阻碍导致放缓或停滞，建议通过共享数据、生态系统管理、监管改革和资金调动等举措，推动自然资源部、生态环境部、国家林业和草原局、农业农村部、住房和城乡建设部等部门的部分工作职能与生态修复措施紧密相关，提高共有区域的包容性与系统治理。强化协调部门行动，开展示范行动和学习活动，促进有关技术、发展和环保问题的新对话，从而建立共识、加强环境治理能力提升，确保政策和措施的协同施行。

三是持续完善生态补偿机制。秉承"谁受益、谁补偿"的原则，深化研究补偿范围、对象和标准，加快建立受益者付费、保护者得益的生态保护补偿机制。要在法律的层面规定对实施国土整治以及生态修复中的个人或者组织给予相应的补偿，激发个人以及组织的积极性。建议尽早出台生态补偿相关法规和条例，指导不同层面的生态补偿工作。鉴于生态系统管理的长期性和艰巨性，在今后比较长的时期内，仍应不断增加生态系统保护与管理的投入，使生态系统服务能力得到持续提升。

四是牢固树立绩效考评机制。确定各类法律间的位阶关系，加强法律制度间的配套衔接，按照系统治理要求编织好法律制度之网。要充分对照生态修复成效指标体系来不断创新监测方式方法，对于修复效益以及自然资源资产提升进行有效衡量。要落实"党政同责、一岗双责、终身追责"制度，将生态环境指标纳入各级党政考核体系并加大权重。推动形成高效的环保督察体系，探索"人员交叉执法机制"以避免地方保护主义，力求法律执行无盲区和死角，保证生态治理责任链条不断裂[26]（图6-3）。

## 6.2.2　部委及地方层面机制与政策

在生态修复过程中，部委及地方政府扮演着极其重要的角色。在省级政府层面，确立省级人民政府对生态系统管理"负总责"的制度，在生态建设规模大、任务重的中西部省（区、市）建立省级生态系统管理和协调机构，使其成为生态建设、规划和管理的决策主体，促进部门间协调与合作。[28-30]

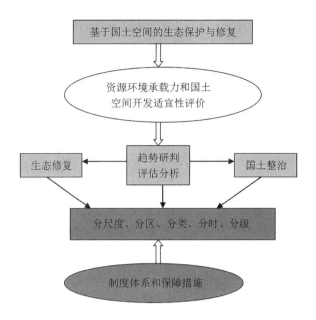

图 6-3 基于国土空间视角的生态保护与修复
（图片来源：作者自绘）

地方政府既是生态修复国家政策的执行者，也是生态修复工程的决策者和监督者。为了得到上级政府的肯定和群众的口碑，地方政府会作出一系列有利于生态修复的努力，地方政府在生态修复过程中的利益诉求主要表现在两个方面：一方面是政治利益，另一方面是经济利益。地方官员将社会发展成效和生态保护修复成效作为自己职位升迁的主要因素，地方政府就要在经济发展和生态保护修复之间作出统筹决策，实现经济—社会—生态均衡发展。在政治利益上主要表现为："新增恢复治理面积"作为绿色发展指标体系之一，纳入生态文明建设考核指标，既要接受上级政府的考核，又要接受公众的监督。[31]地方政府也要追求一定的经济利益，地方经济发展得好，本地群众就业水平和生活水平也会相应提升，政府的公信力就会提高。[32]地方政府财政收入越高，才更有资金投入教育医疗、基础设施建设等容易出政绩的领域，也更有资金投入生态修复等生态文明建设内容。

拓宽投融资渠道以省、市、县（区）三级财政投入为主，鼓励通过招商引资、群众投工投劳等多形式、多渠道、多层次筹集资金的方式落实生态修复资金，对符合中央项目储备库入库条件的项目，积极争取中央生态环保资金支持，并严格加强项目资金管理。弥补生态修复项目的资金缺口需要更大范围地调动社会资本，特别是调动私营部门参与，发挥资本市场的作用。同时也需要完善相应的金融体系，包括明确界定金融支持生物多样性的标准、完善激励机制以及披露要求。针对修复任务较重、财政负担较大的区域适当增加市、县级财政投入，鼓励以 PPP（政府与民间的伙伴关系）、BOT（建设—运营—移交）和 TOT（移交—运营—移交）的合作方式，争取向国内外企业进行融资和寻求与国内外基金的合作，确保生态修复工作顺利开展。[33]

统筹协调与管理加强各级政府在生态系统管理的综合协调，根据中央有关政策，加强项目策划和筹备，加大项目资金争取力度，积极争取中央财政资金和地方配套资金支持，提高财政资金使用效益。鼓励与引导社会公益组织参与生态文明建设和生态修复事业。支持公民、法人和其他组织通过捐赠、认养、志愿服务、设立基金等方式，从事生态修复公益事业。持续优化政策环境为潜在的投资机构提供明确的政策系统（明确资源、产权、责任、收益）严格执行相关政策规范政策环境为投资者提供一些优惠政策。将准入标准与信用等级挂钩，建立合理化和制度化的信用评价，引导相关企业在具有相关许可的第三方企业的监督和指导下进行环境治理与生态修复事业。

实施大数据战略在大数据时代，数据已成为国家基础性战略资源的重要组成部分。借助物联网、云计算、区块链、人工智能等先进的技术手段，结合本区域环境保护与生态修复领域数字化现状数据，广泛应用并完善、集成本区域大气、水（含地下水）、土壤、噪声、垃圾填埋等生态环境要素的监测网络与调查评价体系，搭建涵盖现状数据、管控数据、管理数据、社会经济数据等各类空间数据的基础信息平台，强化各部门之间的数据共享和与社会信息之间的交互，充分发挥多元数据的协同效应，促进经济社会发展全面绿色转型。

### 6.2.3　企业层面机制与对策

经济发展的基本关系就是生产和消费。生态环境作为经济发展的基础，其承载力约束着经济的发展。经济基础决定着上层建筑，而上层建筑也必须遵循经济的发展。长期以来，由于高强度的国土开发建设、矿产资源开采以及海域开发利用等影响，使我国在生态保护修复方面历史欠账多、修复任务重、资金压力大，矛盾非常突出。近些年，中央财政在山水林田湖草修复工程、矿山生态修复、蓝色海湾建设等生态保护修复工程中投入了一定资金，但是还不够。自然资源部持续推进国土空间生态保护修复的市场化机制建设，推动国土空间生态修复从单纯依靠财政投入向多元化投入机制、多主体参与治理模式转变，引导和支持社会资本参与生态修复工程实施。

企业是生态系统服务的受益者，也是损坏者，更应该是贡献者，推行企业社会责任是生态系统服务与管理的重要组成部分，规范企业生产经营行为，减少企业的生态足迹；企业在经济发展的过程中起着重要的作用，甚至可以说是决定性的作用，企业的发展其实是一个国家和社会经济发展的写照。[34] 企业的发展必须遵循经济发展的规律，必须遵循自然规律的可持续发展。形成经济生产与生态环境的良性发展，实现经济社会发展和生态环境保护的良性循环。[35] 生态经济特别强调生态平衡与生态系统协同发展，企业作为假设的"理性人"，按照经济的规律来说其经济活动必然是追求经济利益与环境利益的平衡，对生态环境的保护不仅是追求资源的可持续发展，更是促进企业生产力的可持续发展。[36]

近年来，我国先后出台了《环境保护法》《"十三五"生态环境保护规划》，明确落实企业环境治理主体责任，政府和市场"两手发力"，形成政府、企业与公众共治的环境治理体系。企业作为在环境治理修复过程中的重要治理主体，在政府的扶持下，监管机构和民众的监督下，企业需要为全流程治理负担起"主角"的责任。《中华人民共和国民法典》中更是明确了生态环境民事法律责任，行为主体承担修复生态环境和功能责任、生态环境损害鉴定评估等费用、清除污染费用、修复生态环境费用、防止再次损害的费用。十八届三中全会提出"建立吸引社会资本投入生态环境保护的市场化机制，推行环境污染第三方治理"，反映出新形势下环境治理与生态修复的战略需求。[37]

企业要加强与气象、水利、公安、消防、安检等部门建立良好的互联互通的电话、视频会议制度。充分运用各个政府部门之间的大数据、集团化管理来增强应对和处置突发环境事件的能力。企业应当建立健全自身的应急监测队伍，邀请生态环境管理部门、应急管理部门的技术人员进行必要的培训和指导，体能锻炼加业务锻炼双管齐下。

要落实日常管理制度、业务培训制度、定期考核制度、合成演练制度，定期组织企业内部人员开展应急监测技术和应急监测案例的学习、培训和讲评，组织学习国家发布的《突发环境事件应急监测技术规范》《生态环境应急监测方法选用指南》等标准方法，对各种应急监测仪器都要制订操作规程，划出操作要点和注意事项，确保监测人员能熟练掌握应急监测仪器的使用方法。

在生态修复开发的全过程中，企业需要做好开发与保护两头兼顾，依据相关法律法规，绿色开发，可持续发展。关注开发前、开发中、开发后，全流程严控，履行企业职业，尽到合同要求的责任和义务。企业在开发过程中作为收益的一方，其也需要在其开发前，将环境修复治理所需计划消耗计入开发成本中，按比例将部分收益作为环境修复治理基金，承担企业在环境修复过程中的社会责任，为生态修复行业发展，环境生态保护尽到应尽职责。参与方式：[38、39]

（1）自主投资模式。社会资本单独或以联合体、产业联盟等形式出资开展生态保护修复。

（2）与政府合作模式。社会资本可按照市场化原则设立基金，投资生态保护修复项目。对有稳定经营性收入的项目，可以采用政府和社会资本合作（PPP）等模式，地方政府可按规定通过投资补助、运营补贴、资本金注入等方式支持社会资本获得合理回报。

（3）公益参与模式。鼓励公益组织、个人等与政府及其部门合作，参与生态保护修复，共同建设生态文明。

社会资本可通过以下方式在生态保护修复中获得收益：采取"生态保护修复＋产业导入"方式，利用获得的自然资源资产使用权或特许经营权发展适宜产业；对投资形成的具有碳汇能力且符合相关要求的生态系统，申请核证碳汇增量并进行交易；通过经政府批准的资源综合利用获得收益等。

## 6.2.4  社会层面机制与对策

部门协调与社会参与机制是生态系统管理的基本保障。企业、社会公众、社会组织的广泛参与是推动和实施有效生态系统保护和恢复的基础性力量（图6-4）。社区是生态系统服务的直接受益者，也是维护者和监督者，需要加强社区的能力建设，将生态系统管理纳入科普宣传与学校教育的范畴，增强公众对生态系统重要性的认知，提高公众参与生态保护与建设的主动性。鼓励公众参与，保障社会公众对生态环境损害修复资金使用以及使用效果的知情权是社会监督的应有之义。[40]

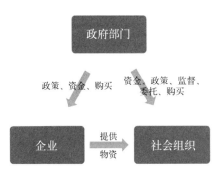

图6-4  政府与企业、社会组织的互动关系
（图片来源：作者自绘）

原住居民是土地等自然资源的使用者，也是社会经济发展和良好生态环境的直接受益者，更是当地环境保护和生态建设的主体。原住居民的生产生活依赖于周边稳定生态系统提供的调节、支持、供给和文化服务，被视为生态修复事业的主要利益相关者。从生态保护和可持续发展项目中受益，是原住居民积极参与生态修复的前提，生态修复项目不能以牺牲原住居民利益为代价，而应以增加原住居民收入为前提。世界银行的研究报告：在发展中国家的发展项目中，大批被迫迁移的原住居民遭受了损失，结果是他们比搬迁之前更加贫穷。故任何以生态保护和可持续发展为导向的外援项目均需增强原住居民的内生动力培育，减少其对自然资源的依赖程度。[41]

社会组织（国际、国内）作为第三部门，应更好地发挥其在当地政府和原住居民之间的桥梁作用，自下而上整合资源，促使当地社区与市场资源、社会资源对接并形成"自我造血"机制，从而达到人与自然和谐共存。同时社会组织也是生态保护的一支重要力量，需要政府在融资政策上有立法保障，在行动上有实质性支持，营造宽松的工作氛围。

### 思考题

1.简述生态修复的社会参与方式和意义，以及如何进行生态修复的社会宣传？

2.生态修复与社会经济可持续发展之间的耦合关系？

3.我国生态保护法规建设方面存在的问题有哪些？

## 拓展阅读书目

[1] 王如松. 复合生态与循环经济 [M]. 北京：气象出版社，2003.

[2] 李锋，王东，廖绮晶，等. 城市生态规划、修复与管理——以广州市增城区为例 [M]. 北京：中国建筑工业出版社，2022.

[3] 傅伯杰，伍星. 中国典型生态脆弱区治理与恢复 [M]. 郑州：河南科学技术出版社，2022.

## 本章参考文献

[1] 黄承梁. 中国共产党领导新中国 70 年生态文明建设历程 [J]. 党的文献，2019 (5)：49-56.

[2] 郑清英，李雅婷. 中国共产党开展环境保护工作的百年历程与成就 [J]. 经济研究参考，2021 (22)：77-92.

[3] 生态环境部党史学习教育领导小组. 党领导新中国生态环境保护工作的历史经验与启示 [OL].2021-11-24.

[4] 求是网. 党领导生态环境保护工作的历史经验和启示 [OL]. 求是网.2022-02-27.

[5] 王夏晖，何军，牟雪洁，等. 中国生态保护修复 20 年：回顾与展望 [J]. 中国环境管理，2021，13 (5)：85-92.

[6] 马世骏，王如松. 社会—经济—自然复合生态系统 [J]. 生态学报. 1984，4 (1)：1-9.

[7] 王如松. 用机制激发活力用制度保护环境 [J]. 前线，2013 (12)：60-63.

[8] 李锋，张益宾. 生态修复国际进展及典型案例研究 [J]. 国际城市规划发展报告. 2020，37：49-61.

[9] 钱一武. 北京市门头沟区生态修复综合效益价值评估研究 [D]. 北京：北京林业大学，2011.

[10] 汤滔. 城市生态修复综合项目的价值评估研究 [D]. 成都：西华大学，2019.

[11] 廖轶鹏，李云，王芳芳，等. 城市河道生态修复研究综述 [J]. 江苏水利，2020 (5)：41-45.

[12] 常俊杰. 生态脆弱区生态修复综合效益评价思考——以陕西省为例 [J]. 中国土地，2020，416 (9)：36-38.

[13] 孙然好，李卓，陈利顶. 中国生态区划研究进展：从格局、功能到服务 [J]. 生态学报，2018，38 (15)：5271-5278.

[14] 李锋，杨锐. 协调城市空间冲突，兼顾复合生态效益 [J]. 中国自然资源报，2020：10-12.

[15] 贾举杰，李锋. 荒漠化地区复合生态系统管理——以阿拉善盟荒漠化治理为例 [J]. 科学，2020，72 (6)：9-13+4.

[16] 朱恒槺，李锋，刘红晓，等. 城市生态基础设施辨识与模型构建：以广州市增城区为例 [J]. 生态科学，2016，35 (3)：118-128.

[17] 韩博，金晓斌，项晓敏，等. 基于"要素—景观—系统"框架的江苏省长江沿线生态修复格局分析与对策 [J]. 自然资源学报，2020，35 (1)：141-161.

[18] 陈新闯，李小倩，吕一河，等. 区域尺度生态修复空间辨识研究进展 [J]. 生态学报，2019，39 (23)：8717-8724.

[19] 宋伟，韩赜，刘琳. 山水林田湖草生态问题系统诊断与保护修复综合分区研

究——以陕西省为例 [J]. 生态学报，2019，39（23）：8975-8989.

[20] 钱易，李金惠. 生态文明建设理论研究 [M]. 北京：科学出版社，2020.

[21] 陈宜喻，Baete Jessel，傅伯杰，等. 中国生态系统服务与管理战略 [M]. 北京：中国环境科学出版社，2011.

[22] 周妍，张丽佳，翟紫含. 生态保护修复市场化的国际经验和我国实践 [J]. 中国土地，2020，416（9）：54-55.

[23] 刘建伟，许晴. 中国生态环境治理现代化研究：问题与展望 [J]. 电子科技大学学报（社科版），2021，23（5）：33-41.

[24] 徐得阳. 城市生态修复投融资机制研究 [J]. 建设科技，2016（11）：58-59.

[25] 付战勇，马一丁，罗明，等. 生态保护与修复理论和技术国外研究进展 [J]. 生态学报，2019，39（23）：9008-9021.

[26] 孙宇. 生态保护与修复视域下我国流域生态补偿制度研究 [D]. 长春：吉林大学，2015.

[27] 张竹村. 城市生态修复效果评价指标体系构建研究 [J]. 中国园林，2019（11）：36-40.

[28] 吴丹子. 城市河道近自然化研究 [D]. 北京：北京林业大学，2015.

[29] 张瑶瑶，鲍海君，余振国. 国外生态修复研究进展评述 [J]. 中国土地科学，2020：34（7）：106-114.

[30] 朱振肖，王夏晖，饶胜，等. 国土空间生态保护修复分区方法研究——以承德市为例 [J]. 环境生态学，2020，2（Z1）：1-7.

[31] 缪丽，周艳平. 国土综合整治与生态保护修复机制研究 [J]. 现代农业科技，2020（16）：264+266.

[32] 朝娃. 政府与非政府组织在公共服务领域合作的模式选择研究 [D]. 西安：西安电子科技大学，2019.

[33] 刘影，林韶. 生态环境修复资金管理探析 [J]. 市场论坛，2019，(10)：46-48.

[34] 殷小雨. 中小企业生态环境修复责任问题研究 [D]. 成都：西南石油大学，2018.

[35] 康飞飞. 企业生态环境民事责任实现研究——以腾格里沙漠污染案为例 [D]. 兰州：兰州理工大学，2020.

[36] 曹宇宁. PPP 模式下矿山环境修复的法律问题研究 [D]. 徐州：中国矿业大学，2020.

[37] 杨娇，阮兵军，吕玉新. 浅析企业在环境应急监测方面存在的问题及对策 [J]. 中小企业管理与科技（中旬刊）. 2021（11）：152-154.

[38] 李瑞清，刘贤才，姚晓敏，等. 武汉市城市湖泊水生态修复及生态补偿机制探讨 [J]. 中国水利，2013（9）：10-12.

[39] 韦宝玺，孙晓玲. 矿山生态修复的利益相关者分析及共同参与建议 [J]. 中国矿业，2020，29（8）：47-54.

[40] 贾举杰，王也，刘旭升，等. 基于农牧民响应的阿拉善荒漠复合生态系统管理研究 [J]. 生态学报，2017，37（17）：5836-5845.

[41] World Bank. Resettlement and Development：The Bank Wide Review of Projects Involving Involuntary Resettlement 1986-1993[M]. 2nd edition. Washington：The World Bank，1994.